“十四五”职业教育国家规划教材

公差配合与测量技术

（第七版）

◎主　编　王美姣　吕天玉
◎副主编　杨彦伟　毕亚东

大连理工大学出版社

图书在版编目(CIP)数据

公差配合与测量技术 / 王美姣,吕天玉主编. -- 7
版. -- 大连:大连理工大学出版社,2021.11(2024.7 重印)
ISBN 978-7-5685-3318-8

Ⅰ.①公… Ⅱ.①王… ②吕… Ⅲ.①公差-配合-
教材②技术测量-教材 Ⅳ.①TG801

中国版本图书馆 CIP 数据核字(2021)第 224510 号

大连理工大学出版社出版

地址:大连市软件园路 80 号   邮政编码:116023
发行:0411-84708842   邮购:0411-84708943   传真:0411-84701466
E-mail:dutp@dutp.cn   URL:https://www.dutp.cn
大连天骄彩色印刷有限公司印刷   大连理工大学出版社发行

幅面尺寸:185mm×260mm   印张:15.5   字数:374 千字
2004 年 8 月第 1 版   2021 年 11 月第 7 版
2024 年 7 月第 8 次印刷

责任编辑:刘 芸   责任校对:吴媛媛
封面设计:方 茜

ISBN 978-7-5685-3318-8   定 价:46.80 元

前　言

《公差配合与测量技术》(第七版)是在"十二五"职业教育国家规划教材《公差配合与测量技术》(第六版)的基础上修订而成的,是"十四五"职业教育国家规划教材、"十四五"职业教育河南省规划教材。

公差配合与测量技术是机械专业、仪表专业和机电专业学生必修的主干技术基础课,是联系专业基础课及其他技术基础课的纽带与桥梁。它是一门与机械专业发展紧密联系的基础学科,是机电技术类各岗位人员必备的基础知识和技能,在生产一线具有广泛的实用性。

本版教材在前六版的基础上,以"工学结合、校企合作"的人才培养模式及多所"十二五"期间国家级示范院校的相关课程改革成果为基础,全面贯彻"以学生为本、以就业为导向、以标准为尺度、以技能为核心"的理念,吸取同类教材的优点,进行了适当的修订和完善。本教材在修订后主要突出以下特色:

1.保持高职高专教材特色,文字更为简洁,条理更为清晰,反映教改成果,接轨职业岗位要求,紧跟"教、学、做"一体化的教学改革步伐,注重满足企业岗位任职需求,提升学生的就业竞争力,引领高职教育教材发展方向。

2.理论部分均以生产图样的形式出现,由此引出每章的学习内容,让学生一开始就对技术测量的基础知识有所了解。"技能训练"中的每个测量实例均有实际量具的使用及实际零件的测量,并配有来自生产现场的实际操作图,形象地介绍教材中涉及的重要知识和技能,对学生掌握操作要领有着重要的指导意义。

3.全部采用现行国家标准,重点讲清基本概念和标准的应用,主要介绍几何量各种误差检测方法的原理及操作。

4.全面贯彻落实党的二十大精神,落实立德树人根本任务,在"素质目标"中提出课程思政育人目标,并将标准意识、质量意识、工匠精神、职业规范和道德素养等思政元素有机地融入理论教学和技能训练中,确保实践教学与思政育人目标相得益彰。

5.重点体现以人为本的指导思想。为了方便教师授课和学生自学,本教材配有多种形式的数字化资源,包括微课、电子教案、多媒体课件(插图具有动画演示效果)、习题答案(习题类型多样化)等。其中微课资源可直接用手机扫描书中的二维码,观看视频进行学习;其他资源可登录职教数字化服务平台进行下载。

本教材由河南职业技术学院王美姣、中国一重技师学院吕天玉任主编,咸宁职业技术学院杨彦伟、安徽国防科技职业学院毕亚东任副主编,机械工业第六设计研究院有限公司马盈政、杨秋林参与了部分内容的编写工作。具体编写分工如下:绪论及第1~3章由吕天玉编写;第4、5章由王美姣编写;第6、9章由毕亚东编写;第7、8章由杨彦伟编写;第1~4章的"技能训练"部分由马盈政编写;第5~8章的"技能训练"部分由杨秋林编写。

在编写本教材的过程中,我们参考、引用和改编了国内外出版物中的相关资料和网络资源,在此对这些资料的作者表示深深的谢意!请相关著作权人看到本教材后与出版社联系,出版社将按照相关法律的规定支付稿酬。

尽管我们在教材的特色建设方面做出了许多的努力,但限于编者水平,书中仍可能存在疏漏之处,恳请各教学单位和读者多提宝贵的意见和建议,以便修订时完善。

编 者

所有意见和建议请发往:dutpgz@163.com
欢迎访问职教数字化服务平台:https://www.dutp.cn/sve/
联系电话:0411-84707424 84708979

目　录

数字资源列表

绪 论

0.1 概 述

 一、互换性及其意义

1.互换性

互换性是指在制成的同一规格的一批零部件中任取其一,无须进行任何挑选和修配就能装在机器(或部件)上,并能满足其使用性能要求的特性。

在机械工业及日常生活中到处都能遇到互换性。例如,有一批规格为 M20×2-5H6H 的螺母与 M20×2-5g6g 的螺栓能自由旋合,如图 0-1 所示,并能满足设计的连接可靠性要求,则这批零件就具有互换性。再如,节能灯坏了,可以换上需要规格的节能灯,如图 0-2 所示。之所以这样方便,是因为这些产品都是按互换性原则组织生产的,产品零件都具有互换性。可见,互换性是机器制造业中产品设计和制造的重要原则。

图 0-1 螺栓和螺母

图 0-2 节能灯

2.意义

(1)设计方面　零部件具有互换性,就可以最大限度地采用通用件、标准件和标准部件,从而大大减少了绘图和计算等工作量,缩短了设计周期,有利于产品多样化和便于计算机辅助设计(CAD),这对发展系列产品十分重要。

(2)制造方面　当零件具有互换性时,可以进行分散加工、集中装配,如图 0-3 所示。这样有利于组织专业化协作生产;有利于采用先进工艺和高效率的专用设备;有利于计算机辅助制造(CAM);有利于实现加工、装配过程的机械化、自动化,减轻工人的劳动强度;有利于提高生产率,保证产品品质,降低生产成本。

(a)　　　　　　　　　　　　(b)

图 0-3　摩托车零件分散加工、集中装配

(3)使用和维修方面　具有互换性的零部件在磨损及损坏后可及时更换,因而减少了机器的维修费用和时间,保证了机器能够连续而持久地运转,可提高机器的利用率和使用寿命。

总之,互换性对保证产品品质和可靠性,提高生产率和增加经济效益具有重要意义,它已成为现代机械制造业中的普遍原则,对我国社会主义现代化建设具有十分重要的意义。互换性原则是组织现代化生产的极为重要的技术、经济原则。

二、互换性的分类

1.按互换程度分类

(1)完全互换(绝对互换)　若一批零部件在装配时,不需要挑选、调整或修配,装配后即能满足产品的使用要求,则这些零部件属于完全互换。

(2)不完全互换(相对互换)　仅同一组内零件有互换性、组与组之间不能互换,以满足其使用要求的互换性,称为不完全互换。简言之,不完全互换就是因特殊原因,只允许零件在一定范围内互换。

当装配精度要求较高时,采用完全互换将使零件的加工精度要求很高,使得加工困难、成本增高。这时可适当降低零件制造精度,使之便于加工。而在加工好后,通过测量,将零件按实际尺寸的大小分为若干组,使各组内的零件间的实际尺寸差别减小。

如图 0-4 所示,光轴支座的孔 $\phi 40^{+0.039}_{0}$ mm 可分为:40～40.018 mm,40.018～40.029 mm,40.029～40.039 mm;直线光轴 $\phi 40^{-0.02}_{-0.05}$ mm 可分为:39.95～39.96 mm,39.96～39.97 mm,39.97～39.98 mm。然后将大光轴支座孔与大直线光轴,小光轴支

孔与小直线光轴对应进行装配,即可将零件的互换范围限制在同一分组内。

除上述分组互换法外,不完全互换还有修配法、调整法,主要适用于单件、小批生产。

(a)光轴支座   (b)直线光轴

图 0-4　不完全互换

一般来说,零部件需厂际协作时应采用完全互换,部件或构件在同一厂制造和装配时,可采用不完全互换。

2.标准部件或机构的互换性分类

(1)内互换　是指部件或机构内部组成零件间的互换性,例如,滚动轴承的外圈内滚道、内圈外滚道与滚动体的装配。

(2)外互换　是指部件或机构与其装配件间的互换性,例如,滚动轴承内圈内径与轴的配合、外圈外径与轴承孔的配合。

为使用方便,滚动轴承的外互换采用完全互换;而其内互换则因组成零件的精度要求高,加工困难,故采用分组装配,为不完全互换。

三、机械零件的加工误差、公差及其检测

要实现互换性要求,就必须合理限制零件的加工误差范围,只要零件的误差控制在给定的设计要求范围内,就能满足互换性要求。这个允许零件尺寸和几何参数的变动范围称为公差。公差是从使用、设计的角度提出的,其大小影响制造与测量的可靠性及成本。

零件误差是否符合公差要求,必须进行检测和判断,其中检测包含测量与检验。测量是指将被测量与作为计量单位的标准量比较,确定被测量的大小的过程;检验则是指验证零件几何参数是否合格,而不必得出具体数值的过程。

合理地确定公差、限制零件的误差范围并进行正确的检测,是保证产品品质和实现互换性生产的必要手段和前提条件。

0.2　标准化

现代化工业生产的特点是规模大,协作单位多,互换性要求高。为了正确协调各生产部门和准确衔接各生产环节,必须有一种协调手段,使分散的局部生产部门和生产环节保

持必要的技术统一,成为一个有机的整体,以实现互换性生产。标准与标准化正是联系这种关系的主要途径和手段,是实现互换性的基础。

1.标准

标准一般是指技术标准,它是指对产品和工程的技术品质、规格及检验方法等方面所做的技术规定,是从事生产、建设工作的共同技术依据。

2.标准分类

(1)按范围分类　基础标准、产品标准、方法标准、安全与环境保护标准。

标准中的基础标准是指生产技术活动中最基本的、具有广泛指导意义的标准。这类标准具有最一般的共性,因而是通用性最广的标准。例如,极限与配合标准、几何公差标准、表面粗糙度标准等。

(2)按级别分类　国际标准、区域标准、国家标准(GB)、行业标准(JB)、地方标准、企业标准,如图 0-5 所示。

国家标准和行业标准又分为强制性标准和推荐性标准,80％以上的标准属于推荐性标准。我国的技术标准分为三级:国家标准(GB)、行业标准、企业标准。

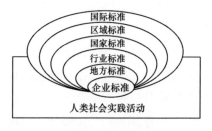

图 0-5　标准的分级

3.标准化

标准化是指在经济、技术、科学及管理等社会实践中,对重复性事物和概念通过制定、发布和实施标准达到统一,以获得最佳秩序和社会效益的全部活动过程。简而言之,标准化是指制定、贯彻标准的全过程,它是实现互换性的前提。

0.3　优先数和优先数系

在产品设计和制定技术标准时,涉及很多技术参数,这些技术参数在生产各环节中往往不是孤立的。当选定一个数值作为某种产品的参数指标后,该数值就会按一定的规律向一切相关的制品、材料等的有关参数指标传播扩散。例如,螺孔的直径确定后,会传播到螺钉的直径上,也会传播到加工这些螺纹的刀具、丝锥和板牙上,还会传播到螺钉的尺寸、加工螺孔的钻头的尺寸以及检测这些螺纹的量具及装配它们的工具上,如图 0-6 所示。这种技术参数的传播,在实际生产中是极为普遍的现象。工程技术上的参数数值,即使只有很小的差别,经过多次传播以后,也会造成规格的繁多杂乱。如果随意取值,则会给组织生产、协作配套和设备维修带来很大的困难。

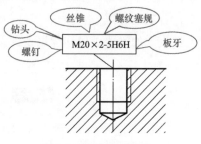

图 0-6　螺孔及相关产品

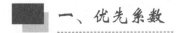

一、优先系数

《优先数和优先系数》（GB/T 321－2005/ISO 3:1973）规定,优先数系是由公比为 $q5$、$q10$、$q20$、$q40$、$q80$,且项值中含有 10 的整数幂的理论等比数列导出的一组近似等比的数列。

优先数系是一种十进制的几何级数,其公比分别为:

R5 系列,$q5=\sqrt[5]{10}\approx1.60$;R10 系列,$q10=\sqrt[10]{10}\approx1.25$;R20 系列,$q20=\sqrt[20]{10}\approx1.12$;R40 系列,$q40=\sqrt[40]{10}\approx1.06$;R80 系列,$q80=\sqrt[80]{10}\approx1.03$。

GB/T 321－2005 与国际标准 ISO 推荐各数列分别用符号 R5、R10、R20、R40、R80 表示,分别称为 R5 系列、R10 系列、R20 系列、R40 系列、R80 系列。其中 R5、R10、R20、R40 四个系列是优先数系中的常用系列,称为基本系列,见表 0-1。R80 为补充系列。

表 0-1　　　　　　　　　　优先数系的基本系列

R5	R10	R20	R40	R5	R10	R20	R40	R5	R10	R20	R40
1.00	1.00	1.00	1.00			2.24	2.24		5.00	5.00	5.00
			1.06				2.36				5.30
		1.12	1.12	2.50	2.50	2.50	2.50			5.60	5.60
			1.18				2.65				6.00
	1.25	1.25	1.25			2.80	2.80	6.30	6.30	6.30	6.30
			1.32				3.00				6.70
		1.40	1.40		3.15	3.15	3.15			7.10	7.10
			1.50				3.35				7.50
1.60	1.60	1.60	1.60			3.55	3.55		8.00	8.00	8.00
			1.70				3.75				8.50
		1.80	1.80	4.00	4.00	4.00	4.00			9.00	9.00
			1.90				4.25	10.00	10.00	10.00	10.00
	2.00	2.00	2.00			4.50	4.50				
			2.12				4.75				

派生系列是从基本系列或补充系列中,每 p 项取值导出的系列,以 Rr/p 表示,比值 r/p 是 1～10、10～100 等各个十进制数内项值的分级数。

比值 r/p 相等的派生系列具有相同的公比,但其项值是多义的。例如,派生系列 R10/3 的公比约等于 2,可导出三种不同项值的系列:1.00、2.00、4.00、8.00;1.25、2.50、5.00、10.0;1.60、3.15、6.30、12.5。

优先数系中的任一个项值称为优先数。

 二、优先系数的特点

实际应用的数值都是经过化整处理后的近似值,根据取值的有效数字位数,优先数的近似值可以分为:计算值(取 5 位有效数字,供精确计算用);常用值(优先值,取 3 位有效数字,是经常使用的);圆整值(将常用值圆整处理后所得的数值,一般取 2 位有效数字)。

优先数系主要具有以下特点:

(1)任意相邻两项间的相对差近似不变(按理论值则相对差为恒定值)。如 R5 系列约为 60%,R10 系列约为 25%,R20 系列约为 12%,R40 系列约为 6%,R80 系列约为 3%。由表 0-1 可以明显地看出这一点。

(2)任意两项理论值经计算后仍为一个优先数的理论值。计算包括任意两项理论值的积或商,任意一项理论值的正、负整数幂等。

(3)优先数系具有相关性。在上一系列优先数系中隔项取值,就得到下一系列优先数系;反之,在下一系列中插入比例中项,就得到上一系列。这种相关性也可以表述为:R5 系列中的项值包含在 R10 系列中,R10 系列中的项值包含在 R20 系列中,R20 系列中的项值包含在 R40 系列中,R40 系列中的项值包含在 R80 系列中。

0.4 本课程的任务

本课程的主要任务是从互换性的角度出发,围绕误差与公差这两个概念研究产品的使用要求与制造要求之间的矛盾,培养学生正确应用国家标准和检测方法的能力。

学生在学完本课程后应达到下列要求:

(1)掌握与标准化和互换性相关的基本概念、基本理论和原则。

(2)基本掌握本课程中几何量公差标准的主要内容、特点和应用原则。

(3)初步学会根据机器和零件的功能要求,选用几何量公差与配合。

(4)学会查阅工具书,如手册、标准等,能够熟练查、用本课程介绍的公差表格,并能正确选用及标注。

(5)熟悉各种典型几何量的检测方法,初步学会常用计量器具的读数原理及使用方法。

(6)初步具有公差设计及精度检测的基本能力。

习　题

一、判断题

1.只要零件不经挑选或修配,便能装配到机器上,该零件就具有互换性。　　　(　　)

2.完全互换的零部件装配的精度必高于不完全互换的。　　　(　　)

3.厂外协作件要求采用不完全互换生产。　　　(　　)

4.具有互换性的零件,其几何参数必须制成绝对精确。　　　(　　)

5.企业标准比国家标准层次低,在标准要求上可稍低于国家标准。　　　(　　)

6.国家标准中的强制性标准是必须执行的,而推荐性标准执行与否无所谓。　　　(　　)

7.在确定产品的参数或参数系列时,应最大限度地采用优先数和优先数系。　　（　　）

8.优先数系是由一些十进制等差数列构成的。　　（　　）

二、选择题

1.互换性的零件应是（　　）。

A.相同规格的零件　　　　　　　　B.不同规格的零件

C.相互配合的零件　　　　　　　　D.上述三种都不对

2.互换性按其互换（　　）不同可分为完全互换和不完全互换。

A.方法　　　　　B.性质　　　　　C.程度　　　　　D.效果

3.某种零件,在装配时需要进行修配,则此种零件（　　）。

A.具有完全互换性　　　　　　　　B.具有不完全互换性

C.不具有互换性　　　　　　　　　D.上述三种都不对

4.检测是互换性生产的（　　）。

A.保障　　　　　B.措施　　　　　C.基础　　　　　D.原则

5.具有互换性的零件,其几何参数制成绝对精确是（　　）。

A.有可能的　　　　　B.必要的　　　　　C.不可能的

6.加工后的零件实际尺寸与理想尺寸之差称为（　　）。

A.形状误差　　　　　B.尺寸误差　　　　　C.公差

7.标准化是制定标准和贯彻标准的（　　）。

A.命令　　　　　B.环境　　　　　C.条件　　　　　D.全过程

8.优先数系中R5系列的公比是（　　）。

A.1.60　　　　　B.1.25　　　　　C.1.12　　　　　D.1.06

三、综合题

1.什么叫互换性？为什么说互换性已成为现代机械制造业中的普遍原则？试列举互换性应用实例。

2.生产中常用的互换件有哪几种？采用不完全互换的条件和意义是什么？

3.什么是公差、检测和标准化？它们与互换性有何关系？

4.代号"GB/T 321—2005""JB 179—1983"和"ISO"各表示什么含义？

5.下列四组数据分别属于哪种系列？公比 q 分别为多少？

(1)电动机转速(r/min):375、750、1 500、3 000……

(2)摇臂钻床的最大钻孔直径(mm):25、40、63、100、125……

(3)机床主轴转速(r/min):200、250、315、400、500、630……

(4)表面粗糙度(μm):0.8、1.6、3.15、6.3、12.5、25……

第1章

极限与配合及检测

知识及技能目标 >>>

图 1-1 中,零件的尺寸 $\phi 50_{-0.025}^{0}$ mm、$8_{0}^{+0.015}$ mm 等表示的含义分别是什么? 它们的公称尺寸、极限尺寸、极限偏差、公差分别是多少? 此类零件需用什么量具测量?

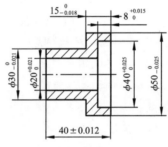

图 1-1 零件图样

1. 理解有关公差、极限偏差等术语的定义及有关计算,并会查表标注尺寸的极限偏差值。

2. 掌握零件检测(测量方法、测量误差、测量精度等)的基础知识。

3. 能正确使用游标卡尺、外径千分尺等测量工具对典型零件进行测量。

素质目标 >>>

1. 通过对测量工具的学习,培养学生具有安全生产、环保、职业道德等意识。

2. 培养学生吃苦耐劳、锐意进取的职业精神,从而在今后的从业中对每件产品凝神聚力,追求极致。

1.1 极限与配合的基本知识

极限与配合是机械工程方面重要的基础标准,它不仅用于圆柱内、外表面的结合,也用于其他结合中由单一尺寸确定的部分,例如,键结合中的键宽与槽宽、花键结合中的外径、内径以及键齿宽与键槽宽等。

极限与配合的标准化有利于机器的设计、制造、使用和维修。极限与配合标准不仅是机械工业各部门进行产品设计、工艺设计和制定其他标准的基础,而且是广泛组织协作和专业化生产的重要依据。极限与配合标准几乎涉及国民经济的各个部门,因此,国际上公认它是特别重要的基础标准之一。

新修订的"极限与配合"标准由以下标准组成:《产品几何技术规范(GPS) 线性尺寸公差 ISO 代号体系 第 1 部分:公差、偏差和配合的基础》(GB/T 1800.1—2020);《产品几何技术规范(GPS) 线性尺寸公差 ISO 代号体系 第 2 部分:标准公差带代号和孔、轴的极限偏差表》(GB/T 1800.2—2020);《公差与配合 尺寸至 18 mm 孔、轴公差带》(GB/T 1803—2003);《一般公差 未注公差的线性和角度尺寸的公差》(GB/T 1804—2000)。

一、极限与配合的基本术语及定义

1.孔

孔是指工件的内尺寸要素,包括非圆柱面形的内尺寸要素,如图 1-2(a)所示。

2.轴

轴是指工件的外尺寸要素,包括非圆柱形的外尺寸要素,如图 1-2(b)所示。

从装配关系讲,孔是包容面,轴是被包容面。从加工过程看,随着余量的切除,孔的尺寸由小变大,轴的尺寸由大变小。

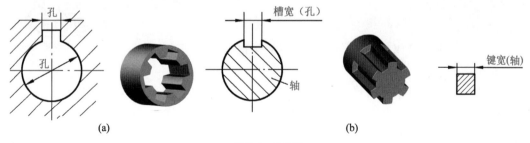

图 1-2 孔和轴

二、有关要素的术语及定义

1.要素

要素即构成零件几何特征的点、线、面。

2.尺寸要素

尺寸要素指线性尺寸要素或者角度尺寸要素。尺寸要素可以是一个球体、一个圆、两条直线、两相对平行面、一个圆柱体、一个圆环等。

(1)线性尺寸要素

有一个或者多个本质特征的几何要素,其中只有一个可以作为变量参数,其他的参数是"单参数族"中的一员，且这些参数遵守单调抑制性。

球的直径是一个线性尺寸要素的尺寸，用于建立尺寸要素的几何要素是其骨架要素。对于球体，骨架要素是一个点。

（2）角度尺寸要素

属于回转恒定类别的几何要素，其母线名义上倾斜一个不等于 0°或 90°的角度；或属于棱柱面恒定类别，两个方位要素之间的角度由具有相同形状的两个表面组成。如一个圆锥和一个楔块是角度尺寸要素。

3.公称组成要素

由设计者在产品技术文件中定义的理想组成要素。

（1）公称要素

由设计者在产品技术文件中定义的理想要素。它在产品技术文件中定义，可以是有限的或者是无限的。缺省时，它是有限的。

（2）组成要素

属于工件的实际表面或表面模型的几何要素。它是从本质上定义的，如工件的肤面。

可以通过下列操作识别一个组成要素，例如：表面模型的分离；另一个组成要素的分离；或其他组成要素的组合。

4.公称尺寸(原基本尺寸)

公称尺寸是由图样规范定义的理想形状要素的尺寸，通过它应用上、下极限偏差可计算出极限尺寸。孔用 D 表示，轴用 d 表示，一般应按标准尺寸选取并在图样上标注。

微课1
尺寸的识读

5.实际尺寸

实际尺寸是拟合组成要素的尺寸，通过测量得到。

6.极限尺寸

极限尺寸是尺寸要素的尺寸所允许的极限值。为了满足要求，实际尺寸位于上、下极限尺寸之间，含极限尺寸。上极限尺寸 ULS 是尺寸要素允许的最大尺寸，下极限尺寸 LLS 是尺寸要素允许的最小尺寸。孔或轴的上极限尺寸分别用 D_{max} 和 d_{max} 表示；下极限尺寸分别用 D_{min} 和 d_{min} 表示。

三、有关尺寸偏差、公差的术语及定义

1.尺寸偏差

某一尺寸减其公称尺寸所得的代数差称为尺寸偏差（简称偏差）。偏差可能为正或负，也可能为零。

2.实际偏差

实际尺寸减其公称尺寸所得的代数差称为实际偏差。

3.极限偏差

极限尺寸减其公称尺寸所得的代数差称为极限偏差。

（1）上极限偏差　　上极限尺寸减其公称尺寸所得的代数差称为上极限偏差。内尺寸的上极限偏差用 ES 表示；外尺寸的上极限偏差用 es 表示。

（2）下极限偏差　　下极限尺寸减其公称尺寸所得的代数差称为下极限偏差。内尺寸的下极限偏差用 EI 表示；外尺寸的下极限偏差用 ei 表示。

内尺寸的极限偏差　　$ES=D_{\max}-D$　　$EI=D_{\min}-D$ （1-1）

外尺寸的极限偏差　　$es=d_{\max}-d$　　$ei=d_{\min}-d$ （1-2）

偏差值除零外，前面必须标有正号或负号。上极限偏差总是大于下极限偏差。标注示例：$\phi 50^{+0.034}_{+0.009}$ mm、$\phi 50^{-0.009}_{-0.020}$ mm、$\phi 30^{0}_{-0.007}$ mm、$\phi 30^{+0.011}_{0}$ mm、$\phi 80\pm 0.015$ mm。

4.公差

公差是上极限尺寸与下极限尺寸之差。公差是一个没有符号的绝对值。其中公差极限是用以确定允许值上界限和/或下界限的特定值。公差是用以限制误差的，工件的误差在公差范围内即合格；反之，则不合格。

公差等于上极限尺寸减下极限尺寸之差，或上极限偏差减下极限偏差之差。孔公差用 T_h 表示；轴公差用 T_s 表示。

孔公差　　$T_h=D_{\max}-D_{\min}=ES-EI$ （1-3）

轴公差　　$T_s=d_{\max}-d_{\min}=es-ei$ （1-4）

图 1-3（a）是公差与配合示意图，它表明了两个相互结合的孔和轴的公称尺寸、极限尺寸、极限偏差与公差的相互关系。图 1-3（b）为公差带图。

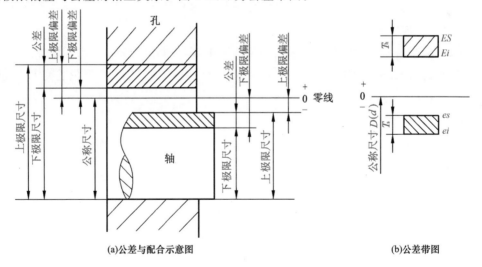

(a)公差与配合示意图　　　　　　　(b)公差带图

图 1-3　公差、配合及公差带

尺寸公差与尺寸极限偏差是一对既有区别又有联系的术语，见表 1-1。

表 1-1   **尺寸公差与尺寸极限偏差的区别和联系**

项目	尺寸公差	尺寸极限偏差
区别	用以限制尺寸误差	用以限制实际偏差
	反映对制造精度的要求，体现加工的难易程度	决定加工零件时刀具相对于工件的位置，与加工难度无关
	决定公差带的大小，影响配合松紧程度的一致性	在公差带图(图1-3)中决定公差带的位置，影响配合松紧程度
	不可用来判断零件尺寸的合格性	可用来判断零件尺寸的合格性
	没有符号的绝对值，不能为零	可为正、负或零
联系	均是设计时给定的，且尺寸公差＝上极限偏差－下极限偏差	

5.公差带

(1)公差带　公差极限之间(包括公差极限)的尺寸变动值。

公差带由公差大小和其相对于零线位置的基本偏差来确定。用图所表示的公差带称为公差带图。

因为公称尺寸数值与公差及偏差数值相差悬殊，不便用同一比例表示，所以为了表示方便，以零线表示公称尺寸。

(2)零线　零线为确定极限偏差的基准线，是偏差的起始线，零线上方表示正偏差；零线下方表示负偏差。在画公差带图时，应标注相应的符号"0""＋"和"－"，在零线下方画上带单箭头的尺寸线并标上公称尺寸值。

上、下极限偏差之间的距离表示公差带的大小，即公差值。公差带沿零线方向的长度可适当选取。公差带图中，尺寸单位为毫米(mm)，偏差及公差的单位也可以用微米(μm)表示，单位省略不写。

6.标准公差 IT

标准公差 IT 是线性尺寸公差 ISO 代号体系中的任一公差。缩略语字母"IT"代表"国际公差"。

7.基本偏差

基本偏差是用以确定公差带相对公称尺寸位置的极限偏差。基本偏差是最接近公称尺寸的那个极限偏差，用字母表示(如 B、d)。当公差带位于零线的上方时，其下极限偏差为基本偏差；当公差带位于零线的下方时，其上极限偏差为基本偏差。

四、有关配合的术语及定义

1.配合

配合是指类型相同且待装配的外尺寸要素(轴)和内尺寸要素(孔)之间的关系。配合公差是指组成配合的两个尺寸要素的尺寸公差之和。它表示配合所允许的变动量。

2.间隙或过盈

在轴与孔的配合中,孔的尺寸减轴的尺寸所得的代数差,当差值为正时称为间隙,用 X 表示;当差值为负时称为过盈,用 Y 表示。

国家标准规定,配合分为间隙配合、过盈配合和过渡配合。

3.间隙配合

具有间隙(包括最小间隙等于零)的配合称为间隙配合。在间隙配合中,孔的公差带在轴的公差带之上,如图1-4所示。

微课2
间隙配合

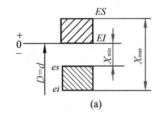
(a)

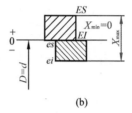
(b)

图1-4 间隙配合

当孔为上极限尺寸而轴为下极限尺寸时,装配后得到最大间隙 X_{max};当孔为下极限尺寸而轴为上极限尺寸时,装配后得到最小间隙 X_{min}。

最大间隙 $\quad X_{max} = D_{max} - d_{min} = ES - ei$ $\qquad\qquad$ (1-5)

最小间隙 $\quad X_{min} = D_{min} - d_{max} = EI - es$ $\qquad\qquad$ (1-6)

间隙配合的平均松紧程度称为平均间隙 X_{av}。

平均间隙 $\quad X_{av} = \dfrac{1}{2}(X_{max} + X_{min})$ $\qquad\qquad$ (1-7)

4.过盈配合

具有过盈(包括最小过盈等于零)的配合称为过盈配合。在过盈配合中,孔的公差带在轴的公差带之下,如图1-5所示。

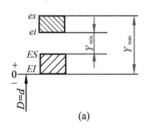
(a)

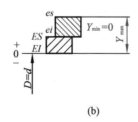
(b)

微课3
过盈配合

图1-5 过盈配合

当孔为下极限尺寸而轴为上极限尺寸时,装配后得到最大过盈 Y_{max};当孔为上极限尺寸而轴为下极限尺寸时,装配后得到最小过盈 Y_{min}。

最大过盈 $\quad Y_{max} = D_{min} - d_{max} = EI - es$ $\qquad\qquad$ (1-8)

最小过盈 $\quad Y_{min} = D_{max} - d_{min} = ES - ei$ $\qquad\qquad$ (1-9)

平均过盈为最大过盈与最小过盈的平均值。

平均过盈　　$Y_{av}=\dfrac{1}{2}(Y_{max}+Y_{min})$　　　　　　　　　　　　　　　　　　　　　(1-10)

5.过渡配合

可能具有间隙或过盈的配合称为过渡配合,此时孔的公差带与轴的公差带相互交叠,如图 1-6 所示。它是介于间隙配合与过盈配合之间的一种配合,但间隙和过盈量都不大。

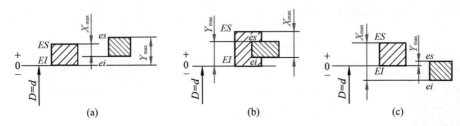

$$(a) \qquad\qquad (b) \qquad\qquad (c)$$

图 1-6　过渡配合

微课 4

过渡配合

当孔为上极限尺寸而轴为下极限尺寸时,装配后得到最大间隙 X_{max};当孔为下极限尺寸而轴为上极限尺寸时,装配后得到最大过盈 Y_{max}。

最大间隙　　$X_{max}=D_{max}-d_{min}=ES-ei$

最大过盈　　$Y_{max}=D_{min}-d_{max}=EI-es$

在过渡配合中,平均间隙或平均过盈为最大间隙与最大过盈的平均值。若所得值为正,则为平均间隙;若为负,则为平均过盈。即

$$X_{av}(Y_{av})=\dfrac{1}{2}(X_{max}+Y_{max}) \qquad\qquad (1\text{-}11)$$

6.配合公差

配合公差表示配合松紧程度的变化范围。配合公差用 T_f 表示,是一个绝对值。

对间隙配合　　$T_f=|X_{max}-X_{min}|$　　　　　　　　　　　　　　　　　　　(1-12)

对过盈配合　　$T_f=|Y_{min}-Y_{max}|$　　　　　　　　　　　　　　　　　　　(1-13)

对过渡配合　　$T_f=|X_{max}-Y_{max}|$　　　　　　　　　　　　　　　　　　　(1-14)

把最大、最小间隙和过盈分别用孔、轴的极限尺寸或极限偏差带入式(1-12)～式(1-14)中,可得三种配合的配合公差都为

$$T_f=T_h+T_s \qquad\qquad (1\text{-}15)$$

式(1-15)表明配合件的装配精度与零件的加工精度有关。若要提高装配精度,使配合后间隙或过盈的变动量小,则应减小零件的公差,提高零件的加工精度。

【例 1-1】　已知孔 $\phi50^{+0.039}_{0}$ mm,轴 $\phi50^{-0.025}_{-0.050}$ mm,求 X_{max}、X_{min} 及 T_f,并画出公差带图。

解　$X_{max}=ES-ei=+0.039-(-0.050)=+0.089$ mm

$X_{min}=EI-es=0-(-0.025)=+0.025$ mm

$$T_f = |X_{max} - X_{min}| = |0.089 - 0.025| = 0.064 \text{ mm}$$

公差带图如图 1-7(a)所示。

【例 1-2】 已知孔 $\phi 50^{+0.039}_{0}$ mm，轴 $\phi 50^{+0.079}_{+0.054}$ mm，求 Y_{max}、Y_{min} 及 T_f，并画出公差带图。

解 $Y_{max} = EI - es = 0 - (+0.079) = -0.079 \text{ mm}$

$Y_{min} = ES - ei = +0.039 - (+0.054) = -0.015 \text{ mm}$

$T_f = |Y_{min} - Y_{max}| = |-0.015 - (-0.079)| = 0.064 \text{ mm}$

公差带图如图 1-7(b)所示。

【例 1-3】 已知孔 $\phi 50^{+0.039}_{0}$ mm，轴 $\phi 50^{+0.034}_{+0.009}$ mm，求 X_{max}、Y_{max} 及 T_f，并画出公差带图。

解 $X_{max} = ES - ei = +0.039 - (+0.009) = +0.030 \text{ mm}$

$Y_{max} = EI - es = 0 - (+0.034) = -0.034 \text{ mm}$

$T_f = |X_{max} - Y_{max}| = |0.030 - (-0.034)| = 0.064 \text{ mm}$

公差带图如图 1-7(c)所示。

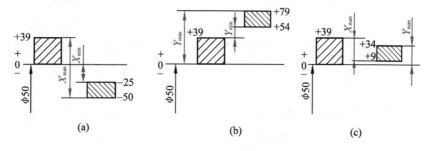

图 1-7　例 1-1～例 1-3 的公差带图

1.2 极限与配合标准的主要内容

一、配合制及标准公差等级

配合制是由线性尺寸公差 ISO 代号体系确定公差的孔和轴组成的一种配合制度。形成配合要素的线性尺寸公差 ISO 代号体系应用的前提条件是孔和轴的公称尺寸相同。国家标准规定了两种配合制，即基孔制和基轴制。

1.基孔制

基孔制是指基本偏差为一定的孔公差带，与不同基本偏差的轴公差带形成各种配合的制度，如图 1-8(a)所示。

基孔制配合中孔为基准孔，是配合的基准件。国家标准规定，基准孔

微课 5

配合制

的基本偏差为下极限偏差 EI，数值为零，即 $EI=0$，上极限偏差为正值，其公差带偏置在零线上方。基准孔的代号为 H。

2.基轴制

基轴制是指基本偏差为一定的轴公差带，与不同基本偏差的孔公差带形成各种配合的制度，如图 1-8(b)所示。

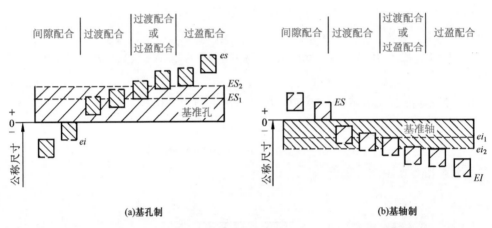

图 1-8 基准制

基轴制配合中轴为基准轴，是配合的基准件。国家标准规定，基准轴的基本偏差为上极限偏差 es，数值为零，即 $es=0$；下极限偏差为负值，其公差带偏置在零线下方。基准轴的代号为 h。

从图 1-8 可见，在基孔制中，随着轴公差带位置的不同，可以形成间隙、过渡、过盈三种不同性质的配合；在基轴制中，随着孔公差带位置的不同，同样也可以形成这三种配合。图 1-8 中的细虚线表示公差带的大小是随公差等级的不同而变化的。

3.公差等级

确定尺寸精确程度的等级称为公差等级。不同零件和零件上不同部位的尺寸，对精确程度的要求往往不同，为了满足生产的需要，国家标准设置了 20 个公差等级，各级标准公差的代号为 IT01、IT0、IT1、IT2、…、IT18。IT01 精度最高，其余依次降低，标准公差值依次增大。

在公称尺寸≤500 mm 的常用尺寸范围内，各级标准公差数值见表 1-2。

表 1-2 标准公差数值（GB/T 1800.1—2020）

公称尺寸/mm		标准公差等级																		
		IT01	IT0	IT1	IT2	IT3	IT4	IT5	IT6	IT7	IT8	IT9	IT10	IT11	IT12	IT13	IT14	IT15	IT16	IT17	IT18
大于	至	μm													mm						
—	3	0.3	0.5	0.8	1.2	2	3	4	6	10	14	25	40	60	0.1	0.14	0.25	0.4	0.6	1	1.4
3	6	0.4	0.6	1	1.5	2.5	4	5	8	12	18	30	48	75	0.12	0.18	0.3	0.48	0.75	1.2	1.8

续表

公称尺寸/mm		标准公差等级																		
		IT01	IT0	IT1	IT2	IT3	IT4	IT5	IT6	IT7	IT8	IT9	IT10	IT11	IT12	IT13	IT14	IT15	IT16	IT17	IT18
大于	至	μm													mm						
6	10	0.4	0.6	1	1.5	2.5	4	6	9	15	22	36	58	90	0.15	0.22	0.36	0.58	0.9	1.5	2.2
10	18	0.5	0.8	1.2	2	3	5	8	11	18	27	43	70	110	0.18	0.27	0.43	0.7	1.1	1.8	2.7
18	30	0.6	1	1.5	2.5	4	6	9	13	21	33	52	84	130	0.21	0.33	0.52	0.84	1.3	2.1	3.3
30	50	0.6	1	1.5	2.5	4	7	11	16	25	39	62	100	160	0.25	0.39	0.62	1	1.6	2.5	3.9
50	80	0.8	1.2	2	3	5	8	13	19	30	46	74	120	190	0.3	0.46	0.74	1.2	1.9	3	4.6
80	120	1	1.5	2.5	4	6	10	15	22	35	54	87	140	220	0.35	0.54	0.87	1.4	2.2	3.5	5.4
120	180	1.2	2	3.5	5	8	12	18	25	40	63	100	160	250	0.4	0.63	1	1.6	2.5	4	6.3
180	250	2	3	4.5	7	10	14	20	29	46	72	115	185	290	0.46	0.72	1.15	1.85	2.9	4.6	7.2
250	315	2.5	4	6	8	12	16	23	32	52	81	130	210	320	0.52	0.81	1.3	2.1	3.2	5.2	8.1
315	400	3	5	7	9	13	18	25	36	57	89	140	230	360	0.57	0.89	1.4	2.3	3.6	5.7	8.9
400	500	4	6	8	10	15	20	27	40	63	97	155	250	400	0.63	0.97	1.55	2.5	4	6.3	9.7

注：公称尺寸小于或等于 1 mm 时，无 IT14 至 IT18。

 二、基本偏差系列

基本偏差是用来确定公差带相对于零线位置的，是对公差带位置的标准化。其数量将决定配合种类的数量。为了满足机器中各种不同性质和不同松紧程度的配合需要，国家标准对孔和轴分别规定了 28 个公差带位置，分别由 28 个基本偏差来确定。

1.代号

基本偏差代号用拉丁字母表示，孔用大写字母表示，轴用小写字母表示。28 种基本偏差代号由 26 个拉丁字母中除去 5 个容易与其他参数混淆的字母 I、L、O、Q、W(i、l、o、q、w)，剩下的 21 个字母加上 7 个双写的字母 CD、EF、FG、JS、ZA、ZB、ZC(cd、ef、fg、js、za、zb、zc)组成。这 28 种基本偏差构成了基本偏差系列。

2.基本偏差系列图及其特征

图 1-9 所示为基本偏差系列，其中基本偏差系列各公差带只画出一端，另一端未画出，它取决于公差值的大小。

对于孔：A～H 的基本偏差为下极限偏差 EI，除 H 基本偏差为零外，其余均为正值，其绝对值依次减小；J～ZC 的基本偏差为上极限偏差 ES，除 J、K、M 和 N 外，其余皆为负值，其绝对值依次增大。

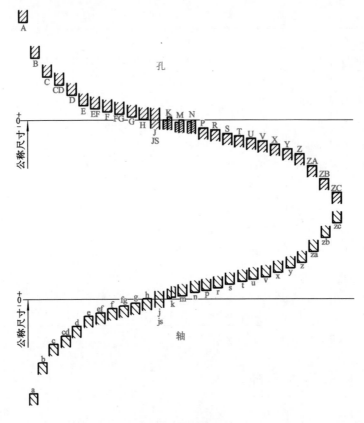

图 1-9　基本偏差系列

对于轴:a~h 的基本偏差为上极限偏差 es,除 h 基本偏差为零外,其余均为负值,其绝对值依次减小;j~zc 的基本偏差为下极限偏差 ei,除 j 和 k(当代号为 k 时,IT≤3 或 IT>7 时,基本偏差为零)外,其余皆为正值,其绝对值依次增大。

其中 JS 和 js 在各个公差等级中相对于零线是完全对称的。其基本偏差随公差值而定,上极限偏差 $ES(es)=+\mathrm{IT}/2$,下极限偏差 $EI(ei)=-\mathrm{IT}/2$,其上、下极限偏差均可作为基本偏差。JS 和 js 将逐渐代替近似对称于零线的基本偏差 J 和 j,因此在国家标准中,孔仅有 J6、J7 和 J8,轴仅有 j5、j6、j7 和 j8。

3.基本偏差数值

(1)轴的基本偏差数值　轴的基本偏差数值以基孔制配合为基础,按照各种配合要求,再根据生产实践经验和统计分析结果得出的一系列公式,经计算后圆整得出,见表 1-3。

轴的基本偏差可查表确定,另一个极限偏差可根据轴的基本偏差数值和标准公差值按下列关系式计算:

$$ei=es-IT(公差带在零线之下) \tag{1-16}$$

$$es=ei+IT(公差带在零线之上) \tag{1-17}$$

(2)孔的基本偏差数值　孔的基本偏差数值是由同名的轴的基本偏差换算得到的。换算原则为:同名配合的配合性质不变,即基孔制的配合(如 $\phi30H9/f9$、$\phi40H7/g6$)转换成同名基轴制的配合(如 $\phi30F9/h9$、$\phi40G7/h6$)时,其配合性质(极限间隙或极限过盈)不变。

根据上述原则,孔的基本偏差按以下两种规则换算:

①通用规则　用同一字母表示的孔、轴的基本偏差的绝对值相等、符号相反。孔的基本偏差是轴的基本偏差相对于零线的倒影,即

$$EI=-es(适用于 A\sim H) \tag{1-18}$$

$$ES=-ei(适用于同级配合的 K\sim ZC) \tag{1-19}$$

②特殊规则　用同一字母表示的孔、轴的基本偏差的符号相反、绝对值相差一个 Δ 值,即

$$ES=-ei+\Delta \tag{1-20}$$

$$\Delta=IT_n-IT_{n-1}=IT_h-IT_s \tag{1-21}$$

特殊规则适用于公称尺寸≤500 mm、标准公差≤IT8 的 K、M、N 和标准公差≤IT7 的 P～ZC。

孔的另一个极限偏差可根据孔的基本偏差数值和标准公差值按下列关系式计算:

$$EI=ES-IT(公差带在零线之下) \tag{1-22}$$

$$ES=EI+IT(公差带在零线之上) \tag{1-23}$$

按上述换算规则,国家标准制定出孔的基本偏差数值表,见表 1-4。

表 1-3　　　　　　　　　　　　　　　　　　　　　公称尺寸≤500 mm 的轴的基本

公称尺寸/mm		上极限偏差 es												基本 下极限				
		所有公差等级												IT5、IT6	IT7	IT8	IT4~IT7	≤IT3 >IT7
大于	至	a	b	c	cd	d	e	ef	f	fg	g	h	js	j			k	
—	3	−270	−140	−60	−34	−20	−14	−10	−6	−4	−2	0		−2	−4	−6	0	0
3	6	−270	−140	−70	−46	−30	−20	−14	−10	−6	−4	0		−2	−4	—	+1	0
6	10	−280	−150	−80	−56	−40	−25	−18	−13	−8	−5	0		−2	−5	—	+1	0
10	14	−290	−150	−95	−70	−50	−32	−23	−16	−10	−6	0		−3	−6	—	+1	0
14	18																	
18	24	−300	−160	−110	−85	−65	−40	−25	−20	−12	−7	0		−4	−8	—	+2	0
24	30												偏					
30	40	−310	−170	−120	−100	−80	−50	−35	−25	−15	−9	0	差	−5	−10	—	+2	0
40	50	−320	−180	−130									等					
50	65	−340	−190	−140	—	−100	−60	—	−30	—	−10	0	于	−7	−12	—	+2	0
65	80	−360	−200	−150														
80	100	−380	−220	−170	—	−120	−72	—	−36	—	−12	0	±$\dfrac{\text{IT}_n}{2}$	−9	−15	—	+3	0
100	120	−410	−240	−180														
120	140	−460	−260	−200														
140	160	−520	−280	−210	—	−145	−85	—	−43	—	−14	0		−11	−18	—	+3	0
160	180	−580	−310	−230														
180	200	−660	−340	−240														
200	225	−740	−380	−260	—	−170	−100	—	−50	—	−15	0		−13	−21	—	+4	0
225	250	−820	−420	−280														
250	280	−920	−480	−300	—	−190	−110	—	−56	—	−17	0		−16	−26	—	+4	0
280	315	−1 050	−540	−330														
315	355	−1 200	−600	−360	—	−210	−125	—	−62	—	−18	0		−18	−28	—	+4	0
355	400	−1 350	−680	−400														
400	450	−1 500	−760	−400	—	−230	−135	—	−68	—	−20	0		−20	−32	—	+5	0
450	500	−1 650	−840	−480														

注：①公称尺寸小于或等于 1 mm 时，基本偏差 a 和 b 均不采用。

②公差 js7~js11，若 ITn 值是奇数，则其偏差等于 ±$\dfrac{\text{IT}_n-1}{2}$。

偏差数值(GB/T 1800.1—2020) μm

偏差数值

偏差 ei

所有公差等级

m	n	p	r	s	t	u	v	x	y	z	za	zb	zc
+2	+4	+6	+10	+14	—	+18	—	+20	—	+26	+32	+40	+60
+4	+8	+12	+15	+19	—	+23	—	+28	—	+35	+42	+50	+80
+6	+10	+15	+19	+23	—	+28	—	+34	—	+42	+52	+67	+97
+7	+12	+18	+23	+28	—	+33	—	+40	—	+50	+64	+90	+130
							+39	+45	—	+60	+77	+108	+150
+8	+15	+22	+28	+35	—	+41	+47	+54	+63	+73	+98	+136	+188
					+41	+48	+55	+64	+75	+88	+118	+160	+218
+9	+17	+26	+34	+43	+48	+60	+68	+80	+94	+112	+148	+200	+274
					+54	+70	+81	+97	+114	+136	+180	+242	+325
+11	+20	+32	+41	+53	+66	+87	+102	+122	+144	+172	+226	+300	+405
			+43	+59	+75	+102	+120	+146	+174	+210	+274	+360	+480
+13	+23	+37	+51	+71	+91	+124	+146	+178	+214	+258	+335	+445	+585
			+54	+79	+104	+144	+172	+210	+254	+310	+400	+525	+690
+15	+27	+43	+63	+92	+122	+170	+202	+248	+300	+365	+470	+620	+800
			+65	+100	+134	+190	+228	+280	+340	+415	+535	+700	+900
			+68	+108	+146	+210	+252	+310	+380	+465	+600	+780	+1 000
+17	+31	+50	+77	+122	+166	+236	+284	+350	+425	+520	+670	+880	+1 150
			+80	+130	+180	+258	+310	+385	+470	+575	+740	+960	+1 250
			+84	+140	+196	+284	+340	+425	+520	+640	+820	+1 050	+1 350
+20	+34	+56	+94	+158	+218	+315	+385	+475	+580	+710	+920	+1 200	+1 550
			+98	+170	+240	+350	+425	+525	+650	+790	+1 000	+1 300	+1 700
+21	+37	+62	+108	+190	+268	+390	+475	+590	+730	+900	+1 150	+1 500	+1 900
			+114	+208	+294	+435	+530	+660	+820	+1 000	+1 300	+1 650	+2 100
+23	+40	+68	+126	+232	+330	+490	+595	+740	+920	+1 100	+1 450	+1 850	+2 400
			+132	+252	+360	+540	+660	+820	+1 000	+1 250	+1 600	+2 100	+2 600

表 1-4 尺寸≤500 mm 的孔的基本

基本偏差数值/μm

公称尺寸/mm 大于	至	下极限偏差 EI A	B	C	CD	D	E	EF	F	FG	G	H	JS	上极限偏差 ES J (IT6)	J (IT7)	J (IT8)	K (≤IT8)	K (>IT8)	M (≤IT8)	M (>IT8)	N (≤IT8)	N (>IT8)
—	3	+270	+140	+60	+34	+20	+14	+10	+6	+4	+2	0		+2	+4	+6	0	0	−2	−2	−4	−4
3	6	+270	+140	+70	+46	+30	+20	+14	+10	+6	+4	0		+5	+6	+10	−1+Δ	—	−4+Δ	−4	−8+Δ	0
6	10	+280	+150	+80	+56	+40	+25	+18	+13	+8	+5	0		+5	+8	+12	−1+Δ	—	−6+Δ	−6	−10+Δ	0
10	14	+290	+150	+95	+70	+50	+32	+23	+16	+10	+6	0		+6	+10	+15	−1+Δ	—	−7+Δ	−7	−12+Δ	0
14	18																					
18	24	+300	+160	+110	+85	+65	+40	+28	+20	+12	+7	0	偏差等于 ±$\frac{IT_n}{2}$	+8	+12	+20	−2+Δ	—	−8+Δ	−8	−15+Δ	0
24	30																					
30	40	+310	+170	+120	+100	+80	+50	+35	+25	+15	+9	0		+10	+14	+24	−2+Δ	—	−9+Δ	−9	−17+Δ	0
40	50	+320	+180	+130																		
50	65	+340	+190	+140	—	+100	+60	—	+30	—	+10	0		+13	+18	+28	−2+Δ	—	−11+Δ	−11	−20+Δ	0
65	80	+360	+200	+150																		
80	100	+380	+220	+170	—	+120	+72	—	+36	—	+12	0		+16	+22	+34	−3+Δ	—	−13+Δ	−13	−23+Δ	0
100	120	+410	+240	+180																		
120	140	+460	+260	+200	+100	+145	+85	—	+43	—	+14	0		+18	+26	+41	−3+Δ	—	−15+Δ	−15	−27+Δ	0
140	160	+520	+280	+210																		
160	180	+580	+310	+230																		
180	200	+660	+340	+240	—	+170	+100	—	+50	—	+15	0		+22	+30	+47	−4+Δ	—	−17+Δ	−17	−31+Δ	0
200	225	+740	+380	+260																		
225	250	+820	+420	+280																		
250	280	+920	+480	+300	—	+190	+110	—	+56	—	+17	0		+25	+36	+55	−4+Δ	—	−20+Δ	−20	−34+Δ	0
280	315	+1 050	+540	+330																		
315	355	+1 200	+600	+360	—	+210	+125	—	+62	—	+18	0		+29	+39	+60	−4+Δ	—	−21+Δ	−21	−37+Δ	0
355	400	+1 350	+680	+400																		
400	450	+1 500	+760	+440	—	+230	+135	—	+68	—	+20	0		+33	+43	+66	−5+Δ	—	−23+Δ	−23	−40+Δ	0
450	500	+1 650	+840	+480																		

注：①公称尺寸小于或等于 1 mm 时,基本偏差 A 和 B 及大于 IT8 的 N 均不采用。

②标准公差≤IT8 的 K、M、N 及≤IT7 的 P 至 ZC,从表的右侧选取 Δ 值。例如,大于 18 mm 至 30 mm 的 K7,Δ = 8 μm,因此 $ES = -2+8 = +6$ μm。

③公差带 Js7~Js11,若 IT_n 值是奇数,则取偏差 $= \pm\dfrac{IT_n-1}{2}$。

④特殊情况,大于 250 mm 至 315 mm 的 M6,$ES = -9$ μm(代替 -11 μm)。

偏差数值(GB/T 1800.1—2020)　　　　　　　　　　　　　　　　　　　　　　　μm

差数值 偏差 ES													Δ 值 标准公差等级					
≤IT7	>IT7 的标准公差等级																	
P至ZC	P	R	S	T	U	V	X	Y	Z	ZA	ZB	ZC	3	4	5	6	7	8
−6		−10	−14	—	−18	—	−20	—	−26	−32	−40	−60	0	0	0	0	0	0
−12		−15	−19	—	−23	—	−28	—	−35	−42	−50	−80	1	1.5	1	3	4	6
−15		−19	−23	—	−28	—	−34	—	−42	−52	−67	−97	1	1.5	2	3	6	7
−18		−23	−28	—	−33	—	−40	—	−50	−64	−90	−130	1	2	3	3	7	9
						−39	−45		−60	−77	−108	−150						
−22		−28	−35	—	−41	−47	−54	−63	−73	−98	−136	−188	1.5	2	3	4	8	12
				−41	−48	−55	−64	−75	−88	−118	−160	−218						
−26		−34	−43	−48	−60	−68	−80	−94	−112	−148	−200	−274	1.5	3	4	5	9	14
				−54	−70	−81	−97	−114	−136	−180	−242	−325						
−32		−41	−53	−66	−87	−102	−122	−144	−172	−226	−300	−405	2	3	5	6	11	16
		−43	−59	−75	−102	−120	−146	−174	−210	−274	−360	−480						
−37		−51	−71	−91	−124	−146	−178	−214	−258	−335	−445	−585	2	4	5	7	13	19
		−54	−79	−104	−144	−172	−210	−254	−310	−400	−525	−690						
−43		−63	−92	−122	−170	−202	−248	−300	−365	−470	−620	−800	3	4	6	7	15	23
		−65	−100	−134	−190	−228	−280	−340	−415	−535	−700	−900						
		−68	−108	−146	−210	−252	−310	−380	−465	−600	−780	−1 000						
−50		−77	−122	−166	−236	−284	−350	−425	−520	−670	−880	−1 150	3	4	6	9	17	26
		−80	−130	−180	−258	−310	−385	−470	−575	−740	−960	−1 250						
		−84	−140	−196	−284	−340	−425	−520	−640	−820	−1 050	−1 350						
−56		−94	−158	−218	−315	−385	−475	−580	−710	−920	−1 200	−1 550	4	4	7	9	20	29
		−98	−170	−240	−350	−425	−525	−650	−790	−1 000	−1 300	−1 700						
−62		−108	−190	−268	−390	−475	−590	−730	−900	−1 150	−1 500	−1 900	4	5	7	11	21	32
		−114	−208	−294	−435	−530	−660	−820	−1 000	−1 300	−1 650	−2 100						
−68		−126	−232	−330	−490	−595	−740	−920	−1 100	−1 450	−1 850	−2 400	5	5	7	13	23	34
		−132	−252	−360	−540	−660	−820	−1 000	−1 250	−1 600	−2 100	−2 600						

注：左侧说明——在大于 7 级的相应数值上增加一个 Δ。

【例 1-4】 查表确定 $\phi25H8/p8$，$\phi25P8/h8$ 孔与轴的极限偏差。

解 （1）查表确定孔和轴的标准公差

查表 1-2 得 IT8＝33 μm

（2）查表确定轴的基本偏差

查表 1-3 得 p 的基本偏差为下极限偏差 $ei＝+22\ \mu m$

h 的基本偏差为上极限偏差 $es＝0$

（3）查表确定孔的基本偏差

查表 1-4 得 H 的基本偏差为下极限偏差 $EI＝0$

P 的基本偏差为上极限偏差 $ES＝-22\ \mu m$

（4）计算轴的另一个极限偏差

p8 的另一个极限偏差 $es＝ei+IT8＝+22+33＝+55\ \mu m$

h8 的另一个极限偏差 $ei＝es-IT8＝0-33＝-33\ \mu m$

（5）计算孔的另一个极限偏差

H8 的另一个极限偏差 $ES＝EI+IT8＝0+33＝+33\ \mu m$

P8 的另一个极限偏差 $EI＝ES-IT8＝-22-33＝-55\ \mu m$

（6）标出极限偏差

$$\phi25\ \frac{H8\binom{+0.033}{0}}{p8\binom{+0.055}{+0.022}} \qquad \phi25\ \frac{P8\binom{-0.022}{-0.055}}{h8\binom{0}{-0.033}}$$

三、极限与配合在图样上的标注

1.公差带代号与配合代号

孔、轴的公差带代号由基本偏差代号和公差等级数字组成，例如 H7、F7、K7、P6 等为孔的公差带代号；h7、g6、m6、r7 等为轴的公差带代号。

当孔和轴组成配合时，配合代号写成分数形式，分子为孔的公差带代号，分母为轴的公差带代号。如 $\frac{H7}{g6}$ 或 H7/g6。若指某公称尺寸的配合，则公称尺寸标在配合代号之前，如 $\phi30H7/g6$。

2.图样中尺寸公差的标注形式

零件图中尺寸公差的标注形式如图 1-10 所示。

孔、轴公差在零件图上主要标注公称尺寸和极限偏差数值或标注公称尺寸和公差带代号，也可标注公称尺寸、公差带代号和极限偏差数值。

在装配图上，主要标注配合代号，即标注孔、轴的基本偏差代号及公差等级，如图1-11 所示。

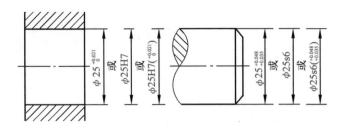

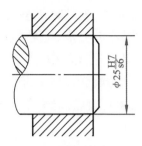

图 1-10 孔、轴公差在零件图上的标注

图 1-11 装配图上的标注

四、常用和优先的公差带与配合

国家标准规定了 20 个公差等级和 28 种基本偏差,如将任一基本偏差与任一标准公差组合,在公称尺寸≤500 mm 范围内,孔公差带有 $20 \times 27 + 3$(J6、J7、J8)$= 543$ 个,轴公差带有 $20 \times 27 + 4$(j5、j6、j7、j8)$= 544$ 个。这么多的公差带都使用显然是不经济的,因为它必然导致定值刀具和量具规格的繁多。

为此,国家标准规定了一般、常用和优先轴用公差带共 116 种,如图 1-12 所示,其中方框内的 59 种为常用公差带,圆圈内的 13 种为优先公差带。

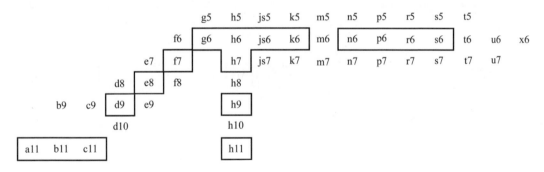

图 1-12 一般、常用和优先轴用公差带

国家标准规定了一般、常用和优先孔用公差带共 105 种,如图 1-13 所示,其中方框内的 44 种为常用公差带,圆圈内的 13 种为优先公差带。

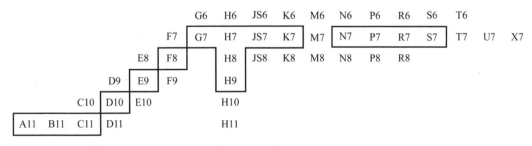

图 1-13 一般、常用和优先孔用公差带

选用公差带时,应按优先、常用、一般公差带的顺序选取。若一般公差带中也没有满足要求的公差带,则按国家标准规定的标准公差和基本偏差组成的公差带来选取,还可考虑采用延伸和插入的方法来确定新的公差带。

对于配合,国家标准规定基孔制常用配合 59 种、优先配合 13 种,见表 1-5。基轴制常用配合 47 种、优先配合 13 种,见表 1-6。

表 1-5　　　　　　　　基孔制配合的优先配合(GB/T 1800.1—2020)

基准孔	轴公差带代号																	
	间隙配合							过渡配合				过盈配合						
H6						g5	h5	js5	k5	m5		n5	p5					
H7				f6		g6	h6	js6	k6	m6	n6	p6	r6	s6	t6	u6	x6
H8			e7	f7			h7	js7	k7	m7				s7		u7	
		d8	e8	f8			h8										
H9		d8	e8	f8			h8										
H10	b9	c9	d9	e9			h9										
H11	b11	c11	d11				h10										

表 1-6　　　　　　　　基轴制配合的优先配合(GB/T 1800.1—2020)

基准孔	孔公差带代号															
	间隙配合						过渡配合				过盈配合					
h5				G6	H6	JS6	K6	M6		N6	P6					
h6			F7	G7	H7	JS7	K7	M7	N7	P7	R7	S7	T7	U6	X6
h7		E8	F8		H8										
h8	D9	E9	F9		H9										
		E8	F8		H8										
h9	D9	E9	F9		H9										
	B11	C10	D10			H10									

五、一般公差　未注公差的线性和角度尺寸的公差（GB/T 1804—2000）

在车间普通工艺条件下,机床设备一般加工能力可保证的公差称为一般公差。在正常维护和操作情况下,它代表车间的一般经济加工精度。《一般公差　未注公差的线性和角度尺寸的公差》(GB/T 1804—2000)采用了国际标准中的有关部分,替代了《一般公差　线性尺寸的未注公差》(GB 1804—1992)。

《一般公差　未注公差的线性和角度尺寸的公差》(GB/T 1804—2000)对线性尺寸的一般公差规定了 4 个公差等级,它们分别是精密级 f、中等级 m、粗糙级 c、最粗级 v。对适用尺寸也采用了较大的分段,具体数值见表 1-7。f、m、c、v 四个公差等级分别相当于

IT12、IT14、IT16、IT17。倒圆半径与倒角高度尺寸的极限偏差数值见表1-8。

表1-7　　　　　　　线性尺寸的未注极限偏差的数值(GB/T 1804—2000)　　　　　　mm

公差等级	公称尺寸分段							
	0.5～3	>3～6	>6～30	>30～120	>120～400	>400～1 000	>1 000～2 000	>2 000～4 000
f(精密级)	±0.05	±0.05	±0.1	±0.15	±0.2	±0.3	±0.5	—
m(中等级)	±0.1	±0.1	±0.2	±0.3	±0.5	±0.8	±1.2	±2
c(粗糙级)	±0.2	±0.3	±0.5	±0.8	±1.2	±2	±3	±4
v(最粗级)	—	±0.5	±1	±1.5	±2.5	±4	±6	±8

表1-8　　　　倒圆半径与倒角高度尺寸的极限偏差数值(GB/T 1804—2000)　　　　mm

公差等级	公称尺寸分段			
	0.5～3	>3～6	>6～30	>30
f(精密级)	±0.2	±0.5	±1	±2
m(中等级)	±0.2	±0.5	±1	±2
c(粗糙级)	±0.4	±1	±2	±4
v(最粗级)	±0.4	±1	±2	±4

　　线性尺寸一般公差主要用于较低精度的非配合尺寸。采用一般公差的尺寸,在该尺寸后不注出极限偏差。只有当要素的功能允许一个比一般公差更大的公差,且采用该公差比一般公差更为经济时,其相应的极限偏差才要在尺寸后注出。

　　采用GB/T 1804—2000规定的一般公差,在图样、技术文件或标准中用该标准号和公差等级符号表示。例如,当选用中等级m时可表示为GB/T 1804—2000—m。

　　一般公差的线性尺寸是在保证车间加工精度的情况下加工出来的,一般可以不用检验其公差。

1.3　测量技术基础

一、技术测量与检测的基本知识

　　机械制造中的测量技术主要研究对零件几何参数进行测量和检验的问题,它是计量学的组成部分。

　　1.测量

　　测量是指为确定量值进行的一组操作,其实质是将被测量 L 与具有计量单位的标准量 E 进行比较,从而确定比值 q 的过程,即 $q=L/E$。

　　因此,在被测量 L 一定的情况下,比值的大小完全决定于所采用的计量单位的标准

量 E,而且是成反比关系。同时它也说明计量单位的选择决定于被测量值所要求的精确程度,这样经比较而得的被测量值为 $L=qE$。

由此可知,一个完整的测量过程应包括以下四个要素:

(1)测量对象 主要指几何量,包括长度、角度、几何误差、表面粗糙度以及螺纹、齿轮的各种参数等。

(2)计量单位 我国法定计量单位中,长度单位为米(m),在机械制造中常用单位为毫米(mm)、微米(μm);角度单位是弧度(rad),实用中常以度(°)、分(′)、秒(″)为单位。

机械制造中常用的长度计量单位、符号及其与基本单位的关系见表 1-9。

表 1-9 常用的长度计量单位、符号及其与基本单位的关系

单位名称	符号	与基本单位的关系
米	m	基本单位
毫米	mm	1 mm=0.001 m
微米	μm	1 μm=0.000 001 m
纳米	nm	1 nm=0.000 000 001 m
度	°	基本单位,$1°=(\pi/180)\text{rad}=0.017\ 453\ 3\ \text{rad}$
分	′	$1°=60′$
秒	″	$1′=60″$
弧度	rad	基本单位,$1\ \text{rad}=(180/\pi)°=57.295\ 779\ 51°$

(3)测量方法 是指在进行测量时所采用的测量器具、测量原理和测量条件的总和。测量条件是测量时零件和测量器具所处的环境,如温度、湿度、振动和灰尘等。

(4)测量精度 是指测量结果与真值的一致程度。测量结果越接近真值,测量精度越高;反之,测量精度越低。

2.检验

检验是指为确定被测量是否达到预期要求所进行的操作,目的在于判断是否合格,不一定得出具体的量值。

检验是与测量相类似的一个概念,其含义比测量更广一些。例如,表面锈蚀的检验、金属内部缺陷的检验等,在这些情况下,就不能用测量的概念。对测量技术的基本要求是:保证测量精度、高的测量效率和低的测量成本。结合测量技术分析零件的加工工艺,积极采取措施,避免废品的产生。

3.长度尺寸基准和传递系统

目前世界各国所使用的长度单位有米制和英制两种,长度的量值传递是指"将国家计量基准所复现的计量值,通过检定(或其他方法)传递给下一等级的计量标准(器)并依次逐级传递到工作计量器具上,以保证被测量对象的量值准确一致的方式"。

1 m 等于在 1/299 792 458 s 时间间隔内光在真空中所经路径的长度(1983 年第 17 届国际计量大会通过)。

我国长度量值传递的主要标准器是量块和线纹尺,其中以量块传递系统应用最广。

4.角度的量值传递

角度计量也属于长度计量范畴,弧度可用长度比值求得,但在实际应用中,为了检定

和测量需要,仍然要建立角度量值的基准及其传递系统,近年来多使用高精度的测角仪和多面棱体。

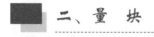

二、量 块

1.量块及其特点

量块是指用耐磨材料制造,横截面为矩形,并具有一对相互平行测量面的量具,其实物如图 1-14(a)所示,量块的测量面可以和另一个量块的测量面相研合而组合使用,也可以和具有类似表面品质的辅助表面相研合而用于量块长度的测量,如图 1-14(b)所示。它是机械制造中实际使用的长度基准,用于检定和调整计量器具、机床、工具和其他设备。

2.量块的规格

(1)量块长度 l

量块长度是指量块一个测量面上的任意点到与相对的另一测量面相研合的辅助体表面之间的垂直距离,且辅助体的材料和表面品质与量块相同,如图 1-14(c)所示。

(2)量块中心长度 l_c

量块中心长度是指对应于量块未研合测量中心点的量块长度,如图 1-14(c)所示。

(3)量块标称长度 l_n

量块标称长度是指标记在量块上,用以表明其与主单位(m)之间关系的量值,也称为量块长度的示值,如图 1-14(a)所示。

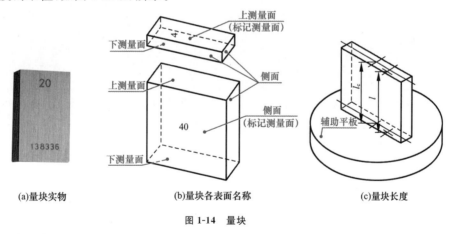

(a)量块实物　　　　　(b)量块各表面名称　　　　　(c)量块长度

图 1-14　量块

3.量块的精度

(1)量块的制造精度(根据量块长度的极限偏差和长度变动量允许值等精度指标)分为 00、0、1、2、3 级五个级别,其中 00 级的精度最高,其余各级精度依次降低,3 级的精度最低。此外,还有一个校准级——K 级。

(2)量块的检定精度(根据量块中心长度的极限偏差和测量面的平面度公差等精度指标)分为 1、2、3、4、5、6 六个等别,其中 1 等的精度最高,其余各等别精度依次降低,6 等的精度最低。

量块按"级"使用时,应以量块的标称长度为工作尺寸,该尺寸包含了量块的制造误差。量块按"等"使用时,应以检定后所给出的量块中心长度的实际尺寸为工作尺寸,该尺寸排除了量块制造误差的影响,仅包含检定时较小的测量误差。量块按"等"使用的测量精度比按"级"使用的测量精度高。

4.量块的使用

为了能用较少的块数组合成所需要的尺寸,量块应按一定的尺寸系列成套生产供应。国家标准共规定了 17 种系列的成套量块。表 1-10 列出了其中两套量块的尺寸系列。

表 1-10　　　　　　　　　　成套量块的尺寸(GB/T 6093—2001)

套别	总块数	级别	尺寸系列/mm	间隔/mm	块数
2	83	0、1、2	0.5	—	1
			1	—	1
			1.005	—	1
			1.01、1.02、…、1.49	0.01	49
			1.5、1.6、…、1.9	0.1	5
			2.0、2.5、…、9.5	0.5	16
			10、20、…、100	10	10
3	46	0、1、2	1	—	1
			1.001、1.002、…、1.009	0.001	9
			1.01、1.02、…、1.09	0.01	9
			1.1、1.2、…、1.9	0.1	9
			2、3、…、9	1	8
			10、20、…、100	10	10

由于量块的一个测量面与另一量块的测量面间具有能够研合的性能,所以可从成套的不同尺寸的量块中选取适当的量块组成所需要的尺寸。为了减小量块组的长度累积误差,选取的量块块数要尽量少,通常以不超过 4 块为宜。选取量块时,应从消去所需要的尺寸的最小尾数开始,逐一选取。

例如,使用 83 块一套的量块组,从中选取量块组成 36.375 mm。查表 1-10,可按如下步骤选择量块尺寸:

$$
\begin{array}{r}
36.375 \quad \cdots\cdots\cdots\cdots 量块组合尺寸 \\
-1.005 \quad \cdots\cdots\cdots\cdots 第 1 块量块尺寸 \\
\hline
35.37 \\
-1.37 \quad \cdots\cdots\cdots\cdots 第 2 块量块尺寸 \\
\hline
34.0 \\
-4.0 \quad \cdots\cdots\cdots\cdots 第 3 块量块尺寸 \\
\hline
30 \quad \cdots\cdots\cdots\cdots 第 4 块量块尺寸
\end{array}
$$

即　　　　　　　　　　　　$36.375 = 1.005 + 1.37 + 4.0 + 30$

5.量块的研合性及研合方法

（1）研合性 量块的研合性是指量块的一个测量面与另一量块的测量面或另一经精加工的类似量块的测量面的表面，通过分子力作用而相互研合的性能。

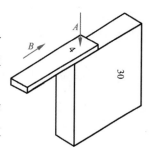

图 1-15 量块的研合
A—加力方向；B—推力方向

（2）量块的研合 研合量块组时，首先用优质汽油将选用的各量块清洗干净，用洁布擦干，然后以大尺寸量块为基础，顺次将小尺寸量块研合上去。

研合方法：将量块沿着其测量面长边方向，先将两块量块测量面的端缘部分接触并研合，然后稍加压力，将一块量块沿着另一块量块推进，使两块量块的测量面全部接触，并研合在一起。如图 1-15 所示。

三、计量器具的基本度量指标

度量指标是用来说明计量器具的性能和功用的。它是选择和使用计量器具，研究和判断测量方法正确性的依据。计量器具的基本度量指标见表 1-11。

表 1-11　　　　　　　　　　　　　计量器具的基本度量指标

项目	含义	说明
刻度间距	指刻度尺或分度盘上相邻两刻线中心之间的距离。一般刻度间距为 1～2.5 mm	与被测量的单位和标尺上的单位无关
分度值 i（刻度值）	指标尺或分度盘上相邻两刻线间所代表被测量的量值。一般来说，分度值越小，计量器具的精度越高	千分表的分度值为 0.001 mm，百分表的分度值为 0.01 mm
示值范围 b（工作范围）	指从计量器具所能显示的最低值（起始值）到最高值（终止值）的范围，二者之差称为量程	光学比较仪的示值范围为 ±0.1 mm
测量范围 B	指在允许的误差限内，从计量器具所能测量的下限值（最小值）到上限值（最大值）的范围，二者之差称为量程	某千分尺的测量范围为 75～100 mm，某光学比较仪的测量范围为 0～180 mm
灵敏度 K	指计量器具的指针对被测量变化的反应能力。当被测量变化与示值变化同类时，灵敏度又称放大比（放大倍数），通常，分度值越小，灵敏度越高	放大比 $K = c/i$，其值为常数（c 为计量器的刻度间距，i 为计量器具的分度值）
测量力	指计量器具的测头与被测表面之间的接触压力。在接触测量中，要求有一定的恒定测量力	测量力太大会使零件或测头产生变形，测量力不恒定会使示值不稳定
示值误差	指计量器具上的示值与被测量真值的代数差。一般来说，示值误差越小，精度越高	由于真值常不能确定，所以实践中常用约定值
示值变动	指在测量条件不变的情况下，用计量器具对同一被测量进行多次测量（一般为 5～10 次）所得示值中的最大差值	示值变动又称测量重复性，通常以测量重复性误差的极限值（正、负偏差）来表示
回程误差（滞后误差）	指在相同条件下，对同一被测量进行往、返两个方向测量时，计量器具示值的最大变动量	是由计量器具中测量系统的间隙、变形和摩擦等原因引起的
不确定度	指由于测量误差的存在而对被测量值不能肯定的程度。不确定度用极限误差表示，它是一个综合指标，包括示值误差、回程误差等	分度值为 0.01 mm 的千分尺，在车间条件下测量一个尺寸小于 50 mm 的零件时，其不确定度为 ±0.004 mm

四、测量方法的分类

测量方法可以从不同角度进行分类,见表 1-12。

表 1-12 测量方法分类

分类方式	名称	含义	说明
所获得被测结果的方法	直接测量	是指直接从计量器具上获得被测量的量值的测量方法	如用游标卡尺、千分尺测量零件的直径或长度
	间接测量	是指先测量与被测量有一定函数关系的量,再通过函数关系计算出被测量的测量方法	为减少测量误差,一般都采用直接测量,必要时才采用间接测量
读数值是否为被测量的整个量值	绝对测量	是指被测量的全值从计量器具的读数装置直接读出	如用游标卡尺、千分尺测量零件,其尺寸由刻度尺上直接读出。测量精度低
	相对测量	是指从计量器具上仅读出被测量对已知标准量的偏差值,而被测量的量值为计量器具的示值与标准量的代数和	如用比较仪测量,先用量块调整仪器零位,然后测量被测量。测量精度高
被测表面与计量器具的测头是否有机械接触	接触测量	是指计量器具在测量时,其测头与被测表面直接接触的测量	如用游标卡尺、千分尺测量零件的尺寸,会引起被测表面和计量器具有关部分产生弹性变形,进而影响测量精度
	非接触测量	是指计量器具的测头与被测表面不接触的测量	如用气动量仪测量孔径和用光切显微镜测量工件的表面粗糙度
同时测量参数的数量	单项测量	是指分别测量工件的各个参数的测量	如分别测量螺纹的中径、螺距和牙型半角。其测量效率低,但测量结果便于工艺分析
	综合测量	是指同时测量工件上某些相关的几何量,综合判断结果是否合格	如用螺纹通规检验螺纹的单一中径、螺距和牙型半角实际值的综合结果,即作用中径。其测量效率高
测量在加工过程中所起的作用	主动测量	是指在加工过程中对零件的测量,其测量结果用来控制零件的加工过程,从而及时防止废品的产生	使检测与加工过程紧密结合,以保证产品品质
	被动测量	是指在加工后对零件进行的测量,其测量结果只能判断零件是否合格,仅限于发现并剔除废品	用于验收产品
被测量在测量过程中所处状态	静态测量	是指在测量时被测表面与计量器具的测头处于静止状态的测量	如用游标卡尺、千分尺测量零件尺寸
	动态测量	是指测量时被测表面与计量器具的测头之间处于相对运动状态的测量	如用电动轮廓仪测量表面粗糙度,在磨削过程中测量零件尺寸

1.4　测量误差及数据处理

一、测量误差的概念

在测量过程中,由于计量器具本身的误差以及测量方法和测量条件的限制,任何一次测量的测得值都不可能是被测量的真值,两者存在着差异。这种差异在数值上即表现为测量误差。

测量误差有下列两种形式:

1.绝对误差

绝对误差 δ 是指测量的量值 x 与其真值 x_0 之差的绝对值,即

$$\delta = |x - x_0| \tag{1-24}$$

测量误差可能是正值,也可能是负值。因此,真值可以表示为

$$x_0 = x \pm \delta \tag{1-25}$$

利用式(1-25)可以由被测量的量值和测量误差来估算真值所在的范围。测量误差的绝对值越小,被测量的量值 x 就越接近于真值 x_0,因此测量精度就越高;反之,测量精度就越低。

用绝对误差表示测量精度,适用于评定或比较大小相同的被测量的测量精度。对于大小不相同的被测量,则需要用相对误差来评定或比较它们的测量精度。

2.相对误差

相对误差 f 是指绝对误差 δ 与真值 x_0 之比。由于真值不知道,因此在实用中常以被测量的量值 x 代替真值 x_0 进行估算,即

$$f = \frac{\delta}{x_0} \approx \frac{\delta}{x} \tag{1-26}$$

相对误差是一个量纲为一的数据,常以百分比的形式表示。例如,测量某两个尺寸分别为 $\phi 20\ \mathrm{mm}$ 和 $\phi 200\ \mathrm{mm}$ 的轴颈,它们的绝对误差都为 $0.02\ \mathrm{mm}$;但是,它们的相对误差分别为 $f_1 = 0.02/20 = 0.1\%$,$f_2 = 0.02/200 = 0.01\%$,故前者的测量精度比后者低。相对误差比绝对误差能更好地说明测量的精确程度。

二、测量误差的来源

产生测量误差的因素很多,主要有以下方面:

1.计量器具的误差

计量器具的误差是指计量器具本身所具有的误差,包括计量器具的设计、制造和使用过程中的各项误差,这些误差的综合反映可用计量器具的示值精度或不确定度来表示。

此外,相对测量时使用的标准量,如量块、线纹尺等误差,也将直接反映到测量结果中。

2.测量方法误差

测量方法误差是指测量方法不完善所引起的误差,包括计算公式不准确、测量方法选择不当、测量基准不统一、工件安装不合理以及测量力不稳定等引起的误差。

3.测量环境误差

测量环境误差是指测量时的环境条件不符合标准条件所引起的误差。环境条件是指湿度、温度、振动、气压和灰尘等。其中,温度对测量结果的影响最大。

4.人员误差

人员误差是指测量人员的主观因素所引起的误差。例如,测量人员技术不熟练、视觉偏差、估读判断错误等引起的误差。

总之,造成测量误差的因素很多,有些误差是不可避免的,有些误差是可以避免的。测量时应采取相应的措施,设法减小或消除它们对测量结果的影响,以保证测量的精度。

三、测量误差的种类和特性

测量误差按其性质不同可分为随机误差、系统误差和粗大误差。

1.随机误差

随机误差是指在一定测量条件下,多次测量同一量值时,其数值大小和符号以不可预料的方式变化的误差。它是由于测量中的不确定因素综合形成的,是不可避免的。例如,测量过程中温度的波动、振动、测量力不稳定、量仪示值变动、读数不一致等。对于某一次测量结果,随机误差无规律可循,但如果进行大量、多次重复测量,随机误差分布则服从统计规律。

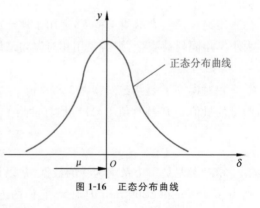

图1-16　正态分布曲线

随机误差可用试验方法来确定。实践表明,大多数情况下,随机误差符合正态分布。如图1-16所示。横坐标表示随机误差 δ,纵坐标表示概率密度 y。正态分布的随机误差具有以下分布特性:

(1)对称性　绝对值相等、符号相反的随机误差出现的概率相等。

(2)单峰性　绝对值小的随机误差出现的概率比绝对值大的随机误差出现的概率大。

(3)抵偿性　在一定测量条件下,多次重复测量,各次随机误差的代数和趋近于零。

(4)有界性　在一定测量条件下,随机误差的绝对值不会超出一定的界限。

实际使用时,可直接查正态分布积分表。下面列出几个特殊区间的概率值(设 $z = \delta / \sigma$):

当 $z = 1$ 时　$\delta = \pm\sigma$　$\phi(z) = 0.341\,3$　$P = 0.682\,6 = 68.26\%$

当 $z = 2$ 时　$\delta = \pm 2\sigma$　$\phi(z) = 0.477\,2$　$P = 0.954\,4 = 95.44\%$

当 $z=3$ 时　$\delta=\pm3\sigma$　$\phi(z)=0.498\,65$　$P=0.997\,3=99.73\%$

当 $z=4$ 时　$\delta=\pm4\sigma$　$\phi(z)=0.499\,97$　$P=0.999\,3=99.93\%$

可见,正态分布的随机误差 99.73% 可能分布在 $\pm3\sigma$ 范围内,而超出该范围的概率仅为 0.27%,可以认为这种可能性几乎没有了。因此,可将 $\pm3\sigma$ 视为单次测量的随机误差的极限值,将该值称为极限误差,记为

$$\delta_{\lim}=\pm3\sigma=\pm3\sqrt{\frac{\sum\limits_{i=1}^{n}\delta_i^2}{n}} \tag{1-27}$$

式中　δ_i——随机误差;

σ——标准偏差;

n——测量次数。

然而 $\pm3\sigma$ 不是唯一的极限误差估算公式。选择不同的 z 值,就对应不同的概率,可得到不同的极限误差,其可信度也不一样。例如:若 $z=2$,则 $P=95.44\%$,可信度达 95.44%。若 $z=3$,则 $P=99.73\%$,可信度达 99.73%。为了反映这种可信度,将这些百分比称为置信概率。在几何量测量时,一般取 $z=3$,其置信概率为 99.73%。例如某次测量的测得值为 50.002 mm,若已知标准偏差 $\sigma=0.000\,3$ mm,置信概率取 99.73%,则测量结果为

$$50.002\pm3\times0.000\,3=50.002\pm0.000\,9 \text{ mm}$$

上述结果说明,该测得值的真值有 99.73% 的可能性为 50.001 1~50.002 9 mm,即 50.002±0.000 9 mm。

因此,单次测量结果为

$$x=x_i\pm\delta_{\lim}=x_i\pm3\sigma \tag{1-28}$$

式中,x_i 为某次测量值。

2.系统误差

系统误差是指在重复条件下,多次测量同一量时,误差的大小和符号均保持不变或按一定规律变化的误差。前者称为定值(或常值)系统误差,如千分尺的零位不正确而引起的测量误差;后者称为变值系统误差。

系统误差的大小表明测量结果的正确度,它说明测量结果相对于真值有一定的误差。系统误差越小,测量结果的正确度越高。系统误差对测量结果影响较大,要尽量减小或消除,以提高测量精度。

3.粗大误差

粗大误差是指明显超出规定条件下预期的误差。例如,在测量过程中看错、读错、记错以及突然的冲击、振动等引起的测量误差。通常情况下,这类误差的数值都比较大,使测量结果明显歪曲。在测量中,应避免或剔除粗大误差。

四、测量精度的相关概念

测量精度是指被测量的测得值与其真值的接近程度。测量精度和测量误差从两个不

同角度说明了同一个概念。因此,可用测量误差的大小来表示测量精度的高低。测量误差越小,测量精度越高;反之,测量精度越低。测量精度可分为以下三种:

1.精密度

精密度表示测量结果受随机误差影响的程度。它是指在规定的测量条件下连续多次测量时,所有测得值彼此之间接近的程度。若随机误差小,则精密度高。

2.正确度

正确度表示测量结果受系统误差影响的程度。它是衡量所有测得值对真值的偏离程度。若系统误差小,则正确度高。

3.准确度

准确度是指连续多次测量时,所有测得值彼此之间接近程度对真值的一致程度。若系统误差和随机误差都小,则准确度高。

通常精密度高的,正确度不一定高;正确度高的,精密度不一定高;但准确度高时,精密度和正确度必定都高。

五、测量结果的数据处理

在相同的测量条件下,对同一被测量进行多次连续测量,得到一测量列。测量列中可能同时存在随机误差、系统误差和粗大误差,因此,必须对这些误差进行处理。

1.测量列中随机误差的处理

随机误差的出现是不可避免和无法消除的。为了减小其对测量结果的影响,可以用概率与数据统计的方法来估算随机误差的范围和分布规律,对测量结果进行处理。数据处理的步骤如下:

(1)计算算术平均值 $\bar{x}$　由于测量误差的存在,在同一条件下,对同一量多次重复测量,将得到一系列不同的测量值,设测量列为 x_1、x_2、$\cdots$、x_n,则算术平均值为

$$\bar{x} = \frac{1}{n} \sum_{i=1}^{n} x_i \tag{1-29}$$

式中,n 为测量次数。

(2)计算残差 v_i　是指每个测得值的量值与算术平均值的代数差,一个测量列就对应着一个残差列,即

$$v_i = x_i - \bar{x} \tag{1-30}$$

(3)计算标准偏差 σ　是表征随机误差集中与分散程度的指标。由于随机误差 δ_i 是未知量,实际测量时常用残差 v_i 代表 δ_i,所以测量列中单次测得值的标准偏差 σ 的估算值为

$$\sigma \approx \sqrt{\frac{\sum\limits_{i=1}^{n} v_i^2}{n-1}} = \sqrt{\frac{\sum\limits_{i=1}^{n} (x_i - \bar{x})^2}{n-1}} \tag{1-31}$$

（4）计算测量列算术平均值的标准偏差 $\sigma_{\bar{x}}$

$$\sigma_{\bar{x}} = \frac{\sigma}{\sqrt{n}} \approx \sqrt{\frac{\sum\limits_{i=1}^{n} v_i^2}{n(n-1)}} \tag{1-32}$$

（5）测量列的极限误差 $\delta_{\lim(\bar{x})}$

$$\delta_{\lim(\bar{x})} = \pm 3\sigma_{\bar{x}} \tag{1-33}$$

因此，测量列的测量结果可表示为

$$x_0 = \bar{x} \pm \delta_{\lim(\bar{x})} = \bar{x} \pm 3\sigma_{\bar{x}} = \bar{x} \pm \frac{3\sigma}{\sqrt{n}} \tag{1-34}$$

这时的置信概率 $P = 99.73\%$。

2. 系统误差的发现和消除

系统误差一般通过标定的方法发现。从数据处理的角度出发，发现系统误差的方法有多种，直观的方法是"残差观察法"，即根据测量值的残差，列表或作图进行观察。若残差大体正负相当，无显著变化规律，则可认为不存在系统误差；若残差有规律地递增或递减，则存在线性系统误差；若残差有规律地逐渐由负变正或由正变负，则存在周期性系统误差。当然，这种方法不能发现定值系统误差。

发现系统误差后需采取措施加以消除：在产生误差根源上消除；用加修正值的方法消除；用两次读数法消除；等等。例如，测量螺纹参数时，可以分别测出左、右牙面螺距，然后取平均值，即可减小由安装不正确引起的系统误差。

3. 粗大误差的剔除

粗大误差的特点是数值与其他结果相差较大，对测量结果产生明显的歪曲，应从测量数据中将其剔除。剔除粗大误差不能凭主观臆断，应根据判断粗大误差的准则予以确定。判断粗大误差常用拉依达准则（又称 3σ 准则）。

3σ 准则的依据主要来自随机误差的正态分布规律。从随机误差的特性中可知，测量误差越大，出现的概率越小，误差的绝对值超过 3σ 的概率仅为 0.27%，认为是不可能出现的。因此，凡绝对值大于 3σ 的残差，就作为粗大误差而予以剔除。其判断式为

$$|v_i| > 3\sigma \tag{1-35}$$

剔除具有粗大误差的测量值后，应根据剩下的测量值重新计算 σ，然后再根据 3σ 准则去判断剩下的测量值中是否还存在粗大误差。每次只能剔除一个，直到剔除完为止。

当测量次数小于 10 次时，不能使用拉依达准则。

【例 1-5】 用立式光学计对某轴同一部位进行 12 次测量，测得数值见表 1-13，假设已消除了定值系统误差，试求其测量结果。

解 （1）计算算术平均值

$$\bar{x} = \frac{1}{n}\sum_{i=1}^{n} x_i = \frac{1}{12}\sum_{i=1}^{12} x_i = 28.787 \text{ mm}$$

（2）计算残差

$v_i = x_i - \bar{x}$，同时计算出 v_i^2 和 $\sum\limits_{i=1}^{n} v_i^2$，见表 1-13。

表 1-13　　　　　　　　　　　**测量数值计算结果**

序号	测得值 x_i/mm	残差 v_i/μm	残差的平方 v_i^2/(μm)^2
1	28.784	-3	9
2	28.789	$+2$	4
3	28.789	$+2$	4
4	28.784	-3	9
5	28.788	$+1$	1
6	28.789	$+2$	4
7	28.786	-1	1
8	28.788	$+1$	1
9	28.788	$+1$	1
10	28.785	-2	4
11	28.788	$+1$	1
12	28.786	-1	1
	$\overline{x}=28.787$	$\sum\limits_{i=1}^{12} v_i=0$	$\sum\limits_{i=1}^{12} v_i^2=40$

（3）判断变值系统误差

根据残差观察法判断，测量列中的残差大体上正负相当，无明显的变化规律，所以认为无变值系统误差。

（4）计算标准偏差

$$\sigma \approx \sqrt{\frac{\sum\limits_{i=1}^{12} v_i^2}{n-1}}=\sqrt{\frac{40}{11}}=1.9 \ \mu\text{m}$$

（5）判断粗大误差

由标准偏差求得的粗大误差的界限 $|v_i|>3\sigma=5.7 \ \mu$m，故不存在粗大误差。

（6）计算算术平均值的标准偏差

$$\sigma_{\overline{x}}=\frac{\sigma}{\sqrt{n}}=\frac{1.9}{\sqrt{12}}=0.55 \ \mu\text{m}$$

算术平均值的极限偏差

$$\delta_{\lim(\overline{x})}=\pm 3\sigma_{\overline{x}}=\pm 3\times 0.55 \ \mu\text{m}=\pm 0.001 \ 6 \ \text{mm}$$

（7）写出测量结果

$$x_0=\overline{x}\pm\delta_{\lim(\overline{x})}=28.787\pm 0.001 \ 6 \ \text{mm}$$

这时的置信概率为 99.73%。

1.5　极限与配合的选用

极限与配合的选用主要包括配合制、公差等级和配合种类的选择。

一、配合制的选择

在进行配合制的选择时,应从零件的结构、工艺性和经济性等方面综合分析,从而合理地确定配合制。

1.一般情况下,优先选用基孔制

当孔的公称尺寸和公差等级相同而基本偏差改变时,就需更换刀具、量具。一种规格的磨轮或车刀,可以加工不同基本偏差的轴,轴还可以用通用量具进行测量。因此,为了减少定值刀具、量具的规格和数量,便于生产,提高经济性,应优先选用基孔制。

2.在下列情况下,应选用基轴制

(1)当在机械制造中采用具有一定公差等级的冷拉钢材,其外径不经切削加工即能满足使用要求时,就应选择基轴制。

(2)由于结构上的特点,宜采用基轴制。如图 1-17(a)所示为发动机的活塞销与连杆铜套孔和活塞孔之间的配合,根据工作要求,活塞销与活塞孔应为过渡配合,而活塞销与连杆之间有相对运动,应为间隙配合。若采用基孔制配合,如图 1-17(b)所示,活塞销将做成阶梯状,这样既不便于加工,又不利于装配。若采用基轴制配合,如图 1-17(c)所示,活塞销做成光轴,则既方便加工,又利于装配。

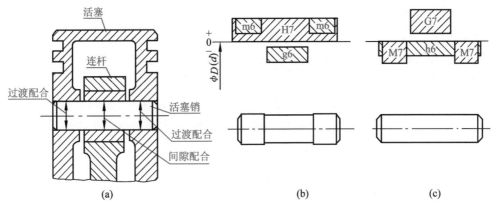

图 1-17　基准制选择示例 1

3.与标准件配合时,应以标准件为基准件来确定配合制

标准件通常由专业工厂大量生产,在制造时其配合部位的配合制已确定。因此,与其配合的轴和孔一定要服从标准件既定的配合制。例如,与滚动轴承内圈配合的轴应选用基孔制,而与滚动轴承外圈相配合的轴承座孔应选用基轴制。

4.在特殊需要时,可采用非配合制配合

非配合制配合是指由不包含基本偏差 H 和 h 的任一孔、轴公差带组成的配合。如图 1-18 所示为轴承座孔同时与滚动轴承外径和端盖的配合。滚动轴承是标准件,它与轴承座孔的配合应为基轴制过渡配合,选轴承座孔公差带为 $\phi52J7$,而轴承座孔与端盖的配合应为较低精度的间隙配合,座孔公差带已定为 J7,现在只能对端盖选定一个位于 J7 下方的公差带,以形成所要求的间隙配合。考虑到端盖的性能要求和加工的经济性,采用 f9 的公差带,最后确定端盖与轴承座孔之间的配合为 $\phi52J7/f9$。

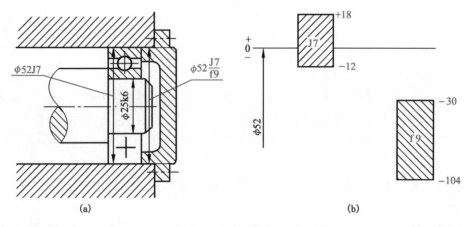

图 1-18 基准制选择示例 2

二、公差等级的选择

选择公差等级的基本原则:在满足零件使用要求的前提下,尽量选取较低的公差等级。

公差等级的选择常采用类比法,即参考从生产实践中总结出来的经验资料,联系待定零件的工艺、配合和结构等特点,经分析后再确定公差等级。

1.联系工艺

孔和轴的工艺等价性是指孔和轴的加工难易程度应相同。在公差等级≤IT8 时,中、小尺寸的孔加工比相同尺寸、相同等级的轴加工要困难,加工成本也高些,其工艺是不等价的。为了使组成配合的孔、轴工艺等价,轴、孔的公差等级应相差一级选用,在间隙和过渡配合中孔的标准公差≤IT8、过盈配合中孔的标准公差≤IT7 时,可确定轴的公差等级比孔高一级,如 H7/f6、H7/p6,低精度的孔和轴可采用同级配合,例如H8/s8。

2.联系配合

对过渡配合或过盈配合,一般不允许其间隙或过盈的变动太大,因此公差等级不能太低,孔可选标准公差≤IT8,轴可选标准公差≤IT7。间隙配合可不受此限制。但间隙小的配合公差等级应较高,间隙大的配合公差等级可以低些。例如,选用 H6/g5 和 H11/a11 是可以的,而选用 H11/g11 和 H6/a5 就不合理了。

3.联系零部件的相关精度要求

在用类比法选择公差等级时,应熟悉各个公差等级的应用范围和各种加工方法所能达到的公差等级,具体参见表 1-14～表 1-16。

表 1-14 公差等级的应用范围

应用	公差等级																			
	01	0	1	2	3	4	5	6	7	8	9	10	11	12	13	14	15	16	17	18
量块	—	—	—																	
量规			—	—	—	—	—	—	—											
配合尺寸							—	—	—	—	—	—	—	—	—					
特别精密零件				—	—	—	—	—	—	—										
非配合尺寸														—	—	—	—	—	—	—
原材料										—	—	—	—	—	—	—				

表 1-15 各种加工方法能达到的公差等级

加工方法	公差等级																			
	01	0	1	2	3	4	5	6	7	8	9	10	11	12	13	14	15	16	17	18
研磨	—	—	—	—	—	—	—													
珩磨						—	—	—	—											
圆磨							—	—	—	—										
平磨							—	—	—	—										
金刚石车							—	—	—											
金刚石镗							—	—	—											
拉削							—	—	—	—										
铰孔								—	—	—	—	—								
精车、精镗								—	—	—	—									
粗车												—	—	—	—					
粗镗												—	—	—	—					
铣										—	—	—	—							
刨、插												—	—	—	—					
钻削												—	—	—	—					
冲压												—	—	—	—	—				
滚压、挤压												—	—							

表 1-16 常用公差等级及应用

公差等级	应用
IT5 （孔为IT6）	主要用在配合公差、几何精度要求很高的地方，其配合性质稳定，一般在机床、发动机、仪表等重要部位应用。例如：与IT5滚动轴承配合的轴承座孔；与IT6滚动轴承配合的机床主轴，机床的尾架、套筒，精密机械及高速机械中的轴颈，精密丝杠轴径等
IT6 （孔为IT7）	配合性质能达到较高的均匀性，例如：与IT6滚动轴承相配合的孔、轴径；与齿轮、蜗轮、联轴器、带轮、凸轮等连接的轴径，机床丝杠轴径；摇臂钻立柱；机床夹具中导向件的外径；IT6精度齿轮的基准孔，IT7、IT8精度齿轮的基准轴
IT7	IT7精度比IT6精度稍低，应用条件与IT6基本相似，在一般机械制造中应用较为普遍。例如：联轴器、带轮、凸轮等孔径；机床夹盘座孔；夹具中固定钻套，IT7、IT8齿轮基准孔，IT9、IT10齿轮基准轴

续表

公差等级	应用
IT8	在机械制造中属于中等精度。例如：轴承座衬套沿宽度方向尺寸；IT9 至 IT12 齿轮基准孔；IT11 至 IT12 齿轮基准轴
IT9、IT10	主要用于机械制造中轴套外径与孔；操纵件与轴；带轮与轴；单键与花键
IT11、IT12	配合精度很低，装配后可能产生很大间隙，适用于基本上没有什么配合要求的场合。例如：机床的法兰盘与止口；滑块与滑移齿轮；加工工序间尺寸；冲压加工的配合件；机床制造中的扳手孔与扳手座的连接

三、配合种类的选择

一般选用配合种类的方法有：

1.计算法

计算法根据一定的理论和公式，计算出所需的间隙或过盈，根据计算结果，对照国家标准选择合适的配合，在实际应用中还要根据实际工作情况进行必要的修正。

2.试验法

试验法对选定的配合进行多次试验，根据试验结果，找到最合理的间隙或过盈，从而确定配合。对产品性能影响很大的一些配合，往往采用试验法来确定机器最佳工作性能的间隙或过盈。

3.类比法

类比法参考现有同类机器或类似结构中经生产实践验证过的配合情况，与所设计零件的使用要求相比较，经修正后确定配合。类比法在实际生产中得到了广泛的应用。

4.各种配合的特征及应用示例

选择配合种类的主要依据是使用要求和工作条件。首先要确定配合的类别，选定是间隙配合、过渡配合还是过盈配合，见表 1-17。

表 1-17   配合类别选择的一般方法

无相对运动	要传递转矩	永久结合	过盈配合
		要精确同轴	可拆结合	过渡配合或基本偏差为 H(h)[②] 的间隙配合加紧固件[①]
		不要精确同轴	键等间隙配合加紧固件[①]
	不要传递转矩	过渡配合或轻的过盈配合
有相对运动	只有移动	基本偏差为 H(h)、G(g)[②] 等间隙配合
	转动或转动和移动复合运动	基本偏差为 A～F(a～f)[②] 等间隙配合

注：[①]指销钉和螺钉等；[②]指非基准件的基本偏差代号。

在确定了配合类别之后，再进一步类比确定应选用哪一种配合。表 1-18 为各种基本偏差的特性及应用示例，表 1-19 为优先配合的选用说明，可供参考。

表 1-18		各种基本偏差的特性及应用示例
配合	基本偏差	特性及应用示例
间隙配合	a(A)、b(B)	可得到特别大的间隙,应用很少
	c(C)	可得到很大的间隙,一般适用于缓慢、松弛的动配合,当工作条件较差(如农业机械)、受力变形,或为了便于装配而必须保证有较大的间隙时,推荐配合为H11/c11,其较高等级的H8/c7配合,适用于轴在高温工作的紧密动配合,例如内燃机排气阀和导管
	d(D)	一般用于IT7~IT11,适用于松的转动配合,如密封盖、滑轮、空转带轮等与轴的配合,也适用于大直径滑动轴承配合,例如透平机、球磨机、轧滚成形和重型弯曲机以及其他重型机械中的一些滑动轴承
	e(E)	多用于IT7~IT9,通常用于要求有明显间隙,易于转动的轴承配合,例如大跨距轴承、多支点轴承等配合。高等级的e轴适用于大的、高速、重载支承,例如涡轮发电机、大型电动机及内燃机主要轴承,凸轮轴轴承等配合
	f(F)	多用于IT6~IT8的一般转动配合,当温度影响不大时,被广泛用于普通润滑油(或润滑脂)润滑的支承,例如主轴箱、小电动机、泵等的转轴与滑动轴承的配合
	g(G)	配合间隙很小,制造成本高,除很轻载荷的精密装置外,不推荐用于转动配合。多用于IT5~IT7,最适合不回转的精密滑动配合,也用于插销等定位配合,例如精密连杆轴承、活塞、滑阀、连杆销等
	h(H)	多用于IT4~IT11,广泛用于无相对转动的零件,作为一般的定位配合,若没有温度、变形影响,也可用于精密滑动配合
过渡配合	js(JS)	偏差完全对称(±IT/2)、平均间隙较小的配合,多用于IT4~IT7,并允许略有过盈的定位配合,例如联轴节、齿圈与钢制轮毂,车床尾座孔与滑动套筒的配合为H6/h5,可用木锤装配
	k(K)	平均间隙接近于零的配合,适用于IT4~IT7,推荐用于稍有过盈的定位配合,例如为了消除振动用的定位配合,一般用木锤装配
	m(M)	平均过盈较小的配合,适用IT4~IT7,一般可用木锤装配,但在最大过盈时,要求有相当的压入力
	n(N)	平均过盈较大,很少得到间隙,适用于IT4~IT7,用锤子或压入机装配,通常推荐用于紧密的组件配合。H6/n5配合时为过盈配合。例如冲床上齿轮与轴的配合,用锤子或压入机装配
过盈配合	p(P)	与H6或H7孔配合时是过盈配合,与H8孔配合时则为过渡配合,对非铁类零件,为较轻的压入配合,当需要时易于拆卸,对钢、铸铁或钢、钢组件装配是标准压入配合
	r(R)	对铁类零件为中等打入配合,对非铁类零件,为轻打入配合,当需要时可以拆卸,与H8孔配合,φ100 mm以上时为过盈配合,直径小时为过渡配合
	s(S)	用于钢和铁制零件的永久性和半永久性装配,可产生相当大的结合力,当用弹性材料(如轻合金)时,配合性质与铁类零件的p轴相当,例如套环压装在轴上、阀座等的配合。当尺寸较大时,为了避免损伤配合表面,需用热胀法或冷缩法装配
	t(T)	过盈较大的配合;对钢和铸铁零件适于永久性结合,不用键可传递力矩,需用热胀法或冷缩法装配,例如联轴器与轴的配合
	u(U)	过盈大,一般应验算在最大过盈时,工件材料是否损坏,要用热胀法或冷缩法装配。例如火车轮毂和轴的配合
	v(V)、x(X)、y(Y)、z(Z)	过盈大,目前使用的经验和资料还很少,必须经试验后再应用,一般不推荐

表 1-19　　　　　　　　　　　　　　　　　优先配合的选用说明

优先配合		说明
基孔制	基轴制	
H11/c11	C11/h11	间隙非常大,用于很松、转动很慢的动配合,用于装配方便、很松的配合
H9/d9	D9/h9	间隙很大的自由转动配合,用于精度为非主要要求时,或有大的温度变化、高转速或大的轴颈压力时
H8/f7	F8/h7	间隙不大的转动配合,用于中等转速与中等轴颈压力的精确转动,也用于装配较容易的中等定位配合
H7/g6	G7/h6	间隙很小的滑动配合,用于不希望自由转动,但可自由移动和滑动并精密定位时,也可用于要求明确的定位配合
H7/h6 H8/h7 H9/h9	H7/h6 H8/h7 H9/h9	均为间隙定位配合,零件可自由装拆,工作时一般相对静止不动,在最大实体条件下的间隙为零,在最小实体条件下的间隙由标准公差等级决定
H7/k6	K7/h6	过渡配合,用于精密定位
H7/n6	N7/h6	过渡配合,用于允许有较大过盈的更精密定位配合
H7/p6	P7/h6	过盈定位配合,即小过盈配合,用于定位精度特别重要时,能以最好的定位精度达到部件的刚性及对中性要求
H7/s6	S7/h6	中等压入配合,适用于一般钢件,也可用于薄壁件的冷缩配合,用于铸铁件可得到最紧的配合
H7/u6	U7/h6	压入配合,适用于可以承受高压入力的零件,或不宜承受大压入力的冷缩配合

5.选择配合种类时应考虑的主要因素

在选择配合时,还要综合考虑以下因素:

(1)孔和轴的定心精度　相互配合的孔、轴定心精度要求高时,不宜选用间隙配合,多选用过渡配合。过盈配合也能保证定心精度。

(2)受载荷情况　若载荷较大,对过盈配合过盈要增大,对过渡配合要选用过盈概率大的过渡配合。

(3)拆装情况　经常拆装的孔和轴的配合比不经常拆装的配合要松些。有时零件虽然不经常拆装,但受结构限制装配困难的配合,也要选择松一些的配合。

(4)配合件的材料　当配合件中有一件是铜或铝等塑性材料时,因它们容易变形,故选择配合时可适当增大过盈或减小间隙。

(5)装配变形　如图 1-19 所示,套筒外表面与机座孔的配合为过盈配合($\phi80H7/u6$),套筒内孔与轴的配合为间隙配合($\phi60H7/f6$)。当套筒压入机座孔后套筒内孔会收缩,使内孔变小,因而就无法满足 $\phi60H7/f6$ 预定的间隙要求。在选择套筒内孔与轴的配合时,此变形量应给予

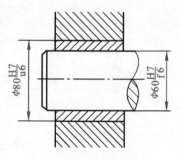

图 1-19　具有装配变形的结构

考虑。

（6）工作温度　当工作温度与装配温度相差较大时，选择配合时要考虑热变形的影响。

（7）生产类型　在选择配合时，对同一使用要求，单件、小批生产时采用的配合应比大批量生产时要松一些。例如，若大批量生产时的配合为 $\phi50\text{H}7/\text{js}6$，则在单件、小批生产时应选择 $\phi50\text{H}7/\text{h}6$。

6.配合种类选择示例

【例1-6】　有一孔、轴配合的公称尺寸为 $\phi50$ mm，要求配合间隙为 $+0.025\sim+0.089$ mm，试用计算法确定此配合的孔、轴公差带和配合代号。

解　（1）选择配合制

本例没有特殊要求，应优先选用基孔制。因此孔的基本偏差代号为 H。

（2）确定轴、孔公差等级

根据使用要求，此间隙配合允许的配合公差为

$$T_\text{f}=\mid X_{\max}-X_{\min}\mid=\mid+0.089-(+0.025)\mid=0.064 \text{ mm}$$

因为 $T_\text{f}=T_\text{h}+T_\text{s}=0.064$ mm，假设孔与轴为同级配合，所以

$$T_\text{h}=T_\text{s}=T_\text{f}/2=0.064/2=0.032 \text{ mm}=32 \ \mu\text{m}$$

查表 1-2，可知 32 μm 介于 IT7$=25 \ \mu$m 和 IT8$=39 \ \mu$m 之间，在这个公差等级范围内，根据孔、轴的工艺等价性，国家标准要求孔比轴低一级，因此确定孔的公差等级为 IT8，轴的公差等级为 IT7，故

$$\text{IT8}+\text{IT7}=0.039+0.025=0.064 \text{ mm}=T_\text{f}$$

（3）确定轴的基本偏差代号

已选定基孔制配合，且孔公差等级为 IT8，则得孔的公差带代号为 $\phi50\text{H}8$，其 $EI=0$，$ES=EI+T_\text{h}=0+0.039=+0.039$ mm。

根据 $X_{\min}=EI-es=+0.025$ mm，可得轴的上极限偏差 $es=EI-X_{\min}=0-0.025=-0.025$ mm。查表 1-3 可得 $es=-0.025$ mm 对应的轴的基本偏差代号为 f，则轴的公差带代号为 $\phi50\text{f}7$。轴的另一个极限偏差为 $ei=es-T_\text{s}=-0.025-0.025=-0.050$ mm。

（4）选择的配合为

$$\phi50 \ \frac{\text{H}8}{\text{f}7}$$

（5）验算

$$X_{\max}=ES-ei=+0.039-(-0.050)=+0.089 \text{ mm}$$
$$X_{\min}=EI-es=0-(-0.025)=+0.025 \text{ mm}$$

经验算满足要求。

需要说明的是，在实际应用时，计算出的公差数值和极限偏差数值不一定与表中的数据正好一致，应按照实际的精度要求，在满足使用要求的前提下，适当选择。

【例 1-7】 试分析、确定图 1-20 所示 C616 车床尾座有关部位的配合。

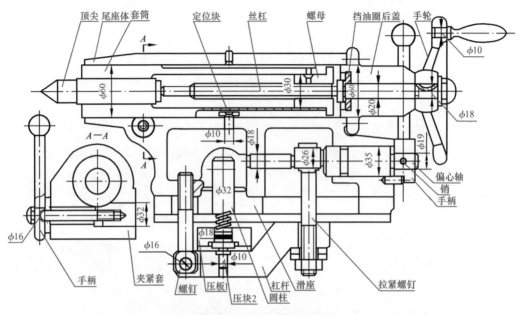

图 1-20　C616 车床尾座

解　C616 车床尾座有关部位的配合的分析和选用说明见表 1-20。

表 1-20 C616 车床尾座的有关配合及其选择

序号	配合件	配合代号	配合选择说明
1	套筒外圆与尾座体孔	$\phi60H6/h5$	套筒调整时要在尾座孔中滑动，需有间隙，而顶尖工作时需要高的定位精度，故选择精度高的小间隙配合
2	套筒内孔与螺母外圆	$\phi30H7/h6$	为避免螺母在套筒中偏心，需一定的定位精度，为了方便装配，需有间隙，故选择小间隙配合
3	套筒上槽宽与定位块侧面（$\phi12$ 图 1-20 中未注出）	$\phi12D10/h9$	定位块宽度按键宽标准取 12h9，因长槽与套筒轴线有歪斜，所以取较松配合
4	定位块的圆柱面与尾座体孔	$\phi10H9/h8$	为容易装配和通过定位块自身转动修正其安装位置误差，选用间隙配合
5	丝杠轴颈与后盖内孔	$\phi20H7/g6$	因有定心精度要求，且轴孔有相对低速转动，故选用较小间隙配合
6	挡油圈孔与丝杠轴颈	$\phi20H11/g6$	由于丝杠轴颈较长，故为便于装配选择间隙配合；因无定心精度要求，故内孔精度较低
7	后盖凸肩与尾座体孔	$\phi60H6/js6$	配合面较短，主要起定心作用，因配合后用螺钉紧固，没有相对运动，故选择过渡配合

续表

序号	配合件	配合代号	配合选择说明
8	手轮孔与丝杠轴端	$\phi 18H7/js6$	手轮通过半圆键带动丝杠一起转动,为便于装拆和避免手轮在轴上晃动,选择过渡配合
9	手柄轴与手轮小孔	$\phi 10H7/k6$	为永久性连接,可选择过盈配合,但考虑到手轮系铸件(脆性材料)不能取大的过盈,故选择过渡配合
10	手柄孔与偏心轴	$\phi 19H7/h6$	手柄通过销转动偏心轴。装配时销与偏心轴配作,配作前要调整手柄处于紧固位置,偏心轴也处于偏心向上位置,因此配合不能有过盈
11	偏心轴右轴颈与尾座体孔	$\phi 35H8/d7$	有相对转动,又考虑到偏心轴两轴颈和尾座体两支承孔都会产生同轴度误差,故选用间隙较大的配合
12	偏心轴左轴颈与尾座体孔	$\phi 18H8/d7$	
13	偏心轴与拉紧螺钉孔	$\phi 26H8/d7$	没有特殊要求,考虑到装拆方便,采用大间隙配合
14	压块圆柱销与杠杆孔	$\phi 10H7/js7$	无特殊要求,只要便于装配,且压块装上后不易掉出即可,故选择较松的过渡配合
15	压块圆柱销与压板孔	$\phi 18H7/js6$	
16	杠杆孔与标准圆柱销	$\phi 16H7/n6$	圆柱销按标准做成 $\phi 16n6$,结构上销与杠杆配合要紧,销与螺钉孔配合要松,故取杠杆孔为H7,螺钉孔为D8
17	螺钉孔与标准圆柱销	$\phi 16D8/n6$	
18	圆柱与滑座孔	$\phi 32H7/n6$	要求圆柱在承受径向力时不松动,但必要时能在孔中转位,故选用较紧的过渡配合
19	夹紧套外圆与尾座体横孔	$\phi 32H8/e7$	手柄放松后,夹紧套要易于退出,便于套筒移出,故选择间隙较大的配合
20	手柄孔与拉紧螺钉轴	$\phi 16H7/h6$	由半圆键带动螺钉轴转动,为便于装拆,选用小间隙配合

 技能训练

实训 1 用游标卡尺测量零件

游标卡尺是利用游标原理对两同名测量面相对移动分隔的距离进行读数的测量器具,具有结构简单、使用方便、精度中等和测量范围大等特点,可用于测量零件的外径、内径、长度、宽度、厚度、深度和孔距等,应用范围很广。

微课6

游标卡尺的读数

1.游标卡尺的组成

如图 1-21 所示为游标卡尺的组成。

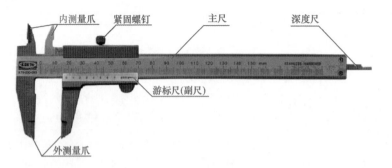

内测量爪　紧固螺钉　　　主尺　　　　深度尺

游标尺(副尺)

外测量爪

(a) 普通游标卡尺

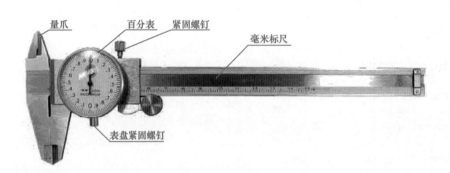

量爪　　　百分表　紧固螺钉　　　毫米标尺

表盘紧固螺钉

(b) 带表游标卡尺

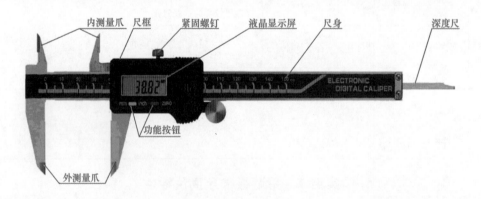

内测量爪　尺框　　紧固螺钉　　液晶显示屏　尺身　　　　深度尺

功能按钮

外测量爪

(c) 数显游标卡尺

图 1-21　游标卡尺

2.游标卡尺的类型

游标卡尺的种类较多,最常用的三种见表 1-21。

表 1-21　　　　　　　　　　　　　　常用游标卡尺

种类	图示	测量范围/mm	分度值/mm
三用游标卡尺	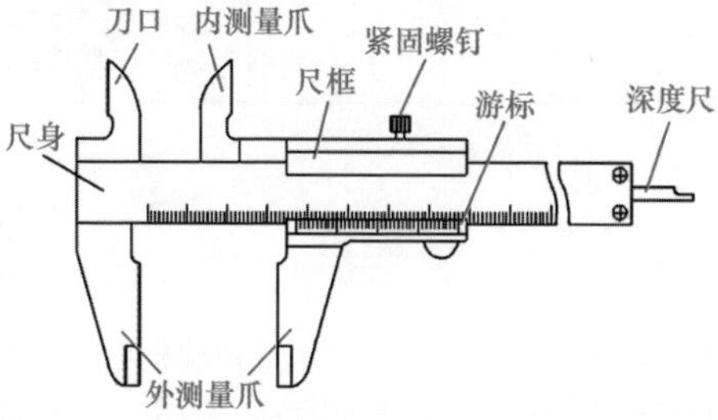 可测量内、外长度尺寸和深度尺寸	0～125 0～150	0.02 0.05
双面游标卡尺	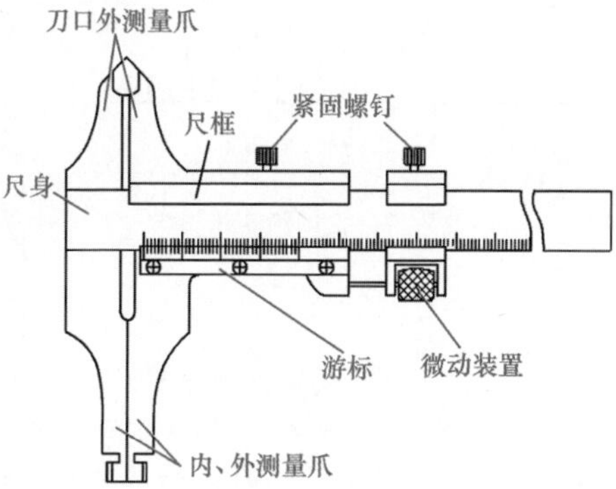 可测量内、外长度尺寸	0～200 0～300	0.02 0.05
单面游标卡尺	可测量内、外长度尺寸	0～200 0～300 0～500 0～1 000	0.02 0.05 0.02 0.05 0.1 0.05 0.1

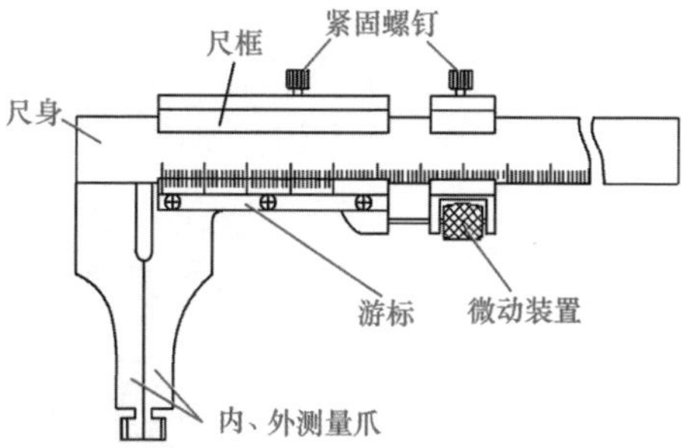

3.普通游标卡尺的读数原理和读数方法(表 1-22)

表 1-22 普通游标卡尺的读数原理和读数方法

分度值	0.10 mm
图示	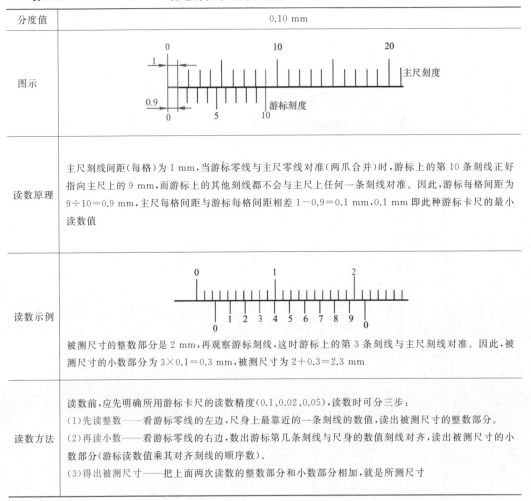
读数原理	主尺刻线间距(每格)为 1 mm,当游标零线与主尺零线对准(两爪合并)时,游标上的第 10 条刻线正好指向主尺上的 9 mm,而游标上的其他刻线都不会与主尺上任何一条刻线对准。因此,游标每格间距为 9÷10=0.9 mm,主尺每格间距与游标每格间距相差 1−0.9=0.1 mm,0.1 mm 即此种游标卡尺的最小读数值
读数示例	被测尺寸的整数部分是 2 mm,再观察游标刻线,这时游标上的第 3 条刻线与主尺刻线对准。因此,被测尺寸的小数部分为 3×0.1=0.3 mm,被测尺寸为 2+0.3=2.3 mm
读数方法	读数前,应先明确所用游标卡尺的读数精度(0.1、0.02、0.05),读数时可分三步: (1)先读整数——看游标零线的左边,尺身上最靠近的一条刻线的数值,读出被测尺寸的整数部分。 (2)再读小数——看游标零线的右边,数出游标第几条刻线与尺身的数值刻线对齐,读出被测尺寸的小数部分(游标读数值乘其对齐刻线的顺序数)。 (3)得出被测尺寸——把上面两次读数的整数部分和小数部分相加,就是所测尺寸

4.带表游标卡尺及读数原理

带表游标卡尺可测量轴径、宽度、厚度等外尺寸,既可绝对测量也可相对测量。测量精度一般为 0.02 mm,测量范围为 0~125 mm 或 0~150 mm 或 0~200 mm。

读数原理:运用齿条传动齿轮带动指针显示数值,测量准确、迅速,其使用方法与普通游标卡尺基本相同。其读数步骤为:

(1)读整数 尺身主刻度读取整毫米数。

(2)读小数 看表盘指示表读取毫米以下的小数。

(3)求和 总的读数为毫米整数加上毫米小数,和即测量结果。

如图 1-22 所示为带表游标卡尺读数示例,其分度值为 0.02 mm,读数为 5+0.938=5.938 mm。

图 1-22 带表游标卡尺读数示例

5.测量方法

如图 1-23 所示,右手拇指推动游标,使两测量爪的测量面与提取(实际)工件表面接触,并进行少量滑移,目光正视,读出提取(实际)工件尺寸数值。

微课 7

游标卡尺的
测量方法

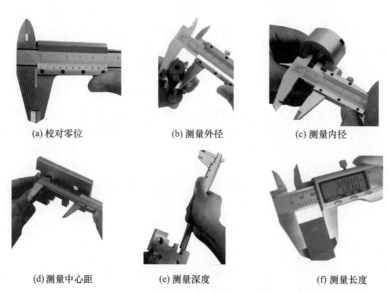

(a) 校对零位　　　(b) 测量外径　　　(c) 测量内径

(d) 测量中心距　　　(e) 测量深度　　　(f) 测量长度

图 1-23　游标卡尺测量方法

实训 2　用外径千分尺测量零件

外径千分尺是利用螺旋副原理,对尺架上两测量面间分隔的距离进行测量的外尺寸测量器具。

1.外径千分尺的组成

外径千分尺如图 1-24 所示。常用外径千分尺的测量范围有 0~25 mm、25~50 mm、50~75 mm,甚至可达数米。

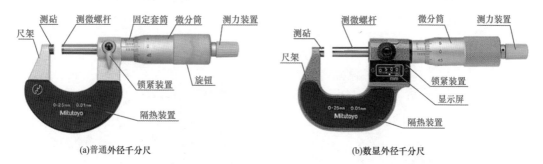

(a)普通外径千分尺　　　　　　　　(b)数显外径千分尺

图 1-24　外径千分尺

2.外径千分尺的读数原理及读数方法

（1）读数原理　将微分筒旋转一周时，测微螺杆轴向位移 0.5 mm，当微分筒转过一格时，测微螺杆轴向位移 0.5×1/50＝0.01 mm。这样，可由微分筒上的刻度精确地读出测微螺杆轴向位移的小数部分。由此可见，千分尺的分度值为 0.01 mm。

（2）读数步骤

①读出微分筒左边固定套筒中露处刻线的整数与半毫米数值。

②读出微分筒上与固定套管上基线对齐刻线的小数值。

③将所读整数和小数相加，即得被测零件的尺寸。

如图 1-25 所示为外径千分尺读数示例。

外径千分尺

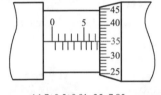

(a) 7+0.5+0.01×35=7.85

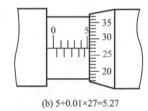

(b) 5+0.01×27=5.27

图 1-25　外径千分尺读数示例

3.测量方法（图 1-26）

外径千分尺
的测量方法

（1）根据图纸要求尺寸，选择相应规格的千分尺（校对零位），左手握住绝热板装置，右手握住测力装置。

（2）测砧面固定不动，转动测力装置（棘轮），使千分尺测量螺杆面和提取（实际）工件表面接近。

（3）拧动端部棘轮，直至发出 2～3 声的"咔咔"声为止，读出尺寸数值。

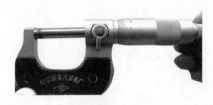

(a) 校对零位

(b) 在平板上双手测量零件外径

(c) 单手测量零件长度

(d) 在车床上测量零件

图 1-26　外径千分尺测量方法

实训 3　用内径千分尺测量零件

内径千分尺是具有两个圆弧测量面,适用于测量内尺寸的千分尺。其示值误差为刻度指示值与两圆弧测量面实际分隔的距离之差。

1.内径千分尺的组成及原理

内径千分尺如图 1-27 所示,其测量方法与游标卡尺的内测量爪测量方法相同。与外径千分尺不同的是,内径千分尺的内测量爪是边分开边测量,所以标尺数值是向右变小。此外,其微分筒的标尺数值也是反向的。但微分筒与外径千分尺同为右转,测量爪在外侧移动,主要用于测量孔径等尺寸。如图 1-28 所示为数显内径千分尺。

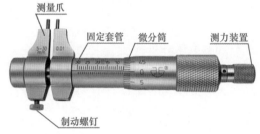

图 1-27　内径千分尺

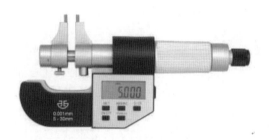

图 1-28　数显内径千分尺

2.测量方法(图 1-29)

(1)将固定测量爪接触孔的一侧内壁不动,然后转动测力装置(棘轮),调节活动测量爪,使其张开距离略小于内孔尺寸。

(2)当活动测量爪接触到孔的另一侧内壁时,转动棘轮,使测量爪在径向的最大位置和在轴向的最小距离处与工件相接触,目光正视,寻找测量的最佳值,读出内孔尺寸数值。

微课 10

用内径千分
尺测量零件

(a)内径千分尺测量零件孔

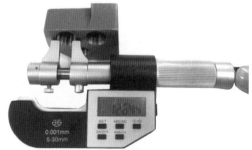

(b)数显内径千分尺测量内尺寸

图 1-29　内径千分尺测量方法

习 题

一、判断题

1.某一尺寸的上极限偏差一定大于其下极限偏差。 （ ）

2.尺寸公差是指零件尺寸允许的最大偏差。 （ ）

3.因 JS 为完全对称偏差,故其上、下极限偏差相等。 （ ）

4.ϕ10f6、ϕ10f7 和 ϕ10f8 的上极限偏差相等,只是它们的下极限偏差各不相同。 （ ）

5.一般来讲,ϕ50H7 比 ϕ50t7 加工难度高。 （ ）

6.某配合的最大间隙为 20 μm,配合公差为 30 μm,则该配合一定是过渡配合。 （ ）

7.基轴制过渡配合的孔,其下极限偏差必小于零。 （ ）

8.未注公差尺寸小即对该尺寸无公差要求。 （ ）

9.我国法定计量单位中,长度单位是米(m),与国际单位制相同。 （ ）

10.使用的量块越多,组合的尺寸越精确。 （ ）

11.标准量具不能得出具体数值,只能检验工件尺寸合格与否。 （ ）

12.在相对测量中,测量器具的示值范围应大于提取(实际)零件的尺寸。 （ ）

13.精密度表示测量结果中随机误差大小的影响的程度。 （ ）

14.由确定因素引起的测量误差是系统误差。 （ ）

15.0.02 mm 游标卡尺测量某轴径的读数为 49.98 mm,可认定尺寸合格。 （ ）

16.千分尺可准确地测出 0.01 mm,并可估测到 0.001 mm。 （ ）

17.内径千分尺是用直接法测量孔径以及深孔、沟槽等内表面尺寸的量具。 （ ）

18.允许用千分尺测量机床上运转零件的几何精度。 （ ）

二、选择题

1.上极限尺寸（ ）公称尺寸。

A.大于   B.小于   C.等于   D.大于、小于或等于

2.以下三根轴中精度最高的是（ ）,精度最低的是（ ）。

A.ϕ50$_{-0.022}^{0}$ mm   B.ϕ70$_{+0.075}^{+0.105}$ mm   C.ϕ250$_{-0.044}^{-0.015}$ mm

3.设置基本偏差的目的是将（ ）加以标准化,以满足各种配合性质的需要。

A.公差带相对于零线的位置   B.公差带的大小   C.各种配合

4.配合的松紧程度取决于（ ）。

A.公称尺寸   B.极限尺寸   C.基本偏差   D.标准公差

5.标准公差等级有（ ）级,基本偏差有（ ）个。

A.20   B.22   C.28   D.26

6.标准公差值与（ ）有关。

A.公称尺寸和公差等级   B.公称尺寸和基本偏差

C.公差等级和配合性质   D.基本偏差和配合性质

7.配合精度高,表明(　　)。

A.间隙或过盈值小　　　　　　　　B.轴的公差值大于孔的公差值

C.轴的公差值小于孔的公差值　　　D.轴、孔的公差值之和小

8.下列孔轴配合中选用不当的是(　　)。

A.ϕ60H8/u7　　　B.ϕ60H6/g5　　　C.ϕ60G6/h7　　　D.ϕ60H10/a10

9.在下列条件下,应考虑减小配合间隙的是(　　)。

A.配合长度增大　　B.有冲击载荷　　C.有轴向运动　　D.旋转速度增高

10.当相配孔、轴既要求对准中心,又要求装拆方便时,应选用(　　)。

A.间隙配合　　　B.过盈配合　　　C.过渡配合　　　D.间隙配合或过渡配合

11.关于量块,下列论述中正确的有(　　)。

A.量块具有研合性　　　　　　　　B.量块按"等"使用,比按"级"使用精度高

C.量块大多为圆柱　　　　　　　　D.量块只能作为标准器具进行长度量值传递

12.在加工完毕后对提取(实际)零件的几何量进行测量的方法称为(　　)测量。

A.接触　　　　　B.静态　　　　　C.综合　　　　　D.被动

13.由于测量误差的存在而对被测几何量不能肯定的程度称为(　　)。

A.灵敏度　　　　B.精确度　　　　C.不确定度　　　D.精密度

14.测量器具所能准确读出的最小单位数值称为测量器具的(　　)。

A.分度值　　　　B.示值误差　　　C.刻度值　　　D.刻线间距

15.应按仪器的(　　)来选择计量器具。

A.示值范围　　　B.分度值　　　　C.灵敏度　　　D.不确定度

16.对某一尺寸进行测量得到一列测得值,若测量精度受环境温度的影响,则此温度误差称为(　　)。

A.系统误差　　　B.随机误差　　　C.粗大误差　　　D.绝对误差

17.游标卡尺主尺的刻线间距为(　　)。

A.1 mm　　　　　B.0.5 mm　　　　C.1.5 mm　　　　D.2 mm

18.下列测量器具中,(　　)的测量精度最高。

A.普通游标卡尺　　B.千分尺　　　C.带表游标卡尺　　D.钢直尺

三、综合题

1.GB/T 1800.1—2020 中孔与轴有何特定的含义?

2.什么是尺寸公差?它与极限尺寸、极限偏差有何关系?

3.改正下列标注中的错误。

(1)$30^{-0.039}_{0}$　　　(2)$80^{-0.021}_{-0.009}$　　　(3)$120^{+0.021}_{-0.021}$　　　(4)ϕ50H8$^{0.039}_{0}$

(5)ϕ60$\dfrac{8H}{7f}$　　　(6)ϕ50$\dfrac{f6}{H7}$　　　(7)ϕ80$\dfrac{F8}{D6}$　　　(8)ϕ50JS6$^{+0.008}_{-0.008}$

4.什么叫作未注公差尺寸?这样规定适用于什么条件?其公差等级和基本偏差是如何规定的?

5.测量的实质是什么？一个完整的测量过程应包括哪些要素？

6.量块分"等"、分"级"的依据是什么？按"级"使用和按"等"使用量块有何不同？试从83块一套的量块中组合下列尺寸(mm)：

(1)29.875　　(2)48.98　　(3)40.79

7.计算出表1-23中空栏处数值，并按规定填写在空栏中。

表1-23　　　　　　　　　　　　　综合题7表　　　　　　　　　　　　　mm

公称尺寸	上极限尺寸	下极限尺寸	上极限偏差	下极限偏差	公差	尺寸标注
孔 $\phi12$	$\phi12.050$	$\phi12.032$				
轴 $\phi60$			$+0.072$		0.019	
孔 $\phi30$		$\phi29.959$			0.021	
轴 $\phi80$			-0.010	-0.056		
孔 $\phi50$				-0.034	0.039	
孔 $\phi40$						$\phi40^{+0.014}_{-0.011}$
轴 $\phi70$	$\phi69.970$				0.074	

8.根据表1-24中给出的数据计算出空栏中的数据，并填入空栏内。

表1-24　　　　　　　　　　　　　综合题8表　　　　　　　　　　　　　mm

公称尺寸	孔			轴			X_{max} 或 Y_{min}	X_{min} 或 Y_{max}	X_{av} 或 Y_{av}	T_f
	ES	EI	T_h	es	ei	T_s				
$\phi25$						0.021	$+0.074$		$+0.057$	
$\phi14$						0.010		-0.012	$+0.037$	
$\phi15$			0.025	0				-0.050	-0.009	

9.使用标准公差和基本偏差表，查出下列公差带的上、下极限偏差。

(1)$\phi32d9$　　　　　(2)$\phi80p6$　　　　　(3)$\phi120v7$　　　　　(4)$\phi70h11$　　　(5)$\phi28k7$

(6)$\phi280m6$　　　　(7)$\phi40C11$　　　　(8)$\phi40M8$　　　　(9)$\phi60J6$　　　(10)$\phi30JS6$

10.说明下列配合符号所表示的配合制、公差等级和配合类别，并查表计算其极限间隙或极限过盈，画出其尺寸公差带图。

(1)$\phi25H7/g6$　　　(2)$\phi40K7/h6$　　　(3)$\phi15JS8/g7$　　　(4)$\phi50S8/h8$

11.某孔、轴配合的公称尺寸为$\phi50$ mm，孔公差为IT8，轴公差为IT7。已知孔的上极限偏差为$+0.039$ mm，要求配合的最小间隙是$+0.009$ mm，试确定该孔、轴的尺寸。

12.设有一公称尺寸为$\phi80$ mm的孔、轴配合，经计算确定，为保证连接可靠，其过盈不得小于25 μm；为保证装配后不发生塑性变形，其过盈不得大于110 μm。若已决定采用基轴制，试确定此配合的孔、轴公差带代号，并画出其尺寸公差带图。

13.将下列配合代号与相关的配合连线。

H6/h5　　　　　　内燃机排气阀与导管的配合

H7/f6　　　　　　活塞与缸体的配合

H9/d9　　　　　　蜗轮的青铜齿圈与轮辐的配合

H8/c7　　　　　　活塞环与活塞槽的配合

H9/a9　　　　　　带键连接的齿轮和轴的配合

H7/n6　　　　　　剃齿刀和刀杆的配合

H7/m6　　　　　　齿轮箱的转轴与滑动轴承的配合

14.图 1-30 所示为钻床夹具,试根据表 1-25 的已知条件选择配合种类,并将结果填入表 1-25 中。

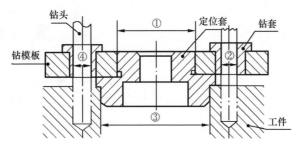

图 1-30　综合题 14 图

表 1-25　　　　　　　　　　　综合题 14 表

配合部位	已知条件	配合种类
①	有定心要求,不可拆连接	
②	有定心要求,可拆连接(钻套磨损后可更换)	
③	有定心要求,安装和取出定位套时有轴向移动	
④	有导向要求,且钻头能在转动状态下进入钻套	

15.用两种方法分别测量两个尺寸,其真值分别为 $L_1 = 30.002$ mm,$L_2 = 69.997$ mm,若测得值分别为 30.004 mm 和 70.002 mm,试评定哪一种测量方法精度高。

16.读出图 1-31 所示游标卡尺的读数。

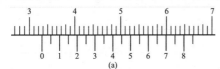
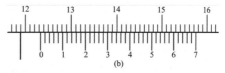

图 1-31　综合题 16 图

17.读出图 1-32 所示千分尺的读数。

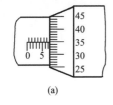
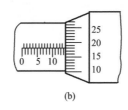
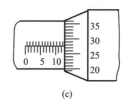

图 1-32　综合题 17 图

18.分别用游标卡尺和内、外径千分尺测量图 1-33 所示套类零件的尺寸,并判断其合格性。

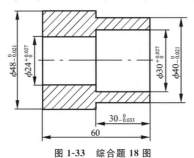

图 1-33　综合题 18 图

第2章

几何公差及检测

如图 2-1 所示,图样上除尺寸公差以外的数字和字母($\perp$、Ⓜ、A 等)的含义是什么? 如何保证零件的几何公差?

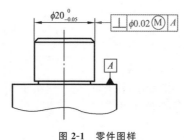

图 2-1　零件图样

1.分析图纸上的零件几何精度的要求,读懂零件的几何公差要求,解释几何公差的含义。

2.掌握几何公差项目代号及标注知识。

3.熟悉百分表、内径百分表、杠杆齿轮比较仪、圆度测量仪等仪器的结构与使用方法,会测量零件的几何公差。

1.通过对几何公差及测量工具的学习,培养学生理解并自觉遵守本行业的技术标准和行业规范。

2.培养学生具有无私奉献、认认真真、尽职尽责的工匠精神。

2.1　概　述

在机械制造中,零件加工后其表面、轴线、中心对称平面等的实际形状、方向和位置相对于所要求的理想形状、方向和位置不可避免地存在着误差,此误差是由于机床精度、加工方法等多种因素造成的。零件不仅会产生尺寸误差,还会产生形状和位置误差,即几何误差。如图 2-2 所示的光轴,由于发生弯曲,尽管轴各段截面尺寸都在 $\phi30f7$ 尺寸范围内,但会影响孔(ϕ30H7)、轴进行正常的装配,因此零件图样上除了规定尺寸公差来限制尺寸误差外,还规定了几何公差来限制形状和位置误差,以满足零件的功能要求。

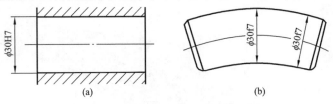

图 2-2 形状误差对孔和轴使用性能的影响

图 2-3(a)所示为一阶梯轴图样,要求 ϕd_1 表面为理想圆柱面,ϕd_1 轴线应与 ϕd_2 左端面相垂直。图 2-3(b)所示为加工后的实际零件,ϕd_1 圆柱面的圆柱度(形状误差)不好;ϕd_1 轴线与端面也不垂直(方向误差);ϕd_1 轴线与 ϕd_2 轴线不同轴(方向误差),均为几何误差。

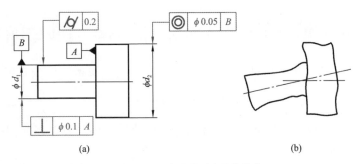

图 2-3 几何误差对产品的影响

本教材主要介绍我国最新颁布的国家标准《产品几何技术规范(GPS) 几何公差 形状、方向、位置和跳动公差标注》(GB/T 1182—2018)、《产品几何技术规范(GPS) 基础 概念、原则和规则》(GB/T 4249—2018)、《产品几何技术规范(GPS) 几何公差 最大实体要求(MMR)、最小实体要求(LMR)和可逆要求(RPR)》(GB/T 16671—2018)、《产品几何技术规范(GPS) 几何公差 基准和基准体系》(GB/T 17851—2010)中的部分内容。

几何公差是指零件的实际形状和实际位置对理想形状和理想位置所允许的最大变动量。几何误差对机械产品工作性能的影响不容忽视,它是衡量产品品质的重要指标。

2.2 几何公差的研究对象

基本几何体均由点、线、面构成,这些点、线、面称为几何要素(简称要素)。如图 2-4 所示,组成这个零件的几何要素有:点,如球心、锥顶;线,如圆柱素线、圆锥素线、轴线;面,如球面、圆柱面、圆锥面、端平面。几何公差的研究对象就是零件要素本身的形状精度及相关要素之间相互的方向和位置等精度问题。

零件几何要素的分类如下：

识读几何要素

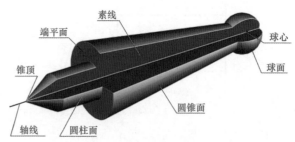

图 2-4　零件的几何要素

1.组成要素

组成要素原称为轮廓要素,是指构成零件外形的面或面上的线,如图 2-5 所示,它包括：

(1)公称组成要素　又称公称尺寸,是指由技术制图或其他方法确定的理论正确的组成要素。

(2)实际(组成)要素　由加工得到的、实际存在并将整个工件与周围介质分隔的要素。

(3)提取组成要素　按规定的方法、由实际(组成)要素提取有限的点所形成的实际(组成)要素的近似替代。

2.导出要素

导出要素原称为中心要素,是指由一个或几个组成要素得到的中心点、中心线或中心面,如图 2-5 所示,它包括：

(1)公称导出要素　由一个或几个公称组成要素导出的中心点、中心线或中心面。

(2)提取导出要素　由一个或几个提取组成要素导出的中心点、中心线或中心面。

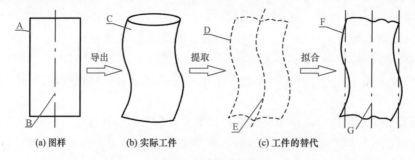

图 2-5　各要素的含义

A—公称组成要素;B—公称导出要素;C—实际(组成)要素;D—提取组成要素;
E—提取导出要素;F—拟合组成要素;G—拟合导出要素

3.拟合要素

拟合要素原称为理想要素,是指不存在任何误差的纯几何的点、线、面,它在检测中是评定实际(组成)要素几何误差的依据,如图 2-5 所示,它包括：

(1)拟合组成要素　按规定的方法,由提取组成要素形成的并具有理想形状的组成要素。

(2)拟合导出要素　由一个或几个拟合组成要素导出的中心点、中心线或中心面。

4.单一要素

单一要素仅对要素本身提出几何公差要求的要素。

5.关联要素

关联要素是指与零件上其他要素有功能关系的要素。

6.基准要素

基准要素是指用来确定提取组成要素的理想方向或(和)位置的要素。

7.被测要素

被测要素默认为是一个完整的单一要素。

8.相交平面

相交平面是由工件的提取要素建立的平面,用于标识提取面上的线要素(组成要素或中心要素)或标识提取线上的点要素。

9.定向平面

定向平面是由工件的提取要素建立的平面,用于标识公差带的方向。

10.方向要素

方向要素是由工件的提取要素建立的理想要素，用于标识公差带宽度(局部偏差)的方向。

11.组合连续要素

组合连续要素是由多个单一要素无缝组合在一起的单一要素。

12.理论正确尺寸 TED

理论正确尺寸是用于定义要素理论正确几何形状、范围、位置与方向的线性或角度尺寸。

13.理论正确要素 TEF

理论正确要素是具有理想形状以及理想尺寸、方向与位置的公称要素。

14.联合要素 UF

联合要素是由连续的或不连续的组成要素组合而成的要素,并将其视为一个单一要素。

2.3 几何公差的标注

一、几何公差的几何特征及其符号

国家标准规定,几何公差的几何特征共有 19 种。几何特征及其符号见表 2-1。几何公差标注要求及附加符号见表 2-2。

表 2-1　几何特征及其符号

公差类型	几何特征	符号	有无基准要求
形状公差	直线度	—	无
	平面度	▱	无
	圆度	○	无
	圆柱度	⌭	无
	线轮廓度	⌒	无
	面轮廓度	⌓	无
方向公差	平行度	//	有
	垂直度	⊥	有

续表

公差类型	几何特征	符号	有无基准要求
方向公差	倾斜度	∠	有
	线轮廓度	⌒	有
	面轮廓度	⌒	有
位置公差	位置度	⊕	有或无
	同心度（用于中心点）	◎	有
	同轴度（用于轴线）	◎	有
	对称度	=	有
	线轮廓度	⌒	有
	面轮廓度	⌒	有
跳动公差	圆跳动	↗	有
	全跳动	↗↗	有

表 2-2　　　　　　　　　　几何公差标注要求及附加符号

描述	符号	描述	符号
组合规范元素		辅助要素标识符或框格	
组合公差带	CZ[a,e]	任意横截面	ACS
独立公差带	SZ[e]	相交平面框格	◁//|B|b
不对称公差带		定向平面框格	◁//|B|b
（规定偏置量的）偏置公差带	UZ[a]	方向要素框格	←//|B|b
公差带约束		组合平面框格	○//|B|
（未规定偏置量的）线性偏置公差带	OZ	理论正确尺寸符号	
		理论正确尺寸（TED）	⟦50⟧b
被测要素标识符		实体状态	
联合要素	UF	最大实体要求	Ⓜ
小径	LD	最小实体要求	Ⓛ
大径	MD	可逆要求	Ⓡ
中径/节径	PD	状态的规范元素	
全周（轮廓）		自由状态（非刚性零件）	Ⓕ
		基准相关符号	
全表面（轮廓）		基准要素标识	E̲a
公差框格		基准目标标识	φ4/A1 a
无基准的几何规范标注		接触要素	CF
		仅主向	＞＜
有基准的几何规范标注	⟦ ⟧D	尺寸公差相关符号	
		包容要求	Ⓔ

二、几何公差的标注

1.几何公差代号

几何公差代号包括几何公差框格及指引线、几何公差特征项目符号、几何公差值及有关符号、基准字母及有关符号等,如图 2-6 所示。

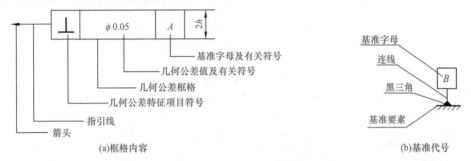

(a)框格内容   (b)基准代号

图 2-6   几何公差代号及基准代号

几何公差框格由两格或多格组成。如图 2-7 所示,几何公差框格应水平绘制,自左至右填写以下内容:

第 1 格,几何公差特征项目符号。第 2 格,几何公差值及有关符号,公差值用线值,如公差带是圆形或圆柱形,则在公差值前加"φ";如是球形,则加"Sφ"。第 3 格及以后各格,表示基准字母(用一个基准字母表示单个基准或用多个字母表示基准体系或公共基准)及有关符号。

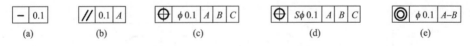

图 2-7   几何公差框格填写示例

2.几何公差代号标注示例

几何公差代号标注示例见表 2-3。

表 2-3   几何公差代号标注示例

说明	图例	解释
框格与提取 (实际) 要素相连	(a) (b) (c)	提取(实际)要素为轮廓线或表面
指引线与 尺寸线对齐	(a) (b) (c)	提取(实际)要素为中心线、中心面或中心点

说明	图例	解释
基准符号应放置的位置	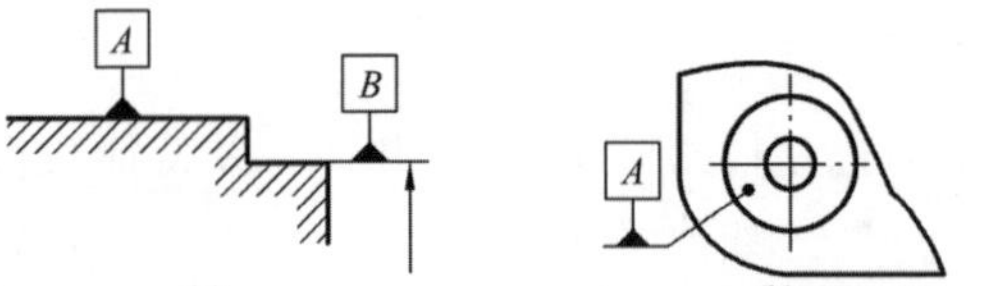	基准要素为轮廓线或轮廓面
	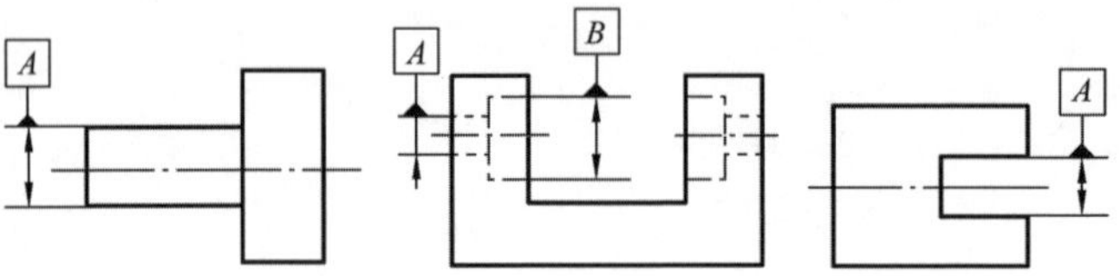	基准要素为中心线、中心面或中心点
	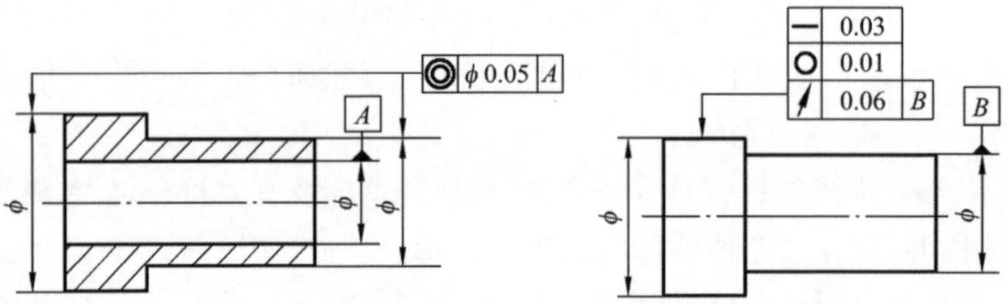	多个提取(实际)要素或多项几何公差要求
	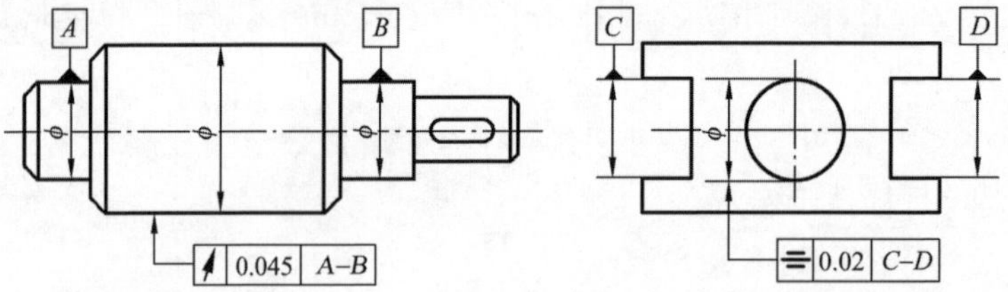	由两个或两个以上提取(实际)要素组成的基准称为公共基准
要素的某一局部作为提取(实际)要素	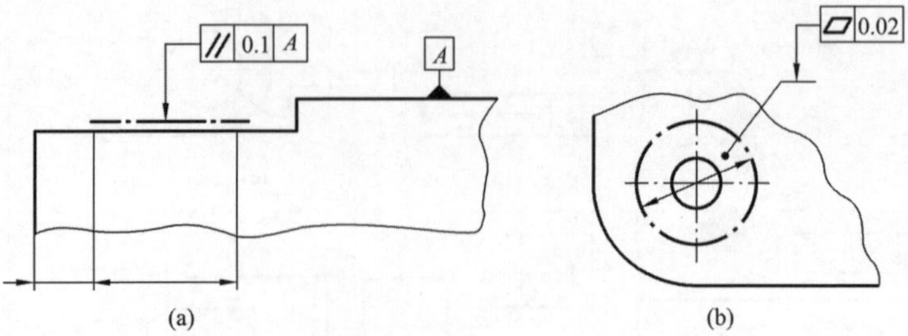	提取(实际)要素局部限定性标注

续表

说明	图例	解释
用来确定一个或一组要素的位置、方向或轮廓的尺寸	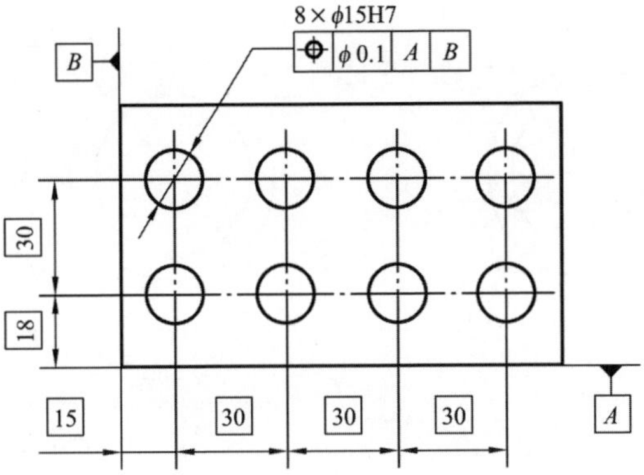	理论正确尺寸的标注
用规范的附加符号表示	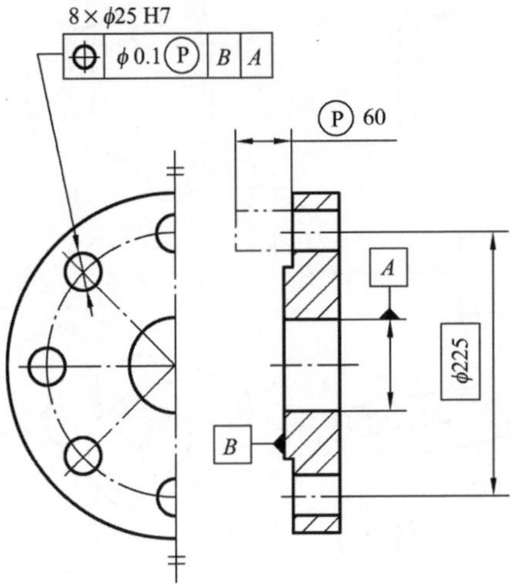	延伸公差带的标注
公差数值后面加注各种规范的附加符号	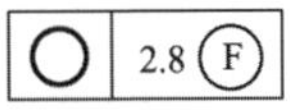 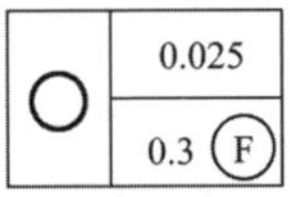	自由状态下的标注
适用于横截面的整周轮廓或由该轮廓所表示的整周表面时	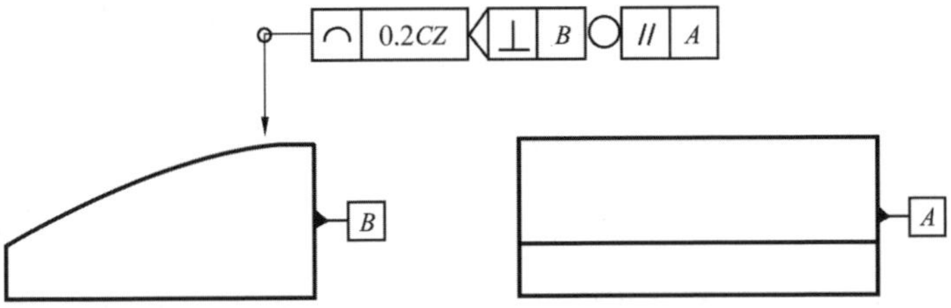	全周符号的标注

续表

说明	图例	解释
螺纹轴线为提取（实际）要素或基准要素	(a)　(b)	"MD"表示大径,"LD"表示小径
相交平面的标注	(a)　(b)	平面框格及对称于（包含）基准的标注
	(a)　(b)	平行和垂直于基准的相交平面的标注

三、几何公差值及有关规定

图样上对几何公差值的表示方法有两种:一种是用几何公差代号标注,在几何公差框格内注出公差值,称其为注出几何公差;另一种是不用代号标注,图样上不注出公差值,而用几何公差的未注公差来控制,这种图样上虽未用代号注出但仍有一定要求的几何公差,称为未注几何公差。

1.图样上注出公差值的规定

对于几何公差有较高要求的零件,均应在图样上按规定的标注方法注出公差值。几何公差值的大小由几何公差等级并依据主要参数的大小确定,因此确定几何公差值实际上就是确定几何公差等级。

在国家标准中,将几何公差分为 12 个等级,1 级最高,依次递减,6 级与 7 级为基本级,见表 2-4。圆度和圆柱度还增加了精度更高的 0 级。

表 2-4   几何公差基本级

基本级	项目				
6	—	▱	‖	⊥	∠
7	○	⌭	◎	≡	⌀

国家标准还给出了各几何公差项目的公差值表和位置度数系表,见表 2-5～表 2-9。

表 2-5   直线度和平面度公差值(GB/T 1184—1996) μm

主参数 L/mm	公差等级											
	1	2	3	4	5	6	7	8	9	10	11	12
≤10	0.2	0.4	0.8	1.2	2	3	5	8	12	20	30	60
>10～16	0.25	0.5	1	1.5	2.5	4	6	10	15	25	40	80
>16～25	0.3	0.6	1.2	2	3	5	8	12	20	30	50	100
>25～40	0.4	0.8	1.5	2.5	4	6	10	15	25	40	60	120
>40～63	0.5	1	2	3	5	8	12	20	30	50	80	150
>63～100	0.6	1.2	2.5	4	6	10	15	25	40	60	100	200
>100～160	0.8	1.5	3	5	8	12	20	30	50	80	120	250
>160～250	1	2	4	6	10	15	25	40	60	100	150	300
>250～400	1.2	2.5	5	8	12	20	30	50	80	120	200	400

主参数 L 图例

 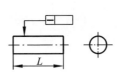 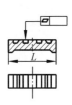

表 2-6   圆度和圆柱度公差值(GB/T 1184—1996) μm

主参数 d、D/mm	公差等级												
	0	1	2	3	4	5	6	7	8	9	10	11	12
≤3	0.1	0.2	0.3	0.5	0.8	1.2	2	3	4	6	10	14	25
>3～6	0.1	0.2	0.4	0.6	1	1.5	2.5	4	5	8	12	18	30
>6～10	0.12	0.25	0.4	0.6	1	1.5	2.5	4	6	9	15	22	36
>10～18	0.15	0.25	0.5	0.8	1.2	2	3	5	8	11	18	27	43
>18～30	0.2	0.3	0.6	1	1.5	2.5	4	6	9	13	21	33	52
>30～50	0.25	0.4	0.6	1	1.5	2.5	4	7	11	16	25	39	62
>50～80	0.3	0.5	0.8	1.2	2	3	5	8	13	19	30	46	74

续表

主参数	公差等级												
d、D/mm	0	1	2	3	4	5	6	7	8	9	10	11	12
>80~120	0.4	0.6	1	1.5	2.5	4	6	10	15	22	35	54	87
>120~180	0.6	1	1.2	2	3.5	5	8	12	18	25	40	63	100
>180~250	0.8	1.2	2	3	4.5	7	10	14	20	29	46	72	115
>250~315	1	1.6	2.5	4	6	8	12	16	23	32	52	81	130

主参数 d、D 图例

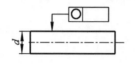

表 2-7	平行度、垂直度和倾斜度公差值(GB/T 1184—1996)											μm
主参数	公差等级											
L、$d(D)$/mm	1	2	3	4	5	6	7	8	9	10	11	12
≤10	0.4	0.8	1.5	3	5	8	12	20	30	50	80	120
>10~16	0.5	1	2	4	6	10	15	25	40	60	100	150
>16~25	0.6	1.2	2.5	5	8	12	20	30	50	80	120	200
>25~40	0.8	1.5	3	6	10	15	25	40	60	100	150	250
>40~63	1	2	4	8	12	20	30	50	80	120	200	300
>63~100	1.2	2.5	5	10	15	25	40	60	100	150	250	400
>100~160	1.5	3	6	12	20	30	50	80	120	200	300	500
>160~250	2	4	8	15	25	40	60	100	150	250	400	600
>250~400	2.5	5	10	20	30	50	80	120	200	300	500	800

主参数 $d(D)$、L 图例

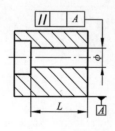 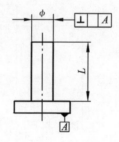 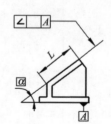

表 2-8　　　　同轴度、对称度、圆跳动和全跳动公差值(GB/T 1184—1996)　　　　　μm

主参数 d(D)、B、L/ mm	公差等级											
	1	2	3	4	5	6	7	8	9	10	11	12
≤1	0.4	0.6	1	1.5	2.5	4	6	10	15	25	40	60
>1～3	0.4	0.6	1	1.5	2.5	4	6	10	20	40	60	120
>3～6	0.5	0.8	1.2	2	3	5	8	12	25	50	80	150
>6～10	0.6	1	1.5	2.5	4	6	10	15	30	60	100	200
>10～18	0.8	1.2	2	3	5	8	12	20	40	80	120	250
>18～30	1	1.5	2.5	4	6	10	15	25	50	100	150	300
>30～50	1.2	2	3	5	8	12	20	30	60	120	200	400
>50～120	1.5	2.5	4	6	10	15	25	40	80	150	250	500
>120～250	2	3	5	8	12	20	30	50	100	200	300	600
>250～500	2.5	4	6	10	15	25	40	60	120	250	400	800

主参数 $d(D)$、B、L 图例

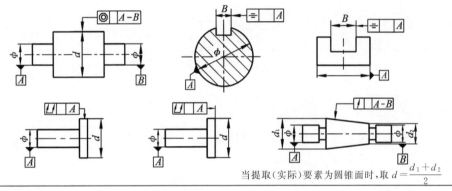

当提取(实际)要素为圆锥面时,取 $d=\dfrac{d_1+d_2}{2}$

注:使用同轴度公差值时,应在表中查得的数值前加注"ϕ"。

表 2-9　　　　　　　　　　位置度数系　　　　　　　　　　μm

1	1.2	1.5	2	2.5	3	4	5	6	8
1×10^n	1.2×10^n	1.5×10^n	2×10^n	2.5×10^n	3×10^n	4×10^n	5×10^n	6×10^n	8×10^n

注:n 为正整数。

目前对线轮廓度、面轮廓度两个项目还没有规定统一的公差值。

2.几何公差的未注公差值的规定

和尺寸公差相似,几何精度要求由未注几何公差来控制。国家标准规定,未注公差值符合工厂的常用精度等级,不需要在图样上注出。这样可节省设计绘图时间,使图样清晰易读。

(1)直线度、平面度的未注公差值　共分 H、K、L 三个公差等级,其中"基本长度"是指提取(实际)长度,对于平面是指提取(实际)平面的长边或圆平面的直径,见表 2-10。

表 2-10　　　　　　　　直线度和平面度未注公差值　　　　　　　　mm

公差等级	直线度和平面度基本长度范围					
	～10	>10～30	>30～100	>100～300	>300～1 000	>1 000～3 000
H	0.02	0.05	0.1	0.2	0.3	0.4
K	0.05	0.1	0.2	0.4	0.6	0.8
L	0.1	0.2	0.4	0.8	1.2	1.6

（2）圆度的未注公差值　规定采用相应的直径公差值，但不能大于表 2-13 中的径向圆跳动公差值。

（3）圆柱度　圆柱度误差由圆度、轴线直线度、素线直线度和素线平行度组成。其中每一项均由其注出公差值或未注公差值控制。如圆柱度遵守Ⓔ时则受其最大实体边界控制。

（4）线轮廓度、面轮廓度　未做规定，受线轮廓、面轮廓的线性尺寸或角度公差控制。

（5）平行度　等于相应的尺寸公差值。

（6）垂直度　参见表 2-11 垂直度未注公差值，分为 H、K、L 三个等级。

表 2-11　　　　　　　　　　　　垂直度未注公差值　　　　　　　　　　　　　mm

公差等级	直线度和平面度基本长度范围			
	～100	>100～300	>300～1 000	>1 000～3 000
H	0.2	0.3	0.4	0.5
K	0.4	0.6	0.8	1
L	0.6	1	1.5	2

（7）对称度　参见表 2-12 对称度未注公差值，分为 H、K、L 三个等级。

表 2-12　　　　　　　　　　　　对称度未注公差值　　　　　　　　　　　　　mm

公差等级	基本长度范围			
	～100	>100～300	>300～1 000	>1 000～3 000
H	0.5			
K	0.6		0.8	1
L	0.6	1	1.5	2

（8）位置度　未做规定，属于综合性误差，由分项公差值控制。

（9）圆跳动　参见表 2-13 圆跳动未注公差值，分为 H、K、L 三个等级。

表 2-13　　　　　　　　　　　　圆跳动未注公差值　　　　　　　　　　　　　mm

公差等级	公差值
H	0.1
K	0.2
L	0.5

（10）全跳动　未做规定，属于综合项目，可通过圆跳动公差值、素线直线度公差值或其他注出或未注出的尺寸公差值控制。

3.未注公差的标注

在图样上采用未注公差值时，应在图样的标题栏附近或在技术要求中标出未注公差的等级及标准编号，如 GB/T 1184—K、GB/T 1184—H 等，也可在企业标准中进行规定。

在同一张图样中，未注公差值应采用同一个公差等级。

2.4　几何公差带及几何公差

一、几何公差带

几何公差带用来限制提取（实际）要素变动的区域。只要提取（实际）要素完全落在给定的公差带区域内,就表示提取(实际)要素的形状和位置符合设计要求。

几何公差带由形状、大小、方向和位置四个因素确定。几何公差带的形状由提取(实际)要素的理想形状和给定的公差特征所决定,如图 2-8 所示。几何公差带的大小体现了几何精度要求的高低,是由图样上给出的几何公差值 t 确定的,一般是指公差带的宽度或直径等。几何公差带的方向和位置问题本书不详细论述。

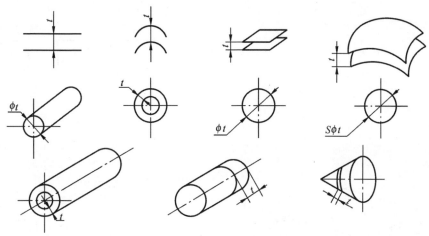

图 2-8 几何公差带的形状

二、形状公差

形状公差是为了限制形状误差而设置的。除有基准要求的轮廓度外,形状公差用于单一要素,具体表述为单一提取(实际)要素的形状所允许变动的全量。形状公差用形状公差带来表达,用以限制提取(实际)要素变动的区域。显然,提取(实际)要素若在该区域内,则为合格;反之,则为不合格。

形状公差带的定义、标注、解释及应用说明见表 2-14。

微课 12

识读形状公差

表 2-14　　　　　　　　形状公差带的定义、标注、解释及应用说明

几何特征	公差带的定义	标注及解释
直线度公差	直线度公差是限制提取(实际)直线对拟合直线变动量的一项指标	
	在平行于(相交平面框格给定的)基准 A 的给定平面内与给定方向上,间距等于公差值 t 的两平行直线所限定的区域 	在由相交平面框格规定的平面内,上表面的提取(实际)线应限定在间距等于 0.1 mm 的两平行直线之间

几何特征	公差带的定义	标注及解释
直线度公差	在任意方向上直线度公差带为直径等于公差值 ϕt 的圆柱面所限定的区域	外圆柱面的提取（实际）中心线应限定在直径等于 $\phi\,0.08$ mm 的圆柱面内
	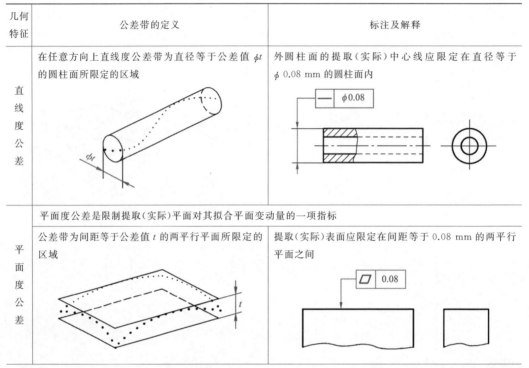
平面度公差	平面度公差是限制提取（实际）平面对其拟合平面变动量的一项指标	
	公差带为间距等于公差值 t 的两平行平面所限定的区域	提取（实际）表面应限定在间距等于 0.08 mm 的两平行平面之间

直线度与平面度应用说明：

(1)圆柱素线直线度与圆柱轴线直线度之间既有联系又有区别。圆柱面发生鼓形或鞍形变形，素线就会不直，但轴线不一定不直；圆柱面发生弯曲，素线和轴线都不直。因此，素线直线度公差可以包括和控制轴线直线度误差，而轴线直线度公差不能完全控制素线直线度误差。轴线直线度公差只控制弯曲，用于长径比较大的圆柱件。

(2)平面度控制平面的形状误差，直线度可控制直线、平面、圆柱面以及圆锥面的形状误差。图样上提出的平面度要求，同时也控制了直线度误差。两者的公差带方位都可以是浮动的。

(3)对于窄长平面（如龙门刨导轨面）的形状误差，可用直线度控制。宽大平面（如龙门刨工作台面）的形状误差，可用平面度控制

圆度公差	圆度公差是限制提取（实际）圆对其拟合圆变动量的一项指标	
	公差带为在给定横截面内，半径差等于公差值 t 的两同心圆所限定的区域	在圆柱面与圆锥面的其任意横截面内，提取（实际）圆周应限定在半径差等于 0.03 mm 的两共面同心圆之间。这是圆柱表面的缺省应用方式，而对于圆锥表面则应使用方向要素框格进行标注
	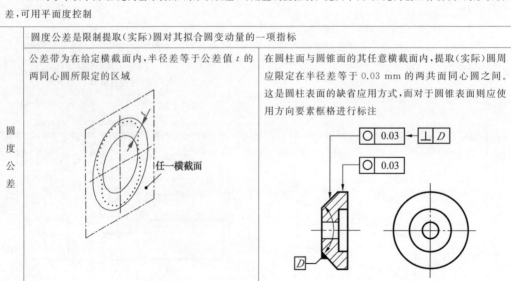

几何特征	公差带的定义	标注及解释
圆柱度公差	圆柱度公差是限制提取(实际)圆柱面对其拟合圆柱面变动量的一项指标	
	公差带为半径差等于公差值 t 的两同轴圆柱面所限定的区域 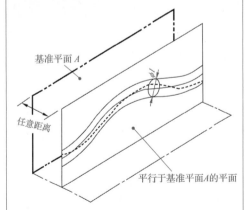	提取(实际)圆柱面应限定在半径差等于 0.1 mm 的两同轴圆柱面之间 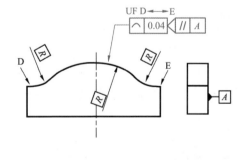

圆度与圆柱度应用说明:

(1)两者都是用半径差来表示的,因为圆柱面旋转过程中是以半径的误差起作用的,是符合生产实际的,两者的不同之处在于:圆度公差控制截面误差,而圆柱度公差则控制横截面和轴截面的综合误差。

(2)圆柱度公差值只是指两圆柱面的半径差,未限定圆柱面的半径和圆心位置,因此,公差带不受直径大小和位置的约束,可以浮动。

(3)圆柱度公差用于对整体形状精度要求比较高的零件,如汽车起重机上的液压柱塞、精密机床的主轴轴颈等

线轮廓度公差	线轮廓度公差是限制提取(实际)曲线对其拟合曲线变动量的一项指标	
	无基准的线轮廓度公差带为直径等于公差值 t ,圆心位于具有理论正确几何形状上的一系列圆的两包络线所限定的区域	在任一平行于基准平面 A 的截面内,如相交平面框格所规定的,提取(实际)轮廓线应限定在直径等于 0.04 mm,圆心位于理论正确几何形状上的一系列圆的两等距包络线之间。可使用 UF 表示组合要素上的三个圆弧部分应组成联合要素

续表

几何特征	公差带的定义	标注及解释
面轮廓度公差	面轮廓度公差是限制提取(实际)曲面对其拟合曲面变动量的一项指标	
	有基准的面轮廓度公差带为直径等于公差值 t,球心位于由基准平面 A 确定的被测要素理论正确几何形状上的一系列圆球的两包络面所限定的区域 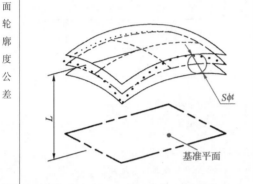	提取(实际)轮廓面应限定在直径等于 0.1 mm,球心位于由基准平面 A 确定的被测要素理论正确几何形状上的一系列圆球的两等距包络面之间 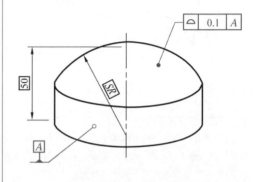

线轮廓度和面轮廓度应用说明:

(1)两者均用于控制零件轮廓形状的精度,但两者控制的对象不同。前者用于控制轮廓线,例如样板轮廓面上的素线(轮廓线)的形状要求,后者用于控制轮廓面。不管其形状沿厚度是否变化,均可应用面轮廓度公差来控制。

(2)由于工艺上的原因,有时也可用线轮廓度来控制曲面形状,即用线轮廓度来解决面轮廓度问题。

(3)当线、面轮廓度仅用于限制提取(实际)要素的形状时,不标注基准,其公差带的位置是浮动的。当线、面轮廓度不仅用于限制提取(实际)要素的形状,同时还限制提取(实际)要素的位置时,其公差带的位置是固定的,因此将线、面轮廓度划为形状或位置公差类

三、方向公差

方向公差是关联提取(实际)要素对基准要素在方向上允许的变动全量,用于控制定向误差,以保证提取(实际)要素相对于基准要素的方向精度,它包括平行度、垂直度和倾斜度。

微课 13

识读方向公差

当要求提取(实际)要素对基准要素为 0°(当要求提取(实际)要素对基准等距)时,方向公差为平行度;当要求提取(实际)要素对基准要素呈 90°时,方向公差为垂直度;当要求提取(实际)要素对基准要素呈其他任意角度时,方向公差为倾斜度。

方向公差带的定义、标注、解释及应用说明见表 2-15。

表 2-15 方向公差带的定义、标注、解释及应用说明

几何特征	公差带的定义	标注及解释
平行度公差	平行度公差是限制提取(实际)要素对基准在平行方向上变动量的一项指标	
	且沿规定方向公差带为间距等于公差值 t，平行于两基准的两平行平面所限定的区域 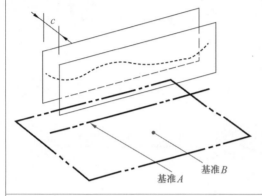	提取(实际)中心线应限定在间距等于 0.1 mm，平行于基准轴线 A 的两平行平面之间。限定公差带的平面均垂直于由定向平面框格规定的基准平面 B。基准 B 为基准 A 的辅助基准 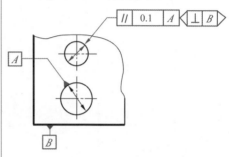
	线对基准线的平行度公差带为平行于基准轴线、直径等于公差值 ϕt 的圆柱面所限定的区域 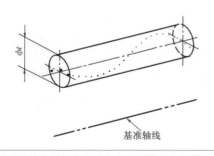	提取(实际)中心线应限定在平行于基准轴线 A、直径等于 ϕ 0.03 mm 的圆柱面内 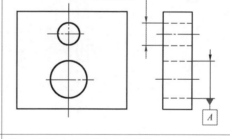
	面对基准线的平行度公差带为间距等于公差值 t，平行于基准轴线的两平行平面所限定的区域 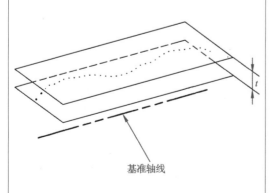	提取(实际)表面应限定在间距等于 0.1 mm，平行于基准轴线 C 的两平行平面之间 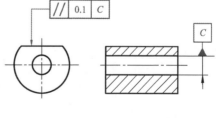

几何特征	公差带的定义	标注及解释
垂直度公差	垂直度公差是限制提取(实际)要素对基准在垂直方向上变动量的一项指标	
	线对基准体系的垂直度公差带为间距等于公差值 t 的两平行平面所限定的区域。该两平行平面垂直于基准平面 A，且平行于辅助基准平面 B 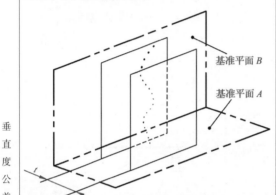	圆柱面的提取(实际)中心线应限定在间距等于 0.1 mm 的两平行平面之间。该两平行平面垂直于基准平面 A，其方向由基准平面 B 规定。基准平面 B 为基准平面 A 的辅助基准 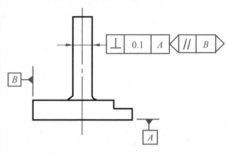
	线对基准面的垂直度公差带为直径等于公差值 ϕt，轴线垂直于基准平面的圆柱面所限定的区域 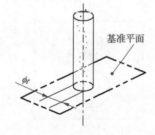	圆柱面的提取(实际)中心线应限定直径等于 ϕ 0.01 mm，垂直于基准平面 A 的圆柱面内 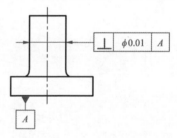
倾斜度公差	倾斜度公差是限制提取(实际)要素对基准在倾斜方向上变动量的一项指标	
	线对基准线的倾斜度公差带为间距等于公差值 t 的两平行平面所限定的区域。该两平行平面按给定角度倾斜于基准轴线 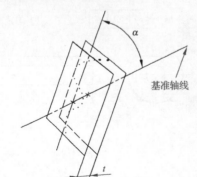	提取(实际)中心线应限定在间距等于 0.08 mm 的两平行平面之间。该两平行平面按理论正确角度 60° 倾斜于公共基准轴线 $A-B$ 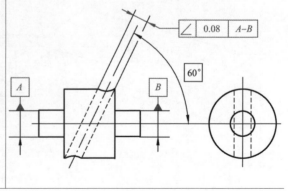

续表

几何 特征	公差带的定义	标注及解释

方向公差应用说明:

(1)方向公差控制提取(实际)要素的方向角,同时也控制形状误差。

(2)在保证功能要求的前提下,当对某一提取(实际)要素给出方向公差后,通常不再对提取(实际)要素给出形状公差。只有在对提取(实际)要素的形状精度有特殊的较高要求时,才另行给出形状公差。

(3)标注倾斜度时,提取(实际)要素与基准要素间的夹角是不带偏差的理论正确角度,标注时要带方框

四、位置公差

微课 14

识读位置公差

位置公差是关联提取(实际)要素对基准要素在位置上允许的变动全量。位置公差分为同轴度、对称度和位置度三个项目。当提取(实际)要素和基准要素都是导出要素,要求重合或共面时,可用同轴度或对称度。

位置公差带的定义、标注、解释及应用说明见表 2-16。

表 2-16　　　　　位置公差带的定义、标注、解释及应用说明

几何 特征	公差带的定义	标注及解释
位置度公差	位置度公差是用以限制提取(实际)点、线、面的实际位置对其拟合位置变动时的一项指标	
	点的位置度公差带为直径等于公差值 $S\phi t$ 的圆球面所限定的区域。该圆球面中心的理论正确位置由基准 A、B、C 和理论正确尺寸确定	提取(实际)球心应限定在直径等于 $S\phi$ 0.3 mm 的圆球面内,该圆球面的中心由基准平面 A、基准平面 B、基准平面 C 和理论正确尺寸 30 mm 和 25 mm 确定
	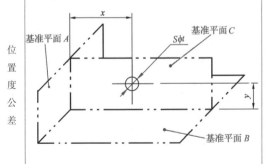	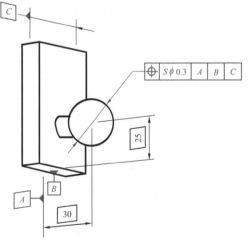

几何特征	公差带的定义	标注及解释
位置度公差	线的位置度公差在给定一个方向时,公差带为间距等于公差值 t,对称于线的理论正确位置的两平行平面所限定的区域。线的理论正确位置由基准平面 A、B 和理论正确尺寸确定。公差只在一个方向上给定 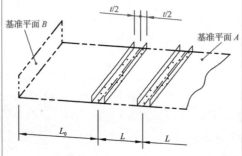	各条刻线的提取(实际)中心线应限定在间距等于 0.1 mm,对称于基准平面 A、B 和由理论正确尺寸 25 mm和10 mm确定的理论正确位置的两平行平面之间 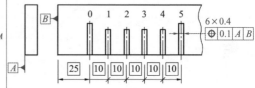
	线的位置度公差在任意方向时,公差带为直径等于公差值 ϕt 的圆柱面所限定的区域。该圆柱面的轴线由基准平面 C、A、B 和理论正确尺寸确定 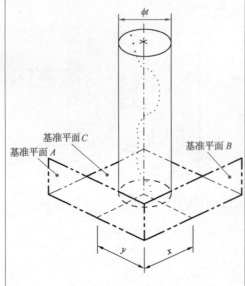	提取(实际)中心线应各自限定在直径等于 ϕ 0.1 mm 的圆柱面内。该圆柱轴线的位置处于由基准平面 C、A、B 和理论正确尺寸 20 mm、15 mm 和 30 mm 确定的各孔轴线的理论正确位置上 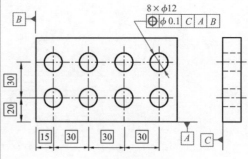

几何特征	公差带的定义	标注及解释
同心度和同轴度公差	同心度和同轴度公差是用以限制提取(实际)要素(点、轴线)对基准要素(点、轴线)的同心和同轴位置误差的一项指标	
	点的同心度公差带为直径等于公差值 ϕt 的圆周所限定的区域。该圆周的圆心与基准点重合  基准点	在任意横截面内,内圆的提取(实际)中心应限定在直径等于 0.1 mm,以基准点 A 在同一横截面内为圆心的圆周内 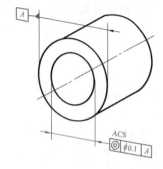
	轴的同轴度公差带为直径等于公差值 ϕt 的圆柱面所限定的区域。该圆柱面的轴线与基准轴线重合  基准轴线	大圆柱面的提取(实际)中心线应限定在直径等于 ϕ 0.08 mm,以公共基准轴线 $A-B$ 为轴线的圆柱面内 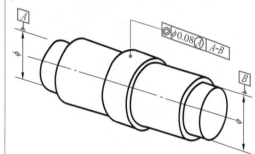
对称度公差	对称度公差是用以限制理论上要求共面的提取(实际)要素(中心平面、中心线或轴线)偏离基准要素(中心平面、中心线或轴线)的一项指标	
	公差带为间距等于公差值 t,对称于基准中心平面的两平行平面所限定的区域 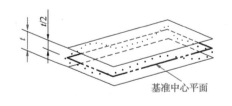 基准中心平面	提取(实际)中心面应限定在间距等于 0.08 mm,对称于基准中心平面 A 的两平行平面之间 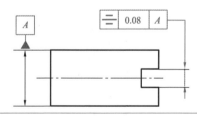

位置公差的应用说明:

(1)位置公差带不但具有确定的方向,而且具有确定的位置,其相对于基准要素的尺寸为理论正确尺寸。定位公差带具有综合控制提取(实际)要素位置、方向和形状的功能。但不能控制形成导出要素的轮廓要素上的形状误差。

(2)在保证功能要求的前提下,对提取(实际)要素如给定位置公差,通常不再对该要素给出方向和形状公差,只有在对该提取(实际)要素有特殊的较高的方向和形状精度要求时,才另外给出其方向和形状公差。

(3)同轴度可控制轴线的直线度,不能完全控制圆柱度;对称度可以控制中心面的平面度,不能完全控制构成中心面的两对称面的平面度和平行度

五、跳动公差

微课 15

识读跳动公差

跳动公差是关联提取（实际）要素对基准轴线旋转一周或若干次旋转时所允许的最大跳动量。按提取（实际）要素旋转情况，分为圆跳动和全跳动两项。

跳动公差带的定义、标注、解释及应用说明见表 2-17。

表 2-17　　　　　　　　　　　跳动公差带的定义、标注、解释及应用说明

几何特征	公差带的定义	标注及解释
圆跳动公差	圆跳动公差是指提取（实际）要素在某一固定参考点绕基准轴线旋转一周时所允许的最大跳动量	
	径向圆跳动公差带为任一垂直于基准轴线的横截面内，半径差等于公差值 t，圆心在基准轴线上的两同心圆所限定的区域 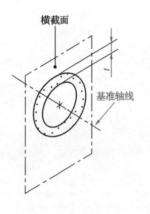	在任一垂直于基准轴线 A 的截面内，提取（实际）圆应限定在半径差等于 0.1 mm，圆心在基准轴线 A 上的两同心圆之间 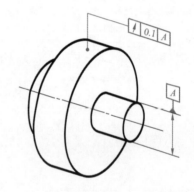
	轴向圆跳动公差带为与基准轴线同轴的任一半径的圆柱截面上，间距等于公差值 t 的两圆所限定的圆柱面区域 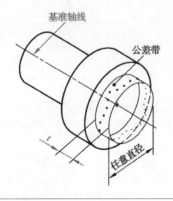	在与基准轴线 D 同轴的任一圆形截面上，提取（实际）圆应限定在轴向距离等于 0.1 mm 的两个等圆之间 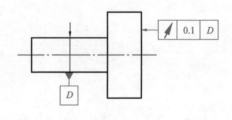

几何特征	公差带的定义	标注及解释
圆跳动公差	斜向圆跳动公差带为与基准轴线同轴的某一圆锥截面上,间距等于公差值 t 的两圆所限定的圆锥面区域 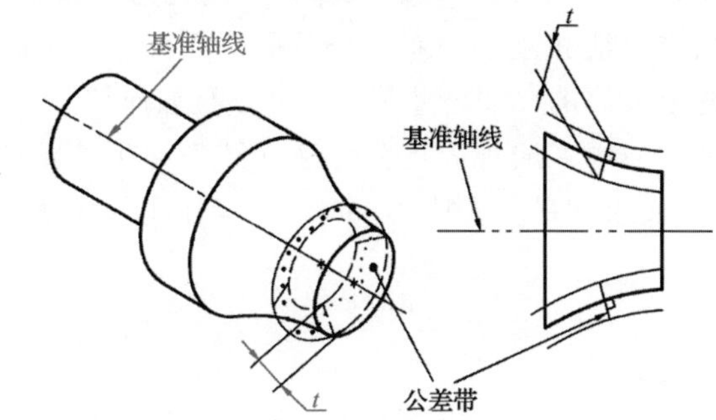 	在与基准轴线 C 同轴的任一圆锥截面上,提取(实际)线应限定在素线方向间距等于 0.1 mm 的两个不等圆之间,且截面的锥角与被测要素垂直 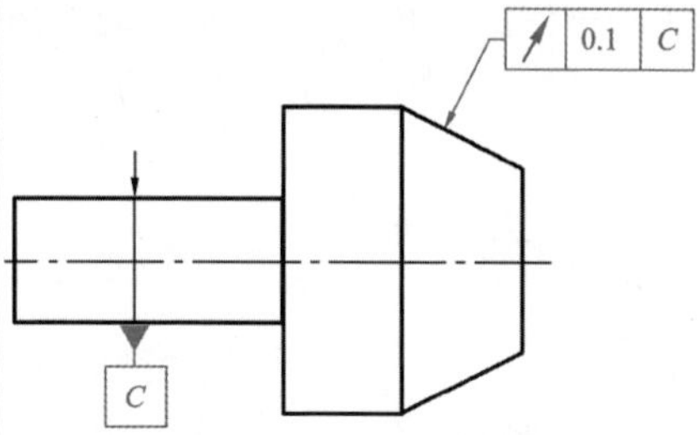
全跳动公差	全跳动公差是指提取(实际)要素绕基准轴线做若干次旋转所允许的最大变动量	
全跳动公差	径向全跳动公差带为半径差等于公差值 t,与基准轴线同轴的两圆柱面所限定的区域 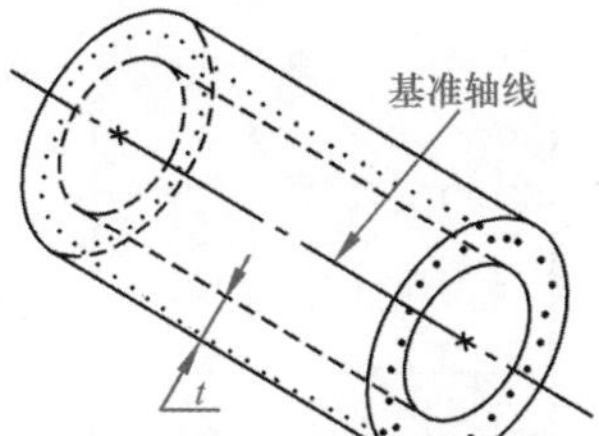 	提取(实际)表面应限定在半径差等于 0.1 mm,与公共基准轴线 $A-B$ 同轴的两圆柱面之间 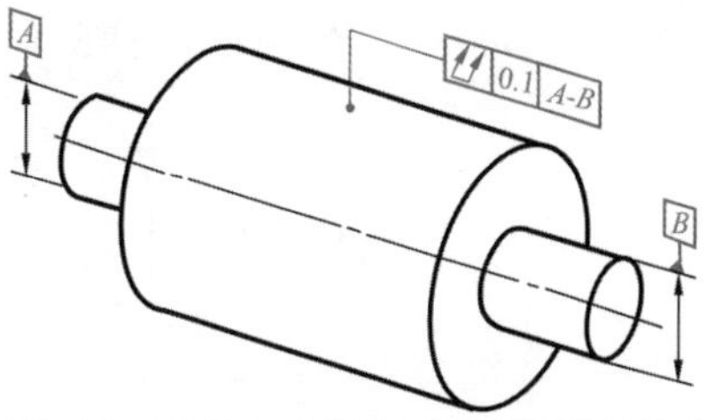
全跳动公差	轴向全跳动公差带为间距等于公差值 t,垂直于基准轴线的两平行平面所限定的区域 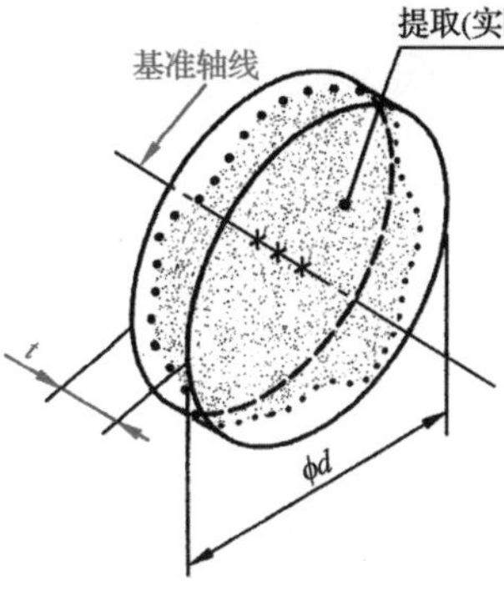 	提取(实际)表面应限定在间距等于 0.1 mm,垂直于基准轴线 D 的两平行平面之间 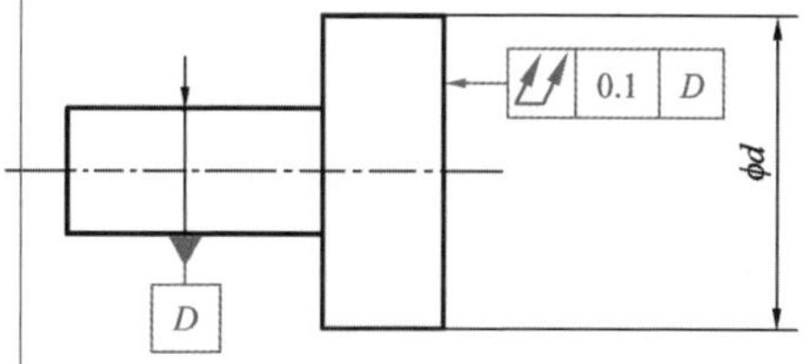

跳动公差的应用说明:

(1)跳动公差综合反映了提取(实际)要素的形状误差和位置误差,因而可以综合控制提取(实际)要素的位置、方向和形状误差。

(2)利用径向圆跳动公差可以控制圆度和圆柱度误差,只要跳动量小于圆度公差值,就能保证圆度误差小于圆度和圆柱度公差。径向全跳动还可以控制同轴度误差,而端面圆跳动在一定情况下也能反映端面对基准轴线的垂直度误差。

(3)全跳动是一项综合性的指标,它可以同时控制圆度、同轴度、圆柱度、素线的直线度、平行度、垂直度等的几何误差。对一个零件的同一提取(实际)要素,全跳动包括了圆跳动。显然,当给定公差值相同时,标注全跳动的要比标注圆跳动的要求更严格

公差原则与公差要求

对同一零件,往往既规定尺寸公差,又规定几何公差。从零件的功能考虑,给出的尺寸公差与几何公差既可能相互有关系,也可能相互无关系。公差原则与公差要求就是处理尺寸公差和几何公差的规定,即图样上标注的尺寸公差和几何公差是如何控制提取(实际)要素的尺寸误差和几何误差的。公差原则在宏观上可分为独立原则和相关要求两大类,相关要求又分为包容要求、最大实体要求和最小实体要求以及可应用于最大实体要求和最小实体要求的可逆要求。

一、有关术语及定义

1.提取组成要素的局部尺寸

提取组成要素的局部尺寸原称局部实际尺寸,是一切提取组成要素上两对应点之间距离的统称,如图 2-9 中的 d_{a1}、D_{a1} 均为提取组成要素的局部尺寸。内表面的提取组成要素的局部尺寸用 D_a 表示,外表面的提取组成要素的局部尺寸用 d_a 表示。

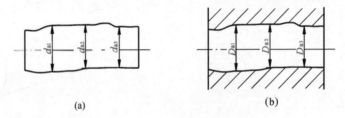

(a)　　　　　　　　　　　(b)

图 2-9　提取组成要素的实际尺寸

显然,对同一要素在不同部位测量,测得的提取组成要素的局部尺寸是不同的。

2.体外作用尺寸

体外作用尺寸是指在提取(实际)要素的给定长度上,与实际内表面体外相接的最大拟合面或与实际外表面体外相接的最小拟合面的直径或宽度,如图 2-10 所示,其内表面和外表面的体外作用尺寸分别用 D_{fe} 和 d_{fe} 表示。

对于关联要素,该拟合面的轴线或中心平面必须与基准保持图样给定的几何关系。

从图 2-10 可以清楚地看出,弯曲孔的体外作用尺寸小于该孔的局部尺寸,弯曲轴的体外作用尺寸大于该轴的局部尺寸。也就是说,由于孔、轴存在几何误差 $f_{几何}$,当孔和轴配合时,孔显得小了,轴显得大了,因此不利于二者的装配。图 2-10 所示孔、轴只存在着轴线的直线度误差 $f_{几何}$,可以直观地推导出孔、轴的体外作用尺寸为

$$D_{fe}=D_a-f_{几何}$$
$$d_{fe}=d_a+f_{几何}$$

3.体内作用尺寸

体内作用尺寸是指在提取(实际)要素的给定长度上,与实际内表面体内相接的最小

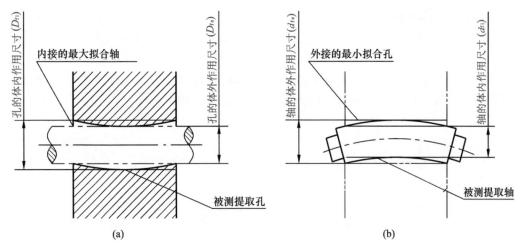

图 2-10　孔、轴的作用尺寸

拟合面或与实际外表面体内相接的最大拟合面的直径或宽度。如图 2-10 所示,其内表面和外表面的体内作用尺寸分别用 D_{fi} 和 d_{fi} 表示。

对于关联要素,该拟合面的轴线或中心平面必须与基准保持图样给定的几何关系。

从图 2-10 可以清楚地看出,弯曲孔的体内作用尺寸大于该孔的局部尺寸,弯曲轴的体内作用尺寸小于该轴的局部尺寸。图 2-10 所示孔、轴只存在着轴线的直线度误差 $f_{几何}$,可以直观地推导出孔、轴的体内作用尺寸为

$$D_{fi} = D_a + f_{几何}$$

$$d_{fi} = d_a - f_{几何}$$

综上所述,孔、轴的体外、体内作用尺寸是由提取组成要素的局部尺寸和几何误差综合形成的,对于每个零件不尽相同。在加工中必须对要素的体外作用尺寸进行控制,以便满足配合要求,即保证配合时的最小间隙或最大过盈。由此可见,体外作用尺寸是实际(组成)要素在配合中真正起作用的尺寸。

4.实体状态、实体尺寸、实体边界

(1)最大实体状态(MMC)　是指当尺寸要素提取组成要素的局部尺寸处处位于极限尺寸且使其具有材料最多(实体最大)时的状态。

当孔为下极限尺寸、轴为上极限尺寸时,零件所具有的材料量最多。因此,最大实体状态是指提取组成要素的局部尺寸在极限尺寸范围内具有材料量最多的状态。

(2)最大实体尺寸(MMS)　是指确定要素在最大实体状态下的极限尺寸。对于外表面,为上极限尺寸;对于内表面,为下极限尺寸,分别用 d_M 和 D_M 表示,即

$$d_M = d_{max}$$

$$D_M = D_{min}$$

由设计给定的具有理想形状的极限包容面称为边界。边界的尺寸称为极限包容面的直径或距离。

(3)最大实体边界(MMB)　尺寸为最大实体尺寸的边界称为最大实体边界。显然,边界的尺寸为最大实体尺寸。

（4）最小实体状态（LMC）　是指假定提取组成要素的局部尺寸处处位于极限尺寸且使其具有材料量最少（实体最小）时的状态。因此,最小实体状态是指实际（组成）要素在极限尺寸范围内具有材料量最少的状态。

（5）最小实体尺寸（LMS）　是指确定要素在最小实体状态下的极限尺寸。对于外表面,为下极限尺寸;对于内表面,为上极限尺寸,分别用 d_L 和 D_L 表示,即

$$d_L = d_{min}$$
$$D_L = D_{max}$$

（6）最小实体边界（LMB）　尺寸为最小实体尺寸的边界称为最小实体边界。显然,该边界的尺寸就是最小实体尺寸。

5.实效状态、实效尺寸、实效边界

（1）最大实体实效状态（MMVC）　是指拟合要素的尺寸为其最大实体实效尺寸（MMVS）时的状态。

（2）最大实体实效尺寸（MMVS）　是指尺寸要素的最大实体尺寸和其导出要素的几何公差（形状、方向和位置）共同作用产生的尺寸,分别用 D_{MV} 和 d_{MV} 表示。

对于内表面（孔）,为最大实体尺寸减几何公差值（加注符号Ⓜ的）,用公式表示为

$$D_{MV} = D_M - t = D_{min} - t$$

对于外表面（轴）,为最大实体尺寸加几何公差值（加注符号Ⓜ的）,用公式表示为

$$d_{MV} = d_M + t = d_{max} + t$$

（3）最大实体实效边界（MMVB）　是指拟合要素的尺寸为其最小实体实效尺寸（LMVS）时的状态。

（4）最小实体实效状态（LMVC）　是指在给定长度上,实际（组成）要素处于最小实体状态,且其导出要素的形状或位置误差等于给出公差值时的综合极限状态。

（5）最小实体实效尺寸（LMVS）　是指尺寸要素的最小实体尺寸和其导出要素的几何公差（形状、方向或位置）共同作用产生的尺寸,分别用 D_{LV} 和 d_{LV} 表示。

对于内表面（孔）,为最小实体尺寸加几何公差值（加注符号Ⓛ的）,用公式表示为

$$D_{LV} = D_L + t = D_{max} + t$$

对于外表面（轴）,为最小实体尺寸减几何公差值（加注符号Ⓛ的）,用公式表示为

$$d_{LV} = d_L - t = d_{min} - t$$

（6）最小实体实效边界　是指要素处于最小实体实效状态时的边界。显然,该边界的尺寸为最小实体实效尺寸。

二、独立原则（IP）

1.含义

独立原则是指图样上给定的每一个尺寸和几何（形状、方向、位置）公差要求均是独立的,应分别满足要求。独立原则是确定几何公差和尺寸公差相互关系时应遵循的基本公差原则。

2.标注

如果尺寸和几何公差（形状、方向、位置）要求之间的互相关系有特定要求,应在图样

上规定。如图 2-11 所示为独立原则示例,标注时不需要附加任何表示相互关系的符号,其中表示轴的提取组成要素的局部尺寸应在上极限尺寸与下极限尺寸之间,即 $\phi149.96 \sim \phi150$ mm,不管实际尺寸为何值,轴线的直线度误差不允许大于 $\phi0.02$ mm,其圆度误差不允许大于 0.012 mm。

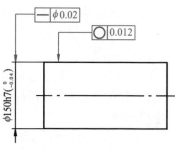

图 2-11 独立原则示例

3.用途

独立原则一般用于非配合零件或对形状和位置要求严格而对尺寸精度要求相对较低的场合。例如,为防止液压传动中常用的液压缸的内孔泄漏,对液压缸内孔的形状精度(圆柱度、轴线直线度)提出了较严格的要求,而对其尺寸精度则要求不高,故尺寸公差与几何公差按独立原则给出。

 三、相关要求

相关要求是指图样上给定的尺寸公差与几何公差相互有关的公差要求,具体包括:

1.包容要求

(1)含义 是指尺寸要素的非拟合要素不得违反其最大实体边界(MMB)的一种要素要求。即提取组成要素不得超越其最大实体边界(MMB),其局部尺寸不得超出最小实体尺寸(LMS)。

(2)标注及解释 在图样上,单一要素的尺寸极限偏差或公差带代号之后注有符号 Ⓔ 时,则表示该单一要素采用包容要求,如图 2-12(a)所示,它表示该轴必须处于尺寸为最大实体尺寸 $\phi150$ mm 的拟合包容面内,如图 2-12(b)所示。

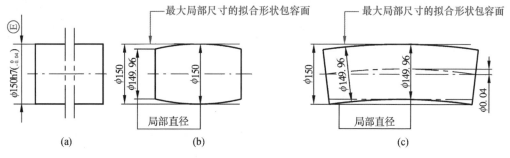

图 2-12 包容要求

包容要求是指当局部尺寸处处为最大实体尺寸(图 2-12 中的 $\phi150$ mm)时,其几何公差为零;当局部尺寸偏离最大实体尺寸时,允许的几何误差可以相应增加,增加量为局部尺寸与最大实体尺寸之差(绝对值),其最大增加量等于尺寸公差,此时局部尺寸应处处为最小实体尺寸(图 2-12(c)中局部尺寸为 $\phi149.96$ mm 时,允许轴线直线度为 $\phi0.04$ mm)。这表明,尺寸公差可以转化为几何公差。

采用包容要求时,实际轮廓应遵守最大实体边界,即要素的体外作用尺寸不得超越其

最大实体尺寸,且提取组成要素的局部尺寸不得超越其最小实体尺寸,即

对于外表面 $\qquad d_{fe} \leqslant d_M(d_{max}) \qquad d_a \geqslant d_L(d_{min})$

对于内表面 $\qquad D_{fe} \geqslant D_M(D_{min}) \qquad D_a \leqslant D_L(D_{max})$

由此可见,包容要求是将尺寸误差和几何误差同时控制在尺寸公差范围内的一种公差要求,主要用于必须保证配合性质的要素,用最大实体边界保证必要的最小间隙或最大过盈,用最小实体尺寸防止间隙过大或过盈过小。

(3)应用 包容要求常应用于机器零件上对配合性质要求较严格的配合表面。例如回转轴的轴颈和滑动轴承、滑动套筒和孔、滑块和滑块槽等。

2.最大实体要求(MMR)

(1)含义 是指尺寸要素的非拟合要素不得违反其最大实体实效状态(MMVC)的一种要求,当其提取组成要素的实际轮廓偏离最大实体尺寸时,允许其几何误差超出在最大实体状态下给出的公差值。

(2)标注及解释 图样上几何公差框格内公差值后标注符号Ⓜ时,表示最大实体要求用于提取(实际)要素,如图2-13(a)所示。

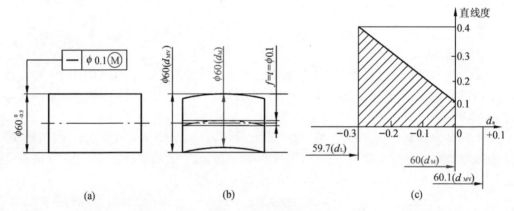

图 2-13 最大实体要求

最大实体要求用于提取组成要素时,其几何公差值是在该要素处于最大实体状态时给定的。当提取组成要素的实际轮廓偏离其最大实体状态,即局部尺寸偏离最大实体尺寸时,允许的几何误差值可以增大。偏离多少,就可增大多少,其最大增大量等于提取组成要素的尺寸公差值,从而实现尺寸公差向几何公差的转化。

最大实体要求用于提取组成要素时,提取组成要素应遵守最大实体实效边界,即要素的体外作用尺寸不得超越最大实体实效尺寸,且提取组成要素的局部尺寸在最大与最小实体尺寸之间,即

对于外表面 $\qquad d_{fe} \leqslant d_{MV} = d_{max} + t$

$\qquad\qquad\qquad\qquad d_{max} \geqslant d_a \geqslant d_{min}$

对于内表面 $\qquad D_{fe} \geqslant D_{MV} = D_{min} - t$

$\qquad\qquad\qquad\qquad D_{max} \geqslant D_a \geqslant D_{min}$

图 2-13(c)为图 2-13(a)的动态公差图,当轴的提取组成要素的局部尺寸为最大实际尺寸 $\phi 60$ mm 时,允许的直线度误差为 $\phi 0.1$ mm。如图 2-13(b)所示,随着提取组成要

素局部尺寸的减小,允许的直线度误差相应增大。若尺寸为 $\phi59.8$ mm(偏离 $\phi0.2$ mm),则允许的直线度误差为 $\phi0.1+\phi0.2=\phi0.3$ mm;当提取组成要素的局部尺寸为最小实体尺寸 $\phi59.7$ mm 时,允许的直线度误差最大($\phi0.1+\phi0.3=\phi0.4$ mm)。

(3)应用 最大实体要求适用于导出要素有几何公差要求的情况,例如轴线、中心平面等。最大实体多用于对零件配合性质要求不严、但要求顺利保证零件可装配性的场合。例如螺栓和螺钉连接中孔的位置度公差、阶梯孔和阶梯轴的同轴度公差。采用最大实体要求,遵守最大实体实效边界,在一定条件下扩大了几何公差,提高了零件合格率,有良好的经济性。

3.最小实体要求(LMR)

(1)含义 是指尺寸要素的非拟合要素不得违反其最小实体实效状态(LMVC)的一种尺寸要求。当其提取组成要素偏离最小实体尺寸时,允许其几何误差超出在最小实体状态下给出的公差值。

(2)标注 图样上几何公差框格内公差值后面标注符号Ⓛ时,表示最小实体要求用于提取组成要素,如图 2-14(a)所示。

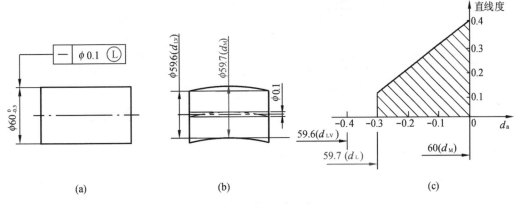

(a)　　　　　　　　(b)　　　　　　　　(c)

图 2-14 最小实体要求

最小实体要求用于提取组成要素时,提取组成要素的几何公差是在该要素处于最小实体状态时给定的。当提取组成要素的实际轮廓偏离其最小实体状态,即局部尺寸偏离最小实体尺寸时,允许的几何误差值可以增大。偏离多少,就可增大多少,其最大增大量等于提取组成要素的尺寸公差值,从而实现尺寸公差向几何公差的转化,如图 2-14(b)、图 2-14(c)所示。

最小实体要求用于提取组成要素时,实际轮廓应遵守最小实体实效边界,即提取组成要素的实际轮廓在给定长度上处处不得超出其最小实体实效边界,也就是其体内作用尺寸不应超出最小实体实效尺寸,且其提取组成要素的局部尺寸在上、下极限尺寸之间,即

对于外表面　　　　$d_{fi} \geqslant d_{LV} = d_{min} - t$

$$d_{max} \geqslant d_a \geqslant d_{min}$$

对于内表面　　　　$D_{fi} \leqslant D_{LV} = D_{max} + t$

$$D_{max} \geqslant D_a \geqslant D_{min}$$

(3)示例 下面以轴线位置度公差采用最小实体要求为例说明最小实体要求的应用。图样标注如图 2-15(a)所示,提取组成要素为孔 $\phi8^{+0.25}_{0}$ 的轴线,为关联导出要素,其

对基准 A 的位置度公差为 $\phi 0.4$ mm。最大实体尺寸 $D_M = \phi 8$ mm,最小实体尺寸 $D_L = \phi 8.25$ mm,最小实体实效尺寸 $D_{LV} = \phi 8.65$ mm。

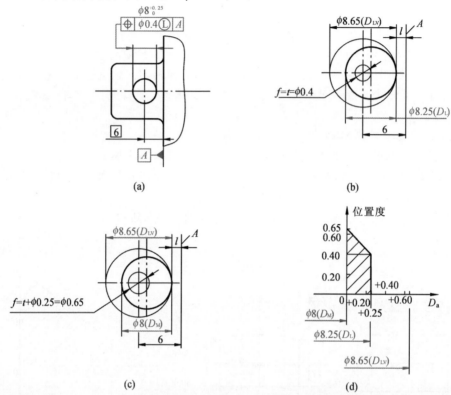

图 2-15　位置度公差采用最小实体要求

该孔应满足下列要求:

孔的提取组成要素的局部尺寸应在最大实体尺寸与最小实体尺寸之间,即 $\phi 8 \sim \phi 8.25$ mm。孔的实际轮廓不超出关联最小实体实效边界,即其关联体内作用尺寸不大于最小实体实效尺寸。

在图 2-15(b)中,细实线圆为提取组成要素的最小实体实效边界,直径为 $\phi 8.65$ mm,圆心距基准 A 为理论正确尺寸 6 mm,边缘距基准 A 的最小距离为图中所示的 l。当孔的提取组成要素的局部尺寸为最小实体尺寸时,位置度误差的允许值等于给定的公差值,即 $f = t = \phi 0.4$ mm。在此公差带内,无论实际轴线的位置怎么变化,均能保证实际孔的边缘距基准 A 的距离不小于 l。

当孔的提取组成要素的局部尺寸小于最小实体尺寸时,其轴线的位置度误差允许增大,其增大值等于提取组成要素的局部尺寸相对于最小实体尺寸的减小值。当该孔处于最大实体状态时,其轴线对基准 A 的位置度误差允许达到最大值,等于图样给出的位置度公差与孔的尺寸公差之和,即 $\phi 0.4 + \phi 0.25 = \phi 0.65$ mm。此时无论孔的轴线在任何位置上,均能保证孔的边缘到 A 基准的距离不小于 l,如图 2-15(c)所示。图 2-15(d)为表达上述关系的动态公差图。

(4)应用　最小实体要求适用于导出要素,如轴线、中心平面等。最小实体要求多用于保证零件的强度要求。对孔类零件,保证其壁厚;对轴类零件,保证其最小有效截面。

采用最小实体要求后,在满足零件使用功能要求的同时,在一定条件下,扩大了提取组成要素的几何公差,提高了零件合格率,具有良好的经济性。

4.可逆要求

(1)含义 是指最大实体要求或最小实体要求的附加要求,表示尺寸公差可以在实际几何误差小于几何公差之间的差值范围内增大的一种要求。可逆要求只应用于提取组成要素,而不应用于基准要素。

(2)标注及解释

①可逆要求用于最大实体要求 图样上几何公差框格中,在提取组成要素几何公差值后的符号Ⓜ后标注符号Ⓡ时,则表示提取组成要素在遵守最大实体要求的同时遵守可逆要求。

可逆要求用于最大实体要求,除了具有上述最大实体要求用于提取组成要素时的含义(当提取组成要素的局部尺寸偏离最大实体尺寸时,允许其几何误差增大,即尺寸公差向几何公差转化)外,还表示当几何误差小于给定的几何公差值时,也允许提取组成要素的局部尺寸超出最大实体尺寸;当几何公差为零时,允许尺寸的超出量最大,为几何公差值,从而实现尺寸公差与几何公差相互转换的可逆要求。此时,提取组成要素仍然遵守最大实体实效边界。

②可逆要求用于最小实体要求 图样上在公差框格内公差数值后面的符号Ⓛ后标注符号Ⓡ时,表示提取组成要素在遵守最小实体要求的同时遵守可逆要求。

可逆要求用于最小实体要求,除了具有上述最小实体要求用于提取组成要素的含义外,还表示当几何误差小于给定的公差值时,也允许提取组成要素的局部尺寸超出最小实体尺寸;当几何误差为零时,允许尺寸的超出量最大,为几何公差值,从而实现几何公差与尺寸公差相互转换的可逆要求。此时,提取组成要素仍遵守最小实体实效边界。

5.零几何公差

当关联要素采用最大(最小)实体要求且几何公差为零时,则称为零几何公差,用$\phi 0$ Ⓜ($\phi 0$ Ⓛ)表示,如图 2-16 所示。零几何公差可以视为最大(最小)实体要求的特例。此时,提取组成要素的最大(最小)实体实效边界等于最大(最小)实体边界,最大(最小)实体实效尺寸等于最大(最小)实体尺寸。

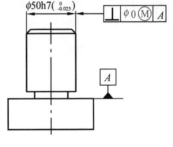

图 2-16 零几何公差

2.6 几何公差的选择

一、几何公差项目的选择

几何公差项目是针对零件上某个要素的形状和要素之间相互位置的精度要求而确定

的。因此,选择几何公差项目的基本依据是要素,然后再按照零件的几何特征、功能要求、方便检测来选定。

1.零件的几何特征

零件的几何特征不同,会产生不同的几何误差。例如回转类(轴类、套类)零件中的阶梯轴,它的组成要素是圆柱面、端面,导出要素是轴线。圆柱面选择圆柱度是理想项目,因为它能综合控制径向的圆度误差、轴向的直线度误差和素线的平行度误差;也可选用圆度和素线的平行度。但需注意,当选定为圆柱度,而对圆度无进一步要求时,就不必再选择圆度,以免重复。

2.零件的功能要求

机器对零件不同功能的要求,决定了零件需选用不同的几何公差项目。若阶梯轴两轴承位置明确要求限制轴线间的偏差,则应采用同轴度。但如果阶梯轴对几何精度有要求,而无须区分轴线的位置误差与圆柱面的形状误差,则可选择跳动项目。

其他诸如箱体类零件,轴承孔轴线之间平行度的要求都是基于保证运动件之间的正常啮合,提高承载能力的性能要求而确定的。给定结合面的平面度要求是为保证平面的良好密封性。

3.方便检测

为了方便检测,应选用测量简便的项目,如与滚动轴承内孔相配合的轴颈位置公差的确定。为了保证可装配性和运动精度,应控制两轴颈的同轴度误差,但考虑到同轴度在生产中不便于检测,可用径向圆跳动公差来控制同轴度误差。端面全跳动与端面垂直度因它们的公差带相同,故可以等价替换。

 二、几何公差值(或公差等级)的选择

几何公差值的确定应根据零件的功能要求,并考虑加工的经济性和零件的结构、刚性等情况,几何公差值的大小又决定于几何公差等级(结合主参数),因此,确定几何公差值实际上就是确定几何公差等级,见表2-4。几何公差等级与尺寸等级、表面粗糙度、加工方法等因素有关,故选择几何公差等级时,可参照这些影响因素综合加以考虑。详见表2-5~表2-13及表2-18~表2-21。

表 2-18　　　　　　　　　直线度、平面度公差等级及应用场合

公差等级	应用场合
5	用于平面磨床的纵导轨、垂直导轨、立柱导轨和工作台,液压龙门刨床床身导轨面,转塔车床床身导轨面,柴油机进气门导杆等
6	用于卧式车床床身及龙门刨床导轨面,滚齿机立柱导轨、床身导轨及工作台,自动车床床身导轨,平面磨床床身导轨、垂直导轨,卧式镗床和铣床工作台及机床主轴箱导轨等工作面,柴油机进气门导杆直线度,柴油机机体上部结合面等
7	用于机床主轴箱体、滚齿机床床身导轨的直线度,镗床工作台、摇臂钻底座工作台面,液压泵盖的平面度、压力机导轨及滑块工作面

续表

公差等级	应用场合
8	用于车床溜板箱体、机床传动箱体、自动车床底座的直线度,气缸盖结合面、气缸座、内燃机连杆分离面的平面度,减速机壳体的结合面
9	用于机床溜板箱、立钻工作台、螺纹磨床的挂轮架、柴油机气缸体连杆的分离面,缸盖的结合面,阀片的平面度,空气压缩机气缸体、柴油机缸孔环面的平面度以及辅助机构及手动机械的支承面
10	用于自动机床床身平面度、车床挂轮架的平面度,柴油机气缸体,摩托车的箱体,汽车变速箱的壳体与汽车发动机缸盖结合面,阀片的平面度以及液压装置、管件和法兰的连接面等

表 2-19 　　　　　　　　　　　　　　圆度、圆柱度公差等级及应用场合

公差等级	应用场合
5	一般机床主轴及主轴箱孔,柴油机、汽油机活塞,活塞销孔,铣削动力头轴承座孔,高压空气压缩机十字头销,活塞,较低精度滚动轴承配合轴承
6	一般机床主轴及箱体孔,中等压力下液压装置工作面(包括泵、压缩机的活塞和气缸),汽车发动机凸轮轴,纺机锭子,通用减速器轴颈,高速船用发动机曲轴,拖拉机曲轴主轴颈
7	大功率低速柴油机曲轴、活塞、活塞销、连杆、气缸,高速柴油机箱体孔,千斤顶或压力液压缸活塞,液压传动系统的分配机构,机车传动轴,水泵及一般减速器轴颈
8	低速发动机、减速器、大功率曲轴轴颈,气压机连杆盖、体,拖拉机气缸体、活塞,炼胶机冷铸轴辊,印刷机传墨辊,内燃机曲轴,柴油机体孔、凸轮轴,拖拉机,小型船用柴油机气缸盖
9	空气压缩机缸体,液压传动筒,通用机械杠杆与拉杆用套筒销子,拖拉机活塞环、套筒孔
10	印染机导布辊,绞车、吊车、起重机滑动轴承、轴颈等

表 2-20 　　　　　　　　　　　　　　平行度、垂直度公差等级及应用示例

公差等级	面对面平行度应用示例	面对线、线对线平行度应用示例	垂直度应用示例
4、5	普通车床、测量仪器、量具的基准面和工作面,高精度轴承座孔、端盖、挡圈的端面	机床主轴孔对基准面要求,重要轴承孔对基准面要求,床头箱体重要孔间要求,齿轮泵的端面等	普通精度机床主要基准面和工作面,回转工作台端面,一般导轨,主轴箱体孔、刀架、砂轮架及工作台回转轴线,一般轴肩对其轴线
6、7、8	一般机床零件的工作面和基准面,一般刀具、量具和夹具	机床一般轴承孔对基准面要求,床头箱一般孔间要求,主轴花键对定心直径要求	普通精度机床主要基准面和工作端面,一般导轨,主轴箱体孔、刀架、砂轮架及工作台回转轴线,一般轴肩对其轴线
9、10	低精度零件,重型机械滚动轴承端盖	柴油机和煤气发动机的曲轴孔、轴颈等	花键轴轴肩端面,传动带运输机法兰盘等端面、轴线,手动卷扬机及传动装置中轴承端面,减速器壳体平面等

注:①在满足设计要求的前提下,考虑到零件加工的经济性,对于线对线和线对面的平行度和垂直度公差等级,应选用低于面对面的平行度和垂直度公差等级。

②使用本表选择面对面平行度和垂直度时,宽度应不大于 1/2 长度;否则应降低一级公差等级选用。

表 2-21   同轴度、对称度、跳动公差等级及应用场合

公差等级	应用场合
5、6、7	应用范围较广的公差等级。用于几何精度要求较高、尺寸公差等级为8级及高于8级的零件。5级常用于机床轴颈、计量仪器的测量杆、汽轮机主轴、柱塞液压泵转子、高精度滚动轴承外圈，一般精度滚动轴承内圈，回转工作台端面。7级用于内燃机曲轴，凸轮墨辊的轴颈、键槽。
8、9	常用于几何精度要求一般，尺寸公差等级为9级和11级的零件。8级用于拖拉机发动机分配轴轴颈，与9级精度以下齿轮相配的轴、水泵叶轮、离心泵体、棉花精梳机前、后滚子，键槽等。9级用于内燃机气缸套配合面、自行车中轴

通常用类比法确定具体公差值，此时还应考虑下列因素：

1.形状公差与位置公差的关系

同一要素上给定的形状公差值应小于位置公差值。如对于同一平面，平面度公差值应小于该平面对基准的平行度公差值，即应满足

形状公差 ＜方向公差＜位置公差

2.形状公差与尺寸公差的关系

圆柱零件的形状公差值（轴线直线度除外）应小于其尺寸公差值，平行度公差值应小于其相应距离尺寸的公差值。

三、公差原则与公差要求的选择

选择公差原则与公差要求时，应在保证使用功能要求的前提下，尽量提高加工的经济性。具体地说，应综合考虑以下因素：

1.功能性要求

（1）当提取组成要素的尺寸精度与几何精度要求相差较大，并且无明显的使用功能上的联系时，几何精度和尺寸精度需要分别满足要求，即应采用独立原则。例如，滚筒类零件的尺寸精度要求很低，圆柱度要求较高；平板的平面精度要求较高，尺寸精度要求不高；冲模架的下模座尺寸精度要求不高，平行度要求较高；导轨的形状精度要求严格，尺寸精度要求次之。以上情况均应采用独立原则。凡未注尺寸公差和（或）未注几何公差均采用独立原则。

（2）对零件有配合要求的表面，特别是涉及和影响零件的定位精度、运动精度等重要性能而配合性质要求较严格的表面，一般采用包容要求。利用孔和轴的最大实体边界控制孔和轴的体外作用尺寸，从而保证配合时的最小间隙与最大过盈，满足配合性能要求。例如回转轴的轴颈和滑动轴承的配合、喷油泵柱塞和孔的配合、滑块和滑块槽的配合等。

（3）尺寸精度和几何精度要求不高，但要求能保证自由装配的零件，对其导出要素应采用最大实体要求。例如轴承盖和法兰盘连接螺钉的通孔的位置度公差、阶梯孔和阶梯轴的同轴度公差等均采用最大实体要求。

2.设备状况

如果机床加工精度较高，零件的几何误差较小，则可采用包容要求或最大实体要求的零几何公差，尺寸公差补偿几何公差后，仍留有较大的余地满足加工中的尺寸要求。

如果机床设备状况较差，加工零件的几何误差较大，那么若采用包容要求或最大实体

要求的零几何公差,就会使尺寸精度保证的难度增大,加工经济性变差,此时应采用独立原则或最大实体要求。但这也不是绝对的,如果操作人员技术水平较高,能确保较高的尺寸加工精度,则使用包容要求或最大实体要求的零几何公差仍然是可行的。

3.生产批量

一般情况下,大批量生产时采用相关要求较为经济。相关要求只要求提取组成要素不超出拟合边界,而不考虑几何误差的具体情况,省去了大量的几何误差的检测工作。若从经济性原则出发,宜采用独立原则。

4.操作技能

操作技能的高低在很大程度上决定了尺寸误差的大小。一般来说,补偿量较大时可采用包容要求或最大实体要求的零几何公差,补偿量较小时宜采用独立原则或最大实体要求。

以上只是定性地论述了选择公差原则时应考虑的因素,实际生产中,这些因素往往交织在一起,必须综合分析。在选择公差原则时,必须处理好功能性要求与加工经济性这一对矛盾,使产品既有较好的使用功能,又有较好的加工经济性。

2.7 几何误差检测及评定原则

在几何误差的检测中,是以测得的要素作为实际(组成)要素,根据测得要素来评定几何误差值的。根据几何误差值是否在几何公差的范围内,得出零件合格与否的结论。

一、几何误差的检测原则

几何公差的项目较多,为了便于准确选用,国家标准根据各种检测方法整理概括出五条检测原则,见表 2-22。

表 2-22　　几何误差的检测原则

名称	图示	说明
与拟合要素比较原则	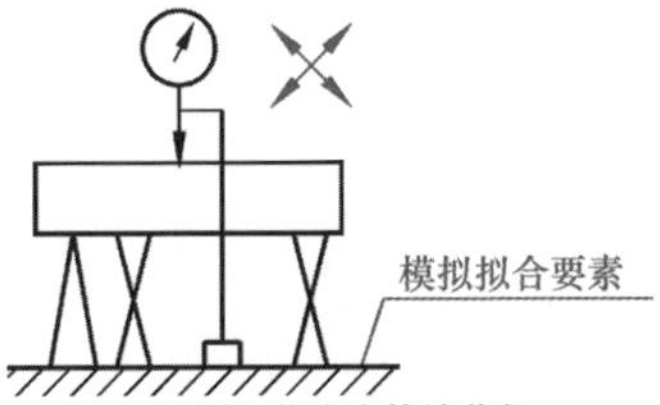 (a)测量值由直接法获得 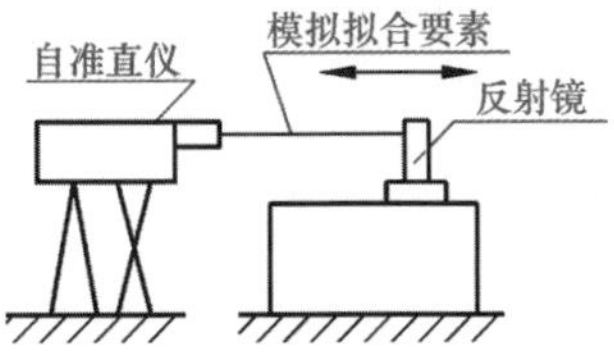 自准直仪　模拟拟合要素　反射镜 (b)测量值由间接法获得	测量时将提取(实际)要素与其拟合要素相比较,用直接或间接测量法测得几何误差值,拟合要素用模拟方法获得。 该原则是一条基本原则,为大多数几何误差的检测所遵循

名称	图示	说明
测量坐标值原则	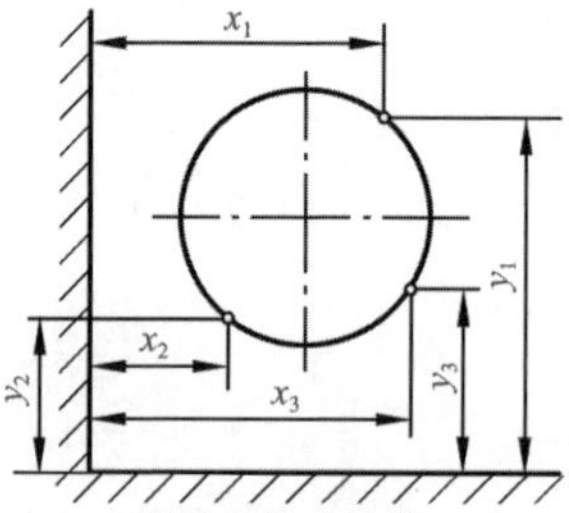 测量直角坐标值	测量提取(实际)要素的坐标值(如直角坐标值、极坐标值、圆柱面坐标值),经数据处理而获得几何误差值。 该原则适用于测量形状复杂的表面,但数据处理往往十分烦琐。随着计算机技术的发展,其应用将会越来越广泛
测量特征参数原则	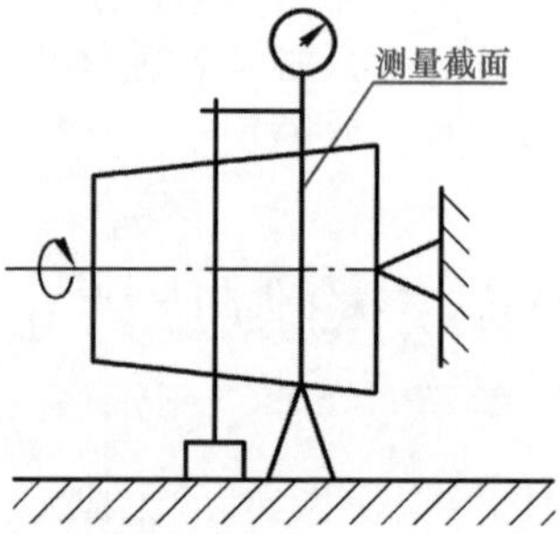 两点法测量圆度特征参数	测量提取(实际)要素上具有代表性的参数(特征参数)来表示几何误差值。 该原则虽然近似但易于实践,生产中常用
测量跳动原则	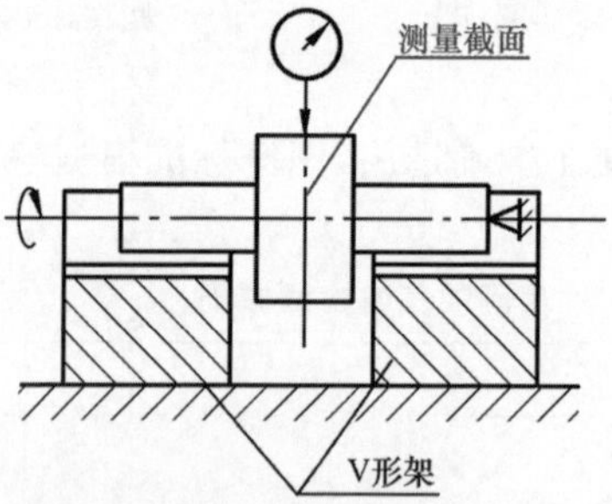 测量径向跳动	在提取(实际)要素绕基准轴回转过程中,沿给定方向测量其对某参考点或线的变动量,以此变动量作为误差值。变动量是指示器的最大与最小读数之差。 方法和设备均较简单,适于在车间条件下使用,但只限于回转零件
控制失效边界原则	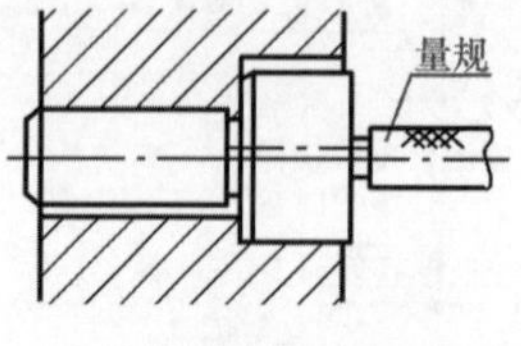 用综合量规检测同轴度误差	检验提取(实际)要素是否超出最大实体边界,以判断零件合格与否。 适用于采用最大实体要求的场合,一般采用量规来检验

注:测量几何误差时的标准条件要求:标准温度为 20℃;标准测量力为零。

几何误差检测方法示例中的常用符号见表 2-23。

表 2-23　　　　　　　　几何误差检测方法示例中的常用符号

序号	符号	说明	序号	符号	说明
1		平板、平台或提取(实际)要素平面	8		间断转动(不超过1周)
2		固定支承	9		旋转
3		可调支承	10		指示器或记录器
4		连续直线移动	11		带有指示器的测量架(测量架符号根据测量设备的用途,可画成其他式样)
5		间断直线移动			
6		沿多个方向直线移动			
7		连续转动(不超过1周)			

二、几何误差的评定准则

1.形状误差的评定

评定形状误差必须在提取(实际)要素上找出拟合要素的位置,即要求遵循一条原则:使拟合要素的位置符合最小条件。

(1)最小条件　是指提取(实际)要素相对于拟合要素的最大变动量为最小。

①对于组成要素,符合最小条件的拟合要素位于实体之外并与提取(实际)要素相接触,使提取(实际)要素相对于拟合要素的最大变动量为最小。如图 2-17 所示为评定给定平面内的直线度误差的情况,其中 A_1B_1、A_2B_2、A_3B_3 分别是处于不同位置时的拟合要素,h_1、h_2、h_3 分别是提取(实际)要素对三个不同位置的拟合要素的最大变动量。从图 2-17 中可以看出 $h_1<h_2<h_3$,即 h_1 最小,因此 A_1B_1 就是符合最小条件的拟合要素,在评定提取(实际)要素的直线度误差时,应以拟合要素 A_1B_1 为评定基准。

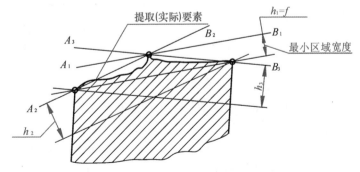

图 2-17　拟合组成要素的位置

②对于导出要素,其拟合要素应位于提取(实际)要素之中,使提取(实际)要素对其拟

合要素的最大变动量为最小。如图 2-18 所示为评定轴线在任意方向上的直线度误差的情况,从中可以看出 $\phi d_1 < \phi d_2$,因此 L_1 就是符合最小条件的拟合要素,在评定提取(实际)轴线的任意方向的直线度误差时,就必须以拟合轴线 L_1 为评定基准。

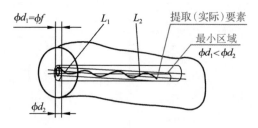

图 2-18　拟合导出要素的位置

最小条件是评定形状误差的基本原则,但在满足零件功能要求的前提下,允许采用近似的方法来评定形状误差。

(2)形状误差的评定方法——最小区域法　用符合最小条件的包容区域(简称最小区域)的宽度 f 或直径 ϕf 表示。最小区域是指包容提取(实际)要素时具有最小宽度 f 或最小直径 ϕf 的包容区域。

各误差项目的最小区域的形状与公差带形状相同,但是公差带具有给定的宽度 t 或直径 ϕt,而最小区域是紧紧地包容提取(实际)要素区域,它的宽度 f 或直径 ϕf 由提取(实际)要素的实际状态而定。图 2-17 中 f 为最小区域宽度;图 2-18 中 ϕf 为最小区域直径,均为形状误差值。

2.方向误差的评定

(1)基准及分类　基准是指具有正确形状的拟合要素,是确定提取(实际)要素方向和位置的依据。在实际应用时,则由基准实际(组成)要素来确定。通常分为以下三种:

①单一基准　由一个要素建立的基准。如图 2-19(a)所示为由一个平面 A 建立的基准,图 2-19(b)所示为由 ϕd_2 圆柱轴线 A 建立的基准。

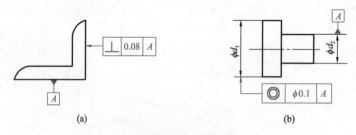

图 2-19　单一基准

②组合基准(公共基准)　由两个或两个以上的要素建立的一个独立的基准,如图 2-20 所示为由两个轴线 A、B 建立起公共基准轴线 $A—B$。

③基准体系(三基面体系)　是指由两个或三个互相垂直的平面所构成的基准体系,如图 2-21 所示。三个互相垂直的平面是:A 为第一基准平面,B 为第二基准平面且垂直于 A,C 为第三基准平面,同时垂直于 A 和 B。每两个基准平面的交线构成基准轴线,三条轴线的交点构成基准点。因此,上面提到的单一基准平面就是三基面体系中的一个基

准平面,而基准轴线是三基面体系中两个基准平面的交线。

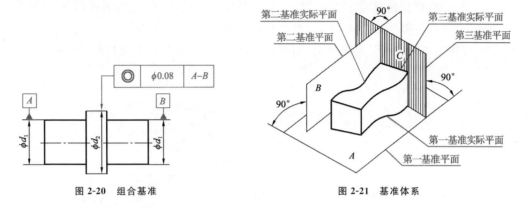

图 2-20 组合基准

图 2-21 基准体系

(2)常用的基准体现方法 基准建立的基本原则应符合最小条件,但为了方便起见,允许在测量时用近似的方法来体现基准,常用的方法有:

①模拟法 采用形状精度足够高的精密表面来体现基准的方法。例如,用精密平板的工作面模拟基准平面,如图 2-22 所示;将精密心轴装入基准孔内,用其轴线模拟基准轴线,如图 2-23 所示;用 V 形架模拟基准轴线,如图 2-24 所示。

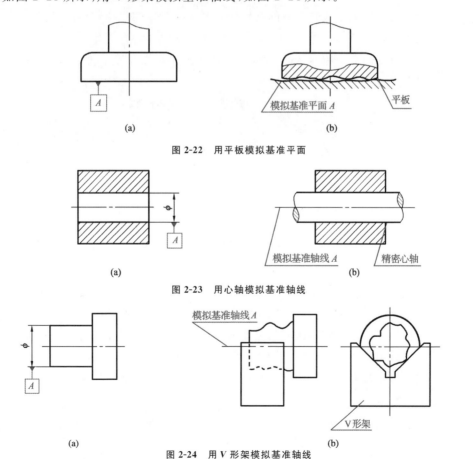

(a)

(b)

图 2-22 用平板模拟基准平面

(a)

(b)

图 2-23 用心轴模拟基准轴线

(a)

(b)

图 2-24 用 V 形架模拟基准轴线

采用模拟法体现基准时,应符合最小条件。一般情况下,当基准实际(组成)要素与模拟基准之间非稳定接触时,如图 2-25(a)所示,一般不符合最小条件,应通过调整使基准实际(组成)要素与模拟基准之间尽可能符合最小条件,如图 2-25(b)所示。当基准实际(组成)要素与模拟基准之间稳定接触时,自然形成符合最小条件的相对关系,如图 2-25(b)所示。

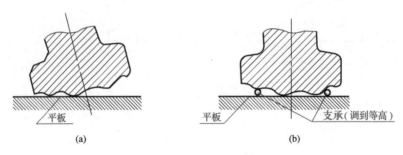

图 2-25　非稳定接触

②直接法　当基准实际(组成)要素具有足够高的精度时,直接以基准实际(组成)要素为基准的方法。

(3)方向误差的评定　是指提取(实际)要素对一具有确定方向的拟合要素的变动量,拟合要素的方向由基准确定。

方向误差值用定向最小包容区域的宽度或直径表示。定向最小包容区是指按拟合要素的方向来包容提取(实际)要素时,具有最小宽度 f 或直径 ϕf 的包容区域,如图 2-26 所示。各误差项目定向最小包容区的形状和方向与各自的公差带相同,但宽度或直径由提取(实际)要素本身来决定。

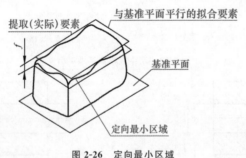

图 2-26　定向最小区域

3.位置误差及的评定

位置误差是指提取组成要素对一具有确定位置的拟合要素的变动量,拟合要素的位置由基准和理论正确尺寸确定。对于同轴度和对称度,理论正确尺寸为零。

位置误差值用定位最小包容区域的宽度或直径表示。定位最小包容区是指按拟合要素定位来包容提取组成要素时,具有最小宽度 f 或直径 ϕf 的包容区域,如图 2-27 所示。各误差项目定位最小包容区的形状和位置与各自公差带的形状和位置相同。

4.跳动误差的评定

圆跳动误差是指提取组成要素绕基准轴线无轴向移动回转一周时,由位置固定的指

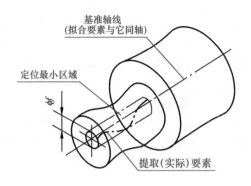

图 2-27 定位最小区域

示器在给定方向上测得的最大与最小读数之差。所谓给定方向,对圆柱面是指径向,对圆锥面是指法线方向或径向,对端面是指轴向。

全跳动误差是指提取组成要素绕基准轴线无轴向移动回转,同时指示器沿基准轴线平行或(和)垂直地连续移动(或提取(实际)要素每回转一周,指示器沿基准轴线平行或垂直地间断移动),由指示器给定方向上测得的最大与最小读数之差。所谓给定方向,对圆柱面是指径向,对端面是指轴向。

 技能训练

实训 1　用内径百分表测量孔径

1.指示表的组成及原理

指示表是利用机械传动系统,将测量杆的直线位移转变为指针在圆度盘上的角位移,并由圆度盘进行读数的测量器具,其中,分度值为 0.1 mm 的称为十分表,分度值为 0.01 mm 的称为百分表,分度值为 0.001 mm 、0.002 mm、0.005 mm 的称为千分表。

指示表单独使用时只能测出相对数值,不能测出绝对数值。它主要用于测量形状和位置误差,也可用于机床上安装工件时的精密找正,与量块配合使用可测量尺寸误差。

(1)百分表的组成及原理

百分表是将测量杆的直线移动,经过齿轮齿条传动放大,转变为指针的转动,并在刻度盘上指示出相应的示值。

如图 2-28 所示,百分表的测量杆移动 1 mm,大指针正好回转一周,而在百分表的表盘上沿圆周刻有 100 个刻度,指针转过 1 格,测量的尺寸变化 1/100＝0.01 mm,可见百分表的分度值为 0.01 mm。常用的百分表有 0～3 mm、0～5 mm、0～10 mm 三种。百分表既可进行比较测量,也可进行绝对测量。

百分表一般不单独使用,通常和磁力表座(图 2-29)、偏摆仪等配合使用,用来测量圆柱度、同轴度、径向跳动、平面度,平行度、对称度等,还可用于机床上找正,如图 2-30 所示。

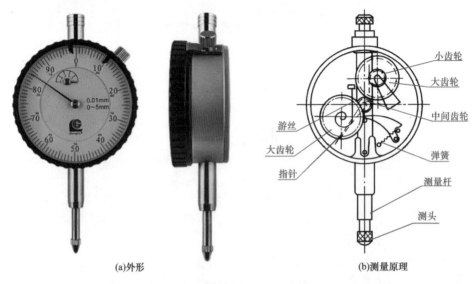

(a)外形　　　　　　　　　　　　　　　　　　(b)测量原理

小齿轮
大齿轮
中间齿轮
游丝
大齿轮
指针
弹簧
测量杆
测头

图 2-28　百分表

(a)与磁力表座配合使用　　　　　　　　　　(b)与万向磁力表座配合使用

图 2-29　与磁力表座配合使用

(a)加工时的定位　　　　　　　　　　　　　(b)检查被加工表面的变化

图 2-30　百分表用于车床上找正

(2)杠杆百分表的组成及原理

杠杆百分表又称为靠表,其分度值为 0.01 mm,示值范围一般为 ±0.4 mm,如图 2-31 所示。杠杆百分表适合于在车间及计量室使用,特别适合于在平板上进行比较测量,例如,测量几何公差及径向或端面跳动等。

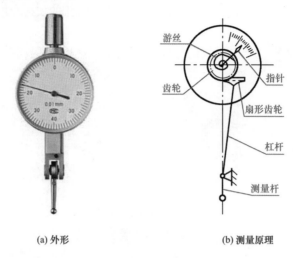

(a) 外形   (b) 测量原理

图 2-31 杠杆百分表

（3）内径百分表的组成及原理

内径百分表如图 2-32 所示,它是一种以指示表为读数机构,配备杠杆传动系统的组合比较量具,它是将测头的直线位移转变为指针的角位移,用比较测量法完成测量,可以准确测量出孔径的尺寸及其形状误差,其优点是可以测出深孔、深槽的尺寸。

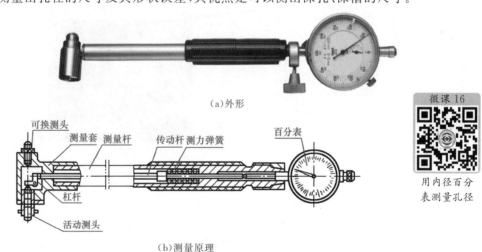

（a）外形

（b）测量原理

图 2-32 内径百分表

测量孔径时,孔轴向的最小尺寸为其直径;测量平面间的尺寸时,任意方向内均最小的尺寸为平面间的测量尺寸。百分表测量读数加上零位尺寸即测量数据。

2.测量方法（图 2-33）

（1）把百分表插入内径量表直管轴孔中,压缩百分表一周紧固。

（2）根据提取(实际)零件尺寸选取并安装可换测头,紧固。

（3）一手拿住内径量表直管上的隔热手柄,另一手握住工件。

（4）将已经调整好的内径百分表的可换测头和活动测头分别与内孔接触，调好零位，在径向和轴向分别找到正确位置，内径百分表测量的是孔的实际（组成）尺寸对公称尺寸的差值，即实际偏差。

（5）观察百分表指针指向的数值与"0"位偏差值，读出相对数值。

(a)   (b)

图 2-33   内径百分表测量孔径

实训 2   测量直线度

1.指示表法测量素线的直线度

（1）测量原理

如图 2-34(a)所示，用机床导轨模拟拟合要素，借助于指示表（如百分表）与提取（实际）要素做比较，记录指示表在提取（实际）要素全程范围内的测量读数，再经相应的数据处理评定该素线的直线度误差。

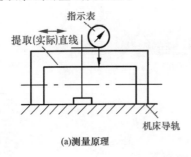

(a)测量原理   (b)测量过程

图 2-34   测量直线度

（2）测量方法（图 2-34(b)）

①将提取（实际）零件放在机床导轨上，并使其一侧紧靠直角铁或 V 形架。

②在提取（实际）零件素线的全长范围内用指示表测量并记录读数，根据读数值，利用计算法（或图解法）按最小条件（也可按两端点连线法）即可求出该素线的直线度误差。

③将零件间断旋转，重复上述步骤，在不同的轴截面内测量若干条素线，取其中最大的误差值作为该提取（实际）零件素线的直线度误差。

2.轴截面法检测轴线的直线度

轴截面法检测轴线的直线度的方法如图 2-35 所示。

（1）将零件安装在与平板平行的两顶尖之间。

（2）用带有两只指示表的表架沿铅垂截面两条素线测量，记录各对应测量点的读数，计算各点 1/2 读数差的最大值作为该截面上轴线的直线度误差。

（3）将零件转位，按上述方法测量若干截面，取其中最大误差值作为提取（实际）零件轴线的直线度误差。

此法所得误差为近似误差，因为它忽略了任意方向的影响，但该方法简便，应用较广。

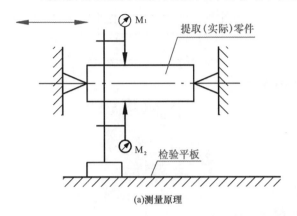

(a)测量原理　　　　　　　　　　　　　　(b)测量过程

图 2-35　用两只指示表测量直线度

实训 3　三点法测量平面度

三点法测量平面度的方法如图 2-36 所示。

（1）将提取（实际）零件支承到平板上，调整提取（实际）表面下面的三个支承点，使其与平板等高。

（2）将百分表校正零位，并轻轻用手推动测头，观察测量杆和表指针动作是否灵敏。

（3）将百分表安装在表架上，使百分表测量杆与提取（实际）平面保持垂直。

（4）通过百分表读数调整平面上最远的三个测点，使其处于同一水平面。

（5）依次等距测量提取（实际）表面上的若干点，提取（实际）表面上最大值与最小值之差即该平面的平面度。

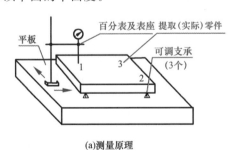

(a)测量原理　　　　　　　　　　　　　　(b)测量过程

图 2-36　三点法测量平面度

实训 4　测量圆度

1.二点法测量圆度误差

二点法是一种近似测量法，由于该方法简单经济，因此一般工件圆度误差检测多采用此方法。此法适用于检测内、外表面偶数棱状误差。

二点法测量圆度误差如图 2-37 所示。

微课17

测量圆度

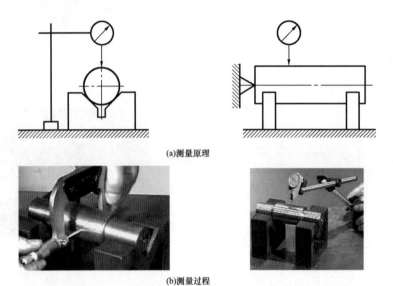

(a)测量原理

(b)测量过程

图 2-37　二点法测量圆度误差

（1）将提取（实际）零件放在支承上，并固定其轴向位置，使提取（实际）轴线垂直于测量截面。

（2）旋转提取（实际）零件，将指示表读数最大值的 1/2 作为单个截面的圆度误差，沿轴线方向间断移动指示表，用上述方法测量若干截面，取其中误差的最大值作为该零件的圆度误差。

二点法测量圆度误差除了可以转动零件，也可以转动量具，例如用外径千分尺测外径等。

2.三点法测量圆度误差

三点法测量圆度误差适用于检测内、外表面奇数棱状误差，如图 2-38 所示。

（1）将提取（实际）零件放置在 V 形架上，装上指示表，转动零件一周，测量零件多个截面。

（2）取指示表读数的最大值的一半作为零件的圆度误差。

3.圆度测量仪测量圆度

圆度测量仪是根据半径测量法，以精密旋转轴线为测量基准，采用电感、压电等传感器接触测量被件的径向形状变化量，并按圆度定义做出评定和记录的测量仪器，用于测量回转体内、外圆及圆球的圆度、同轴度等。若传感器能做垂直移动，则可用于测量直线度和圆柱度，此时称其为圆柱度测量仪。如图 2-39 所示。

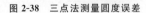

图 2-38　三点法测量圆度误差　　　　　图 2-39　圆度测量仪实物

（1）转轴式圆度测量仪 提取（实际）零件固定于工作台上，传感器随主轴旋转的圆度测量仪，又称为传感器旋转式圆度测量仪。如图 2-40（a）所示，测量时，提取（实际）零件固定不动，测头与零件接触并旋转，因而主轴工作时不受提取（实际）零件质量的影响，比较容易保证较高的主轴回转精度。

（2）转台式圆度测量仪 传感器固定于立柱上，提取（实际）零件安置在旋转工作台上并随其转动的圆度测量仪，又称为工作台计旋转式圆度测量仪。如图 2-40（b）所示，测头能很方便地调整到被测件任一截面进行测量，但是受旋转工作台承载能力的限制，只适于测量小型零件的圆度误差。

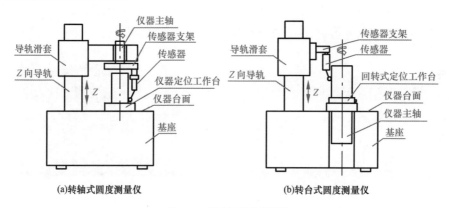

(a)转轴式圆度测量仪　　　　**(b)转台式圆度测量仪**

图 2-40　圆度测量仪的结构

（3）圆度测量仪测量圆度的测量方法（图 2-41）

①将提取（实际）零件装入并夹紧在圆度测量仪上；

②调整提取（实际）零件的轴线，使它与圆度测量仪的回转轴线同轴，将测头接触零件；

③记录下提取（实际）零件在回转一周过程中测量截面上各点的半径差，计算该截面的圆度误差；

④测头间断移动，测量若干截面，取各截面圆度误差中最大误差值作为该零件的圆度误差。

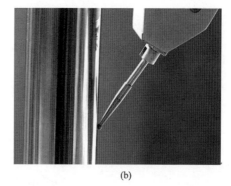

(a)　　　　　　　　　　　　　　　　　(b)

图 2-41　圆度测量仪测量圆度

实训 5　指示表法测量平行度

微课 18

测量平行度

1.测量面对面平行度

面对面平行度的测量方法如图 2-42 所示。

(1)将提取(实际)零件放置在机床导轨上,用机床导轨模拟拟合要素。

(2)在整个提取(实际)表面上多方向移动指示表支架进行测量。

(3)取最大值与最小值之差作为该零件的平行度误差。

(4)根据给定的公差值,判断零件平行度误差的合格性。

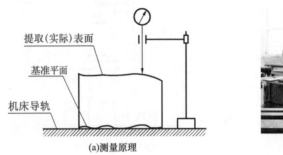

(a)测量原理　　　　　　　　　　　　　(b)测量过程

图 2-42　测量面对面平行度

2.测量面对线平行度

面对线平行度的测量方法如图 2-43 所示。

(1)将 V 形架放在机床导轨上,心轴插入基孔中,然后将提取(实际)零件放在等高 V 形架上。

(2)将千分表装在磁力表架上,并将千分表调零。

(3)转动零件,用指示表测量整个提取(实际)零件的上表面,取指示表上最大、最小读数差作为平行度误差。

(4)根据给定的公差值,判断零件平行度误差的合格性。

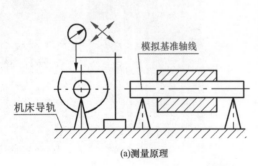

(a)测量原理　　　　　　　　　　　　　(b)测量过程

图 2-43　测量面对线平行度

实训 6 指示表法测量对称度

指示表法测量对称度的方法如图 2-44 所示。

微课 19

（1）将提取（实际）零件一侧面放在机床导轨上，以平板模拟拟合要素，用指示表测量槽侧面上各测点到机床导轨的距离。

（2）将零件翻转，再测量另一提取（实际）表面上相对应各测点到机床导轨的距离，取两提取（实际）表面 1、2 相对应测点的最大差值作为该零件的对称度误差。

测量对称度

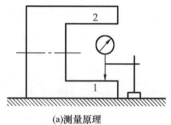

(a)测量原理

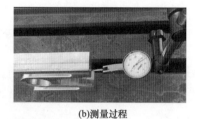

(b)测量过程

图 2-44 测量对称度

实训 7 指示表法测量跳动误差

1.测量径向圆跳动

径向圆跳动的测量方法如图 2-45 所示。

微课 20

（1）把提取（实际）零件放在 V 形架上装夹定位，基准轴线由 V 形架模拟。

（2）使测头与零件外表面接触并保持垂直，并将指针调零，且有一定的压缩量。

（3）缓慢而均匀地转动工件一周，记录百分表的最大读数与最小读数。

测量跳动误差

（4）按上述方法，测若干横截面，取各横截面测得的最大读数与最小读数差值的最大值作为该零件的径向圆跳动误差。

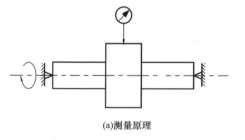

(a)测量原理

(b)测量过程

图 2-45 测量径向圆跳动

2.测量轴向圆跳动

轴向圆跳动的测量方法如图 2-46 所示。

（1）将指示表测头与提取（实际）表面接触，注意指示表指针示值不得超过指示表量程的 1/3，指示表读数调零。

（2）转动零件一周，指示表读数最大差值即单个测量圆柱面上的轴向圆跳动。

（3）按上述方法，在任意半径处测量若干圆柱面，取各测量圆柱面上测得的跳动中的最大值作为该零件的轴向圆跳动。

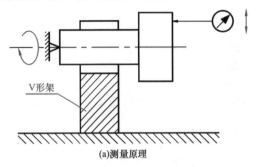
(a)测量原理

(b)测量过程

图 2-46　测量轴向圆跳动

3.测量径向全跳动

径向全跳动的测量方法如图 2-47 所示。

（1）按径向圆跳动的测量方法，在提取（实际）零件连续转动的同时，指示表沿基准轴线方向做直线移动。

（2）在整个测量过程中，指示表读数最大差值即该零件的径向全跳动。

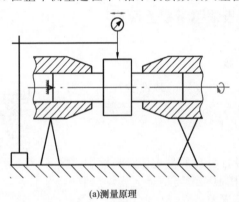
(a)测量原理

(b)测量过程

图 2-47　测量全跳动

实训 8　齿轮比较仪测量圆跳动

1.杠杆齿轮比较仪的组成及原理

杠杆齿轮比较仪通过测量杆的上下变化带动杠杆齿轮转动，从而转换为指针的角位移。该比较仪轻便，灵敏度和精度高，适用于测量工件的几何尺寸和几何偏差，特别是检定工件的跳动量，在工厂计量室和车间应用广泛。杠杆比较仪按其分度值不同可分为0.000 5 mm、0.001 mm 和 0.002 mm 三种。其结构主要由比较仪和测量座组成，如图 2-48 所示。

2.杠杆齿轮比较仪的测量方法（图 2-49）

（1）选择与提取（实际）工件具有相等公称尺寸的量块。

（2）用该量块调整量具的示值零位，抬起测头，将量块放在测头正下方并对准量块中心，转动粗调螺母和微调旋钮，使其指针对正零位。

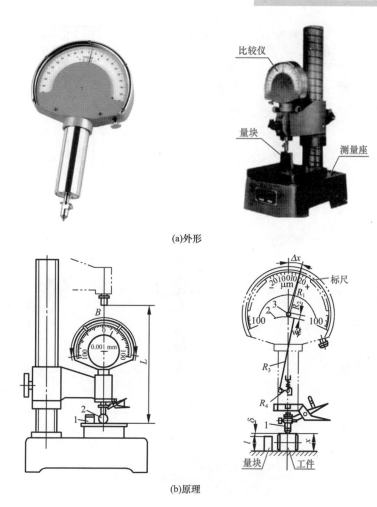

(a)外形

(b)原理

图 2-48 杠杆齿轮比较仪

图 2-49 杠杆齿轮比较仪测量

（3）取出量块，将工件推过测头，此时指针偏转，记下量具表盘上指针转折点处的示值。将工件旋转 90°，重复上述过程，所检测的读数即提取（实际）工件尺寸的偏差值。

3.扭簧比较仪的组成及原理

扭簧比较仪利用扭簧作为传动放大机构，将测量杆的直线位移转变为指针的角位移，其外形、测量原理及应用如图 2-50 所示。

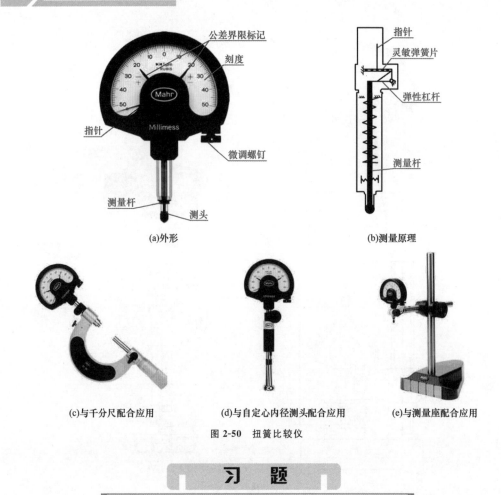

(a)外形　　　　　　　　　　　　(b)测量原理

(c)与千分尺配合应用　　　　(d)与自定心内径测头配合应用　　　　(e)与测量座配合应用

图 2-50　扭簧比较仪

习　题

一、判断题

1.任何提取(实际)要素都同时存在几何误差和尺寸误差。　　　　　　　　（　　　）

2.几何公差的研究对象是零件的几何要素。　　　　　　　　　　　　　　（　　　）

3.相对于其他要素有功能要求而给出位置公差的要素称为单一要素。　　　（　　　）

4.基准要素是用来确定提取组成要素的理想方向或(和)位置的要素。　　　（　　　）

5.在国家标准中,将几何公差分为 12 个等级,1 级最高,依次递减。　　　（　　　）

6.某提取(实际)要素圆柱面的实测径向圆跳动为 f,则它的圆度误差一定不会超过 f。

　　　　　　　　　　　　　　　　　　　　　　　　　　　　　　　　（　　　）

7.径向圆跳动公差带与圆度公差带的区别是两者在形状上不同。　　　　　（　　　）

8.端面全跳动公差带与端面对轴线的垂直度公差带相同。　　　　　　　　（　　　）

9.径向全跳动公差可以综合控制圆柱度和同轴度误差。　　　　　　　　　（　　　）

10.孔的体内作用尺寸是与孔的提取(实际)要素内表面体内相接的最小拟合面的尺寸。

　　　　　　　　　　　　　　　　　　　　　　　　　　　　　　　　（　　　）

11.孔的最大实体实效尺寸为最大实体尺寸减导出要素的几何公差。　　　（　　　）

12.最大实体状态是指当尺寸要素提取组成要素的局部尺寸处处位于极限尺寸且使具有实体最小(材料最少)时的状态。 （ ）

13.包容要求是要求提取(实际)要素处处不超越最小实体边界的公差原则。 （ ）

14.最大实体要求之下关联要素的几何公差不能为零。 （ ）

15.按最大实体要求给出的几何公差可与该要素的尺寸变动量相互补偿。 （ ）

16.最小实体原则应用于保证最小壁厚和设计强度的场合。 （ ）

17.内径百分表是一种用相对测量法测量孔径的常用量仪。 （ ）

18.扭簧比较仪是利用扭簧传动放大的机构。 （ ）

19.圆度误差只能用圆度测量仪测量。 （ ）

20.在提取(实际)零件回转1周过程中,指示器读数的最大差值即单个测量圆锥面上的斜向圆跳动。 （ ）

二、选择题

1.零件上的提取组成要素可以是（ ）。

A.拟合要素和提取(实际)要素 B.拟合要素和组成要素

C.组成要素和导出要素 D.导出要素和拟合要素

2.下列选项中属于形状公差项目的是（ ）。

A.平行度 B.平面度 C.对称度 D.倾斜度

3.下列选项中属于位置公差项目的是（ ）。

A.圆度 B.同轴度 C.平面度 D.全跳动

4.下列选项中属于跳动公差项目的是（ ）。

A.全跳动 B.平行度 C.对称度 D.线轮廓度

5.国家标准中,几何公差为基本级的是（ ）。

A.5级与6级 B.6级与7级 C.7级与8级 D.8级与9级

6.直线度、平面度误差的未注公差可分为（ ）。

A.H级和K级 B.H级和L级 C.L级和K级 D.H级、K级和L级

7.几何公差带是指限制提取(实际)要素变动的（ ）。

A.范围 B.大小 C.位置 D.区域

8.同轴度公差和对称公差的相同之处是（ ）。

A.公差带形状相同 B.提取组成要素相同

C.基准要素相同 D.确定公差带位置的理论正确尺寸均为零

9.孔和轴的轴线的直线度公差带形状一般是（ ）。

A.两条平行直线 B.圆柱面

C.一组平行平面 D.两组平行平面

10.某一横截面内实际轮廓由直径分别为$\phi20.05$ mm与$\phi20.03$ mm的两同心圆包容面形成最小包容区域,则该轮廓的圆度误差为（ ）。

A.0.02 mm B.0.01 mm C.0.015 mm D.0.005 mm

11.在图样上标注几何公差要求,当几何公差数值前面加注 ϕ 时,则提取组成要素的公差带形状应为( )。

　　A.两同心圆　　　　B.圆或圆柱　　　　C.两同轴圆柱　　　　D.圆、圆柱或球

12.某轴线对基准中心平面的对称度公差值为 0.1 mm,则该轴线对基准中心平面的允许偏离量为( )。

　　A.0.1 mm　　　　B.0.05 mm　　　　C.0.2 mm　　　　D.ϕ0.1 mm

13.下列几何公差特征项目中,公差带形状相同的一组为( )。

　　A.圆度、径向圆跳动　　　　　　　B.平面度、同轴度

　　C.同轴度、径向全跳动　　　　　　D.圆度、同轴度

14.公差原则是指( )。

　　A.确定公差值大小的原则　　　　　B.制定公差与配合标准的原则

　　C.形状公差与位置公差的关系　　　D.尺寸公差与几何公差的关系

15.轴的直径为 $\phi30_{-0.03}^{0}$ mm,其轴线的直线度公差在图样上的给定值为 $\phi0.01$Ⓜ mm,则直线度公差的最大值可为( )。

　　A.ϕ0.01 mm　　　　B.ϕ0.02 mm　　　　C.ϕ0.03 mm　　　　D.ϕ0.04 mm

16.形状误差的评定准则应当符合( )。

　　A.公差原则　　　B.包容要求　　　C.最小条件　　　D.相关原则

17.评定位置度误差的基准应首选( )。

　　A.单一基准　　　B.组合基准　　　C.基准体系　　　D.任选基准

18.测得一轴线相对于基准轴线的最小距离为 0.04 mm,最大距离为 0.10 mm 则它相对于其基准轴线的位置度误差为( )。

　　A.ϕ0.04 mm　　　　B.ϕ0.08 mm　　　　C.ϕ0.10 mm　　　　D.ϕ0.20 mm

19.直线度误差常用( )测量。

　　A.游标卡尺　　　B.指示表　　　C.圆度测量仪　　　D.比较仪

20.平面度误差常用( )测量。

　　A.圆度测量仪　　　B.游标卡尺　　　C.指示表　　　D.比较仪

三、综合题

1.简述几何公差在机械制造中的作用。

2.为什么要提出几何未注公差?采用几何未注公差后有何好处?

3.什么是体外作用尺寸?什么是体内作用尺寸?两者的主要区别是什么?

4.什么是最大实体尺寸?什么是最小实体尺寸?它们与上、下极限尺寸有什么关系?

5.什么是独立原则、包容要求和最大实体要求?它们各应用在什么场合?

6.国家标准规定了哪些几何误差的检测原则?检测几何误差时是否必须遵守这些原则?

7.解释图 2-51 所示零件中 a、b、c、d 各要素分别属于什么要素。

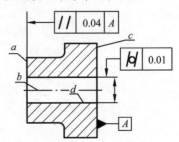

图 2-51　综合题 7 图

8.如图 2-52 所示,零件标注的几何公差不同,它们所要控制的位置误差有何区别?

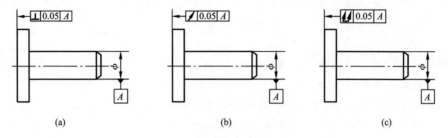

图 2-52 综合题 8 图

9.指出图 2-53 中几何公差的标注错误,并加以改正(不改变几何公差特征符号)。

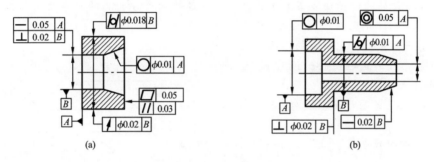

图 2-53 综合题 9 图

10.指出图 2-54 中几何公差的标注错误,并加以改正(不改变几何公差特征符号)。

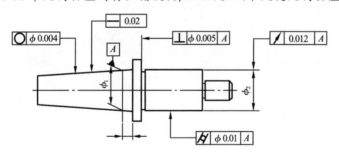

图 2-54 综合题 10 图

11.用文字解释图 2-55 中各几何公差标注的含义,并说明提取(实际)要素和基准要素及公差特征项目符号。

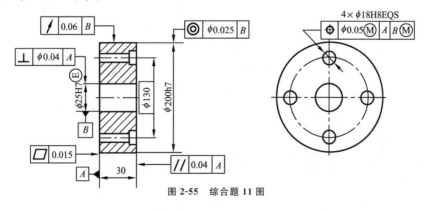

图 2-55 综合题 11 图

12.试将下列技术要求标注在图 2-56 上。

(1)圆锥面 a 的圆度公差为 0.1 mm。

(2)圆锥面 a 对基准孔轴线 b 的斜向圆跳动公差为
0.02 mm。

(3)基准孔轴线 b 的直线度公差为 ϕ0.005 mm。

(4)孔表面 c 的圆柱度公差为 0.01 mm。

(5)端面 d 对基准孔轴线 b 的端面全跳动公差为 0.01 mm。

(6)端面 e 对端面 d 的平行度公差为 0.03 mm。

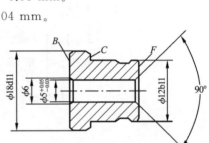

图 2-56 综合题 12 图

13.试将下列技术要求标注在图 2-57 中。

(1)$\phi 5^{+0.05}_{-0.03}$ 的圆柱度误差不大于 0.02 mm,圆度误差不大于 0.001 5 mm。

(2)B 平面的平面度误差不大于 0.001 mm,B 平面对 $\phi 5^{+0.05}_{-0.03}$ 的轴线的端面圆跳动不大于 0.04 mm,B 平面对 C 平面的平行度误差不大于 0.03 mm。

(3)F 平面对 $\phi 5^{+0.05}_{-0.03}$ 轴线的端面圆跳动不大于 0.04 mm。

(4)ϕ18d11 外圆柱面的轴线对 $\phi 5^{+0.05}_{-0.03}$ 轴线的同轴度误差不大于 ϕ0.2 mm。

(5)ϕ12b11 外圆柱面轴线对 $\phi 5^{+0.05}_{-0.03}$ 轴线的同轴度误差不大于 ϕ0.16 mm。

(6)90°密封锥面 G 对 $\phi 5^{+0.05}_{-0.03}$ mm 孔轴线的同轴度误差不大于 ϕ0.16 mm。

(7)90°密封锥面 G 的圆度误差不大于 0.002 mm。

14.根据图 2-58 所示,说明提取(实际)要素遵守的公差原则(要求)、边界并解释其含义。

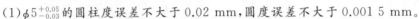

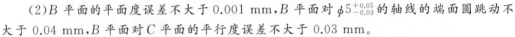

图 2-57 综合题 13 图

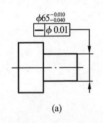

(a)

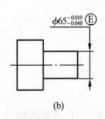

(b)

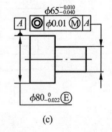

(c)

图 2-58 综合题 14 图

15.若某零件的同轴度要求如图 2-59 所示,测得提取(实际)要素轴线与基准轴线的最大距离为 +0.04 mm,最小距离为 -0.01 mm,求该零件的同轴度误差值,并判断其是否合格。

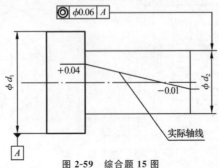

图 2-59 综合题 15 图

第3章

表面粗糙度及检测

如图 3-1 所示,零件图样上除标注尺寸外,其他如 $\sqrt{Ra\ 1.6}$ 表示的含义是什么?

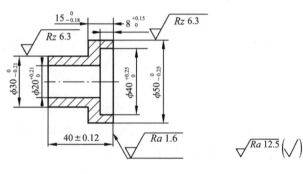

图 3-1　零件图样

1.掌握表面粗糙度的有关术语和参数、标注方法和选用原则。

2.掌握运用比较法评定及测量表面粗糙度的方法。

素质目标 >>>

1.通过对表面粗糙度的学习,培养学生严谨、细致、专注、负责的学习态度,以及对本职业的认同感、责任感和使命感。

2.培养学生通过不断的自我学习,拥有自我提升、开拓创新的专业能力。

3.1　概　述

一、表面粗糙度的概念

用机械加工或者其他方法获得的零件表面,微观上总会存在较小间距的峰、谷痕迹,Ⅱ如图 3-2 所示。表面粗糙度就是表述这些峰、谷高低程度和间距状况的微观几何形状特性的指标。

表面粗糙度反映的是实际表面几何形状误差的微观特性，有别于表面波纹度和形状误差。三者通常以波距（相邻两波峰或两波谷之间的距离）来划分，也有按波距与波高之比来划分的。波距小于 1 mm 的属于表面粗糙度（表面微观形状误差）；波距在 1～10 mm 的属于表面波纹度；波距大于 10 mm 的属于形状误差。

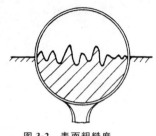

图 3-2　表面粗糙度

　二、表面粗糙度对零件使用性能的影响

1.摩擦和磨损方面

表面越粗糙，摩擦系数越大，摩擦阻力越大，零件配合表面的磨损越快。

2.配合性质方面

表面粗糙度影响配合性质的稳定性。对于间隙配合，粗糙的表面会因峰顶很快磨损而使间隙逐渐加大；对于过盈配合，因装配表面的峰顶被挤平而使实际有效过盈减小，降低连接强度。

3.疲劳强度方面

表面越粗糙，一般表面微观不平的凹痕越深，交变应力作用下的应力集中越严重，越易造成零件因抗疲劳强度的降低而导致失效。

4.耐腐蚀性方面

表面越粗糙，腐蚀性气体或液体越易在谷底处聚集，并通过表面微观凹谷渗入金属内层，造成表面锈蚀。

5.接触刚度方面

表面越粗糙，表面间接触面积越小，单位面积受力越大，造成峰顶处的局部塑性变形加剧，接触刚度下降，影响机器的工作精度和平稳性。

此外，表面粗糙度还影响结合面的密封性、产品的外观和表面涂层的品质等。

综上所述，为保证零件的使用性能和寿命，应对零件的表面粗糙度加以合理限制。

3.2　表面粗糙度国家标准

现行的国家标准有：《产品几何技术规范(GPS)　表面结构　轮廓法　术语、定义及表面结构参数》(GB/T 3505—2009)；《产品几何技术规范(GPS)　表面结构　轮廓法　表面粗糙度参数及其数值》(GB/T 1031—2009)；《产品几何技术规范(GPS)　技术产品文件中表面结构的表示法》(GB/T 131—2006)等。

一、基本术语

1.实际轮廓(表面轮廓)

实际轮廓是指平面与提取(实际)表面相交所得的轮廓,可分为横向实际轮廓和纵向实际轮廓。

在评定表面粗糙度时,除非特别指明,通常均指横向实际轮廓,即垂直于加工纹理方向的平面与提取(实际)表面相交所得的轮廓线,如图3-3所示。在这条轮廓线上测得的表面粗糙度数值最大。对车、刨等加工来说,这条轮廓线反映了切削刀痕及走刀量引起的表面粗糙度。

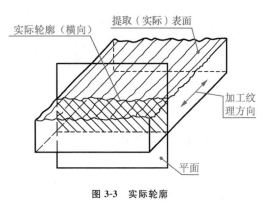

图3-3　实际轮廓

2.取样长度 lr

取样长度是指用于判别具有表面粗糙度特征的一段基准线长度,如图3-4所示。国家标准规定取样长度按表面粗糙程度合理取值,通常应包含至少5个轮廓峰和轮廓谷。这样规定的目的是既要限制和减弱表面波纹度对测量结果的影响,又要客观、真实地反映零件表面粗糙度的实际情况。

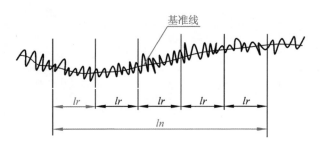

图3-4　取样长度和评定长度

3.评定长度 ln

评定长度是指评定轮廓表面粗糙度所必需的一段长度。一般情况下, $ln = 5lr$。这样规定是基于零件表面品质的不均匀性,单一取样长度上的测量和评定不足以反映整个零件表面的全貌。因此,需要在表面上取几个取样长度,测量后取其平均值作为测量结果。如提取(实际)要素的均匀性较好,测量时可选用小于 $5lr$ 的评定长度值;反之,均匀性较差的表面可选用大于 $5lr$ 的评定长度值。

4.基准线(中线 m)

基准线具有几何轮廓形状并划分实际轮廓,在整个取样长度内与实际轮廓走向一致。基准线有如下两种:

（1）轮廓最小二乘中线　在取样长度内，使轮廓上各点至一条假想线距离的平方和（$\sum\limits_{i=1}^{n}Z_i^2$）为最小。这条假想线就是轮廓最小二乘中线，如图 3-5 所示。

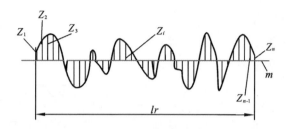

图 3-5　轮廓最小二乘中线

（2）轮廓算术平均中线　在取样长度内，由一条假想线将实际轮廓分为上、下两部分，而且使上部分面积之和等于下部分面积之和，即 $\sum\limits_{i=1}^{n}F_i=\sum\limits_{i=1}^{n}F_i'$。这条假想线就是轮廓算术平均中线，如图 3-6 所示。

一般以轮廓最小二乘中线为基准线，但因在实际轮廓图形上确定轮廓最小二乘中线的位置比较困难，所以规定用轮廓算术平均中线代替轮廓最小二乘中线。常用目测法估定。

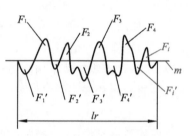

图 3-6　轮廓算术平均中线

5.在水平位置 c 上轮廓的实体材料长度 $Ml(c)$

$Ml(c)$ 即在一个给定水平位置 c 上用一条平行于中线的线与轮廓单元相截所获得的各段截线长度之和，如图 3-7 所示。

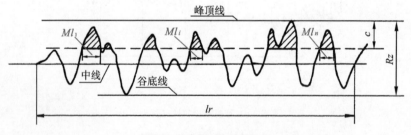

图 3-7　轮廓的实体材料长度

用公式表示为

$$Ml(c)=\sum\limits_{i=1}^{n}Ml_i \tag{3-1}$$

c 称为轮廓水平截距，即轮廓的峰顶线和平行于它并与轮廓相交的截线之间的距离。

6.高度和间距辨别力

高度和间距辨别力分别是指应计入被评定轮廓的轮廓峰和轮廓谷的最小高度和最小间距。轮廓峰和轮廓谷的最小高度通常用 Rz 或任一振幅参数的百分数来表示；最小间距则以取样长度的百分数给出。

二、表面粗糙度的评定参数

1.与高度特性有关的参数(幅度参数)

(1)轮廓的算术平均偏差 Ra 在一个取样长度 lr 内,轮廓上各点至基准线的距离的绝对值的算术平均值。如图 3-8 所示。用公式表示为

$$Ra = \frac{1}{lr}\int_0^{lr} |Z(x)| \, dx$$

其近似值为
$$Ra = \frac{1}{n}\sum_{i=1}^{n} |Z_i| \tag{3-2}$$

式中 Z——轮廓偏距(轮廓上各点至基准线的距离);

Z_i——第 i 点的轮廓偏距。

Ra 越大,表面越粗糙。

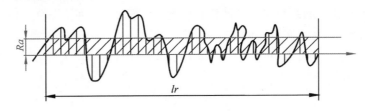

图 3-8 轮廓的算术平均偏差

(2)轮廓的最大高度 Rz 即在一个取样长度 lr 内,最大轮廓峰高 Zp 和最大轮廓谷深 Zv 之和,如图 3-9 所示。用公式表示为

$$Rz = Zp + Zv \tag{3-3}$$

式中 Zp——最大轮廓峰高;

Zv——最大轮廓谷深。

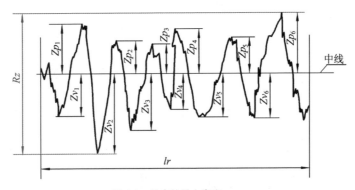

图 3-9 轮廓的最大高度

在 GB/T 3505—1983 中,Rz 表示"微观不平度的十点高度",在 GB/T 3505—2009 中,Rz 表示"轮廓的最大高度",在评定和测量时要注意加以区分。

(3)轮廓单元的平均线高度 Rc 在一个取样长度 lr 内,轮廓单元高度 Zt 的平均值,如图 3-10 所示。用公式表示为

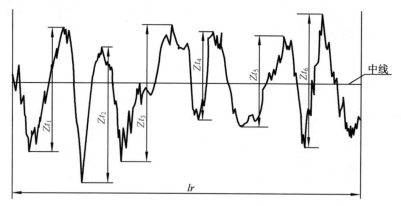

图 3-10　轮廓单元的平均线高度

$$Rc = \frac{1}{m}\sum_{i=1}^{m} Z t_i \qquad (3-4)$$

对参数 Rc 需要辨别高度和间距。除非另有要求,省略标注的高度分辨力按 Rz 的 10‰ 选取;省略标注的间距分辨力按取样长度的 1‰ 选取。这两个条件都应满足。

2.与间距特性有关的参数(间距参数)

轮廓单元的平均宽度 Rsm 即在一个取样长度 lr 内,轮廓单元宽度 Xs 的平均值,如图 3-11 所示。用公式表示为

$$Rsm = \frac{1}{m}\sum_{i=1}^{m} Xs_i \qquad (3-5)$$

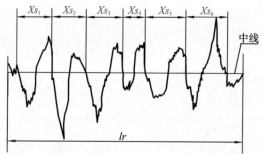

图 3-11　轮廓单元的平均宽度

3.与形状特性有关的参数(曲线参数)

轮廓的支承长度率 $Rmr(c)$ 即在一个评定长度 ln 内,在给定水平位置 c 上,轮廓的实体材料长度 $Ml(c)$ 与评定长度 ln 的比率,如图 3-7 所示(注:图 3-7 只画出了一个取样长度上的 $Ml(c)$)。用公式表示为

$$Rmr(c) = \frac{Ml(c)}{ln} \qquad (3-6)$$

由图 3-7 可见,轮廓的实体材料长度 $Ml(c)$ 与轮廓的水平截距 c 有关。水平截距 c 不同,在评定长度 ln 内的实体材料长度 $Ml(c)$ 就不同,相应的轮廓支承长度率 $Rmr(c)$ 也不同。因此,轮廓的支承长度率 $Rmr(c)$ 应对应于水平截距 c 给出。c 值多用轮廓最大高度 Rz 的百分数表示。

轮廓支承长度率 $Rmr(c)$ 与零件的实际轮廓形状有关,是反映零件表面耐磨性的指标。对于不同的实际轮廓形状,在相同的评定长度内给出相同的水平截距。$Rmr(c)$ 越大,零件表面凸起的实体部分越大,承载面积越大,因而接触刚度越高,耐磨性越好。如图 3-12(a)所示表面的耐磨性较好,图 3-12(b)所示表面的耐磨性较差。

图 3-12　不同实际轮廓形状的实体材料长度

由图 3-12 不难看出,此时若采用幅度参数和间距参数,就很难区分两者表面粗糙度的差异,而采用曲线参数则能加以区分。

三、表面粗糙度的参数值

表面粗糙度的参数值已经标准化,设计时应按国家标准《产品几何技术规范(GPS)表面结构　轮廓法　表面粗糙度参数及其数值》(GB/T 1031—2009)规定的参数值系列选取。

幅度参数值列于表 3-1 和表 3-2,间距参数值列于表 3-3,形状参数值列于表 3-4。

表 3-1	*Ra* 的数值(GB/T 1031—2009)		μm
0.012	0.2	3.2	50
0.025	0.4	6.3	100
0.05	0.8	12.5	
0.1	1.6	25	

表 3-2	*Rz* 的数值(GB/T 1031—2009)			μm
0.025	0.4	6.3	100	1 600
0.05	0.8	12.5	200	
0.1	1.6	25	400	
0.2	3.2	50	800	

表 3-3	*Rsm* 的数值(GB/T 1031—2009)	mm
0.006	0.1	1.6
0.012 5	0.2	3.2
0.025	0.4	6.3
0.05	0.8	12.5

表 3-4			*Rmr*(*c*) 的数值(GB/T 1031—2009)							%
10	15	20	25	30	40	50	60	70	80	90

注:选用轮廓的支承长度率 $Rmr(c)$ 时,必须同时给出轮廓的水平截距 c 值。c 值多用 Rz 的百分数表示。百分数系列如下:Rz 的 10%、15%、20%、25%、30%、40%、50%、60%、70%、80%、90%。

在一般情况下,测量 Ra 和 Rz 时,推荐按表 3-5 选用对应的取样长度及评定长度值,此时在图样上可省略标注取样长度值。当有特殊要求不能选用表 3-5 中的数值时,应在图样上注出取样长度值。

表 3-5　　　　　*lr* 和 *ln* 的数值(GB/T 1031—2009)

$Ra/\mu m$	$Rz/\mu m$	lr/mm	$ln(ln=5lr)/mm$
$\geqslant 0.008 \sim 0.02$	$\geqslant 0.025 \sim 0.10$	0.08	0.4
$>0.02 \sim 0.1$	$>0.10 \sim 0.50$	0.25	1.25
$>0.1 \sim 2.0$	$>0.50 \sim 10.0$	0.8	4.0
$>2.0 \sim 10.0$	$>10.0 \sim 50.0$	2.5	12.5
$>10.0 \sim 80.0$	$>50.0 \sim 320.0$	8.0	40.0

对于轮廓单元宽度较大的端铣、滚铣及其他大进给走刀量的加工表面,应按国家标准规定的取样长度系列中选取较大的取样长度值。

3.3　表面粗糙度的标注及选用

一、表面粗糙度的表示法

1.符号

表面粗糙度的评定参数及其数值确定后,应按 GB/T 131—2006 的规定,把表面粗糙度要求正确地标注在零件图上。图样上所标注的表面粗糙度符号见表 3-6。当零件表面仅需要加工(采用去除材料的方法或不去除材料的方法),但对表面粗糙度的其他规定没有要求时,允许在图样上只注表面粗糙度符号。

表 3-6　　　　　　　　表面粗糙度符号

符号	意义及说明
基本图形符号	基本图形符号,表示表面可用任何方法获得。当不加注表面粗糙度参数值或有关说明(例如表面处理、局部热处理状况等)时,仅适用于简化代号标注
扩展图形符号	基本图形符号加一短画,表示指定表面用去除材料的方法获得。例如车、铣、钻、磨、剪切、抛光、腐蚀、电火花加工、气割等
扩展图形符号	基本图形符号加一小圆,表示指定表面用不去除材料的方法获得。例如铸、锻、冲压变形、热轧、冷轧、粉末冶金等;或者用于保持原供应状况的表面(包括保持上道工序的状况)
完整图形符号	在上述三个符号的长边上均可加一横线,用于标注有关参数和说明

续表

符号	意义及说明
 工件轮廓各表面的图形符号	在上述三个符号的长边与横线的拐角处均可加一小圆,表示所有表面具有相同的表面粗糙度要求

2.表面粗糙度完整图形符号的组成

(1)概述　为了明确表面粗糙度要求,除了标注单一要求(包括传输带/取样长度、表面粗糙度参数代号和数值)外,必要时应标注补充要求,补充要求包括加工工艺、表面纹理及方向、加工余量等。

(2)表面粗糙度单一要求和补充要求的注写位置　在完整符号中,对表面粗糙度的单一要求和补充要求应注写在图 3-13 所示的指定位置。

图 3-13 中位置 a～e 分别注写以下内容:

①位置 a　注写表面粗糙度的单一要求。

图 3-13　要求的注写位置

根据 GB/T 131—2006 标注表面粗糙度参数代号、极限值和传输带/取样长度。为了避免误解,在参数代号和极限值间应插入空格。传输带/取样长度后应有一斜线"/",之后是表面粗糙度参数代号,最后是数值。

示例 1:0.002 5-0.8/Rz 6.3(传输带标注)。

示例 2:-0.8/Rz 6.3(取样长度标注)。

对图形法应标注传输带,后面应有一斜线"/",之后是评定长度值,再后是一斜线"/",最后是表面粗糙度参数代号及其数值。

示例 3:0.008-0.5/16/R 10。

②位置 a 和 b　注写两个或多个表面粗糙度单一要求。

在位置 a 注写第一个表面粗糙度单一要求,方法同①。在位置 b 注写第二个表面粗糙度单一要求。如果要注写第三个或更多个表面粗糙度单一要求,图形符号应在垂直方向扩大,以空出足够的空间。扩大图形符号时,a 和 b 的位置随之上移。

③位置 c　注写加工方法(补充要求)。

注写加工方法、表面处理、涂层或其他加工工艺要求等,如车、磨、镀等加工表面。

④位置 d　注写表面纹理及方向(补充要求)。

注写所要求的表面纹理和纹理的方向,如"="″"X"″"M"。

⑤位置 e　注写加工余量(补充要求)。

注写所要求的加工余量,以毫米为单位给出数值。

（3）表面粗糙度代号　见表 3-7。

表 3-7　　　　　　　　表面粗糙度代号（GB/T 131—2006）

符号	含义/解释
$\sqrt{Rz\ 0.4}$	表示不允许去除材料，单向上限值，默认传输带，R 轮廓，粗糙度的最大高度为 0.4 μm，评定长度为 5 个取样长度（默认），"16％规则"（默认）
$\sqrt{Rz\ max\ 0.2}$	表示去除材料，单向上限值，默认传输带，R 轮廓，粗糙度的最大高度为 0.2 μm，评定长度为 5 个取样长度（默认），"最大规则"
$\sqrt{0.008\text{-}0.8/Ra\ 3.2}$	表示去除材料，单向上限值，传输带 0.008-0.8 mm，R 轮廓，算术平均偏差为 3.2 μm，评定长度为 5 个取样长度（默认），"16％规则"（默认）
$\sqrt{\text{-}0.8/Ra3\ 3.2}$	表示去除材料，单向上限值，传输带：根据 GB/T 6062，取样长度为 0.8 μm（λs 默认为 0.002 5 mm），R 轮廓算术平均偏差为 3.2 μm，评定长度包含 3 个取样长度，"16％规则"（默认）
$\sqrt{\begin{array}{l}U\ Ra\ max\ 3.2\\ L\ Ra\ 0.8\end{array}}$	表示不允许去除材料，双向极限值，两极限值均使用默认传输带，上限值：算术平均偏差为 3.2 μm，评定长度为 5 个取样长度（默认），"最大规则"，下限值：算术平均偏差为 0.8 μm，评定长度为 5 个取样长度（默认），"16％规则"（默认）

注：表中给出的表面粗糙度参数、传输带/取样长度和参数值以及所选择的符号仅作为示例。

（4）表面粗糙度要求的标注示例　见表 3-8。

表 3-8　　　　　　　　表面粗糙度要求的标注示例

要求	示例
表面粗糙度： —双向极限值； —上限值 Ra＝50 μm； —下限值 Ra＝6.3 μm； —均为"16％规则"（默认）； —两个传输带均为 0.008-4 mm； —默认的评定长度为 5×4＝20 mm； —表面纹理呈近似同心圆且圆心与表面中心相关； —加工方法：铣。 注：因为不会引起争议，所以不必加 U 和 L	$\sqrt{\begin{array}{l}\text{铣}\\ 0.008\text{-}4/Ra\ 50\\ 0.008\text{-}4/Ra\ 6.3\end{array}}_C$

续表

要求	示例
除一个表面以外,所有表面的表面粗糙度为: —单向上限值; —$Rz=6.3\ \mu m$; —"16％规则"(默认); —默认传输带; —默认评定长度为$(5\times\lambda c)$; —表面纹理没有要求; —去除材料的工艺。 不同要求的表面的表面粗糙度为: —单向上限值; —$Ra=0.8\ \mu m$; —"16％规则"(默认); —默认传输带; —默认评定长度为$(5\times\lambda c)$; —表面纹理没有要求; —去除材料的工艺	$Ra\ 0.8$ $Rz\ 6.3$

(5)表面纹理的标注符号、解释和示例　见表3-9。

表 3-9　加工纹理和方向的符号(GB/T 131—2006)

符号	示意图	符号	示意图
=	纹理平行于视图所在的投影面	P	纹理呈微粒、凸起,无方向
⊥	纹理垂直于视图所在的投影面	M	纹理呈多方向
×	纹理呈两斜向交叉且与视图所在的投影面相交	C	纹理呈近似同心圆且圆心与表面中心相关
		R	纹理呈近似放射状且与表面圆心相关

注:如果表面纹理不能清楚地用这些符号表示,必要时,可以在图样上加注说明。

（6）表面粗糙度符号及代号的书写比例和尺寸（图 3-14）。

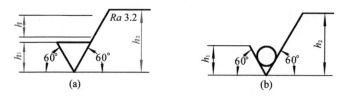

图 3-14　表面粗糙度符号、代号的书写比例

$h=$图样上的尺寸数字高度；

$h_1=1.4h；h_2≈2h_1；$

圆为正三角形的内切圆

规定及说明：

①符号线宽，数字、字母笔画宽度皆为 $h/10$；

②在同一张图上，每一表面一般只标注一次，其大小应一致；

③所标注的表面粗糙度要求是对完工零件表面的要求。

3.表面粗糙度符号、代号的标注位置与方向

（1）概述　总的原则是根据《机械制图　尺寸注法》（GB/T 4458.4—2003）的规定，使表面粗糙度的注写和读取方向与尺寸的注写和读取方向一致，如图 3-15 所示。

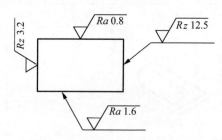

图 3-15　表面粗糙度要求的注写方向

（2）标注在轮廓线上或指引线上　表面粗糙度要求可标注在轮廓线上，其符号应从材料外指向并接触表面。必要时，表面粗糙度符号也可用带箭头或黑点的指引线引出标注，如图 3-16 所示。

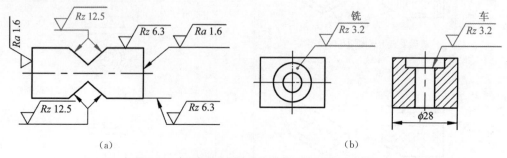

图 3-16　表面粗糙度标注在轮廓线上或指引线上示例

（3）标注在特征尺寸的尺寸线上（图 3-17）

（4）标注在几何公差的框格上（图 3-18）

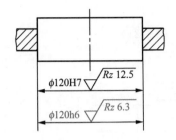

图 3-17 表面粗糙度要求标注在尺寸线上

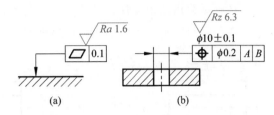

图 3-18 表面粗糙度要求标注在几何公差框格上

(5)标注在延长线上 表面粗糙度要求可以直接标注在延长线上,或用带箭头的指引线引出标注,如图 3-16(b) 和图 3-19 所示。

(6)标注在圆柱和棱柱表面上 圆柱和棱柱表面的表面粗糙度要求只标注一次,如图 3-19 所示。如果每个棱柱表面有不同的表面粗糙度要求,则应分别单独标注,如图 3-20 所示。

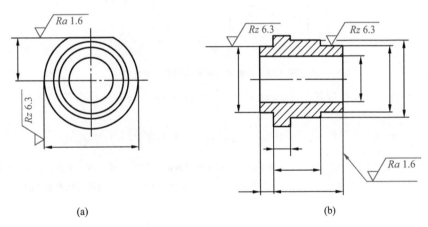

图 3-19 表面粗糙度要求标注在圆柱特征的延长线上

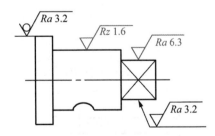

图 3-20 圆柱和棱柱的表面粗糙度要求的注法

4.表面粗糙度要求的简化注法

(1)有相同表面粗糙度要求的简化注法 如果在工件的多数(包括全部)表面有相同的表面粗糙度要求,则其表面粗糙度要求可统一标注在图样的标题栏附近。此时(除全部表面有相同要求的情况外），表面粗糙度要求的符号后面应有：

　　——在圆括号内给出无任何其他标注的基本符号（图 3-21）；

　　——在圆括号内给出不同的表面粗糙度要求（图 3-22）。

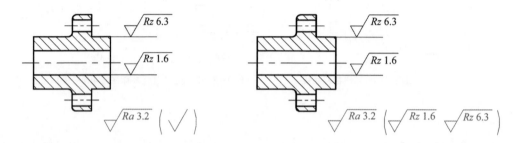

图 3-21　大多数表面有相同表面粗糙度要求的简化注法(1)　　**图 3-22　大多数表面有相同表面粗糙度要求的简化注法(2)**

　　不同的表面粗糙度要求应直接标注在图形中，如图 3-21 和图 3-22 所示。

　　（2）多个表面有共同要求的注法　用带字母的完整符号的简化注法（图 3-23）。

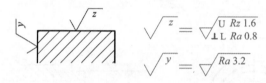

图 3-23　在图纸空间有限时的简化注法

　　（3）只用表面粗糙度符号的简化注法（图 3-24～图 3-26）

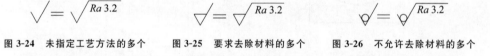

图 3-24　未指定工艺方法的多个　　**图 3-25　要求去除材料的多个**　　**图 3-26　不允许去除材料的多个**
表面粗糙度要求的简化注法　　**表面粗糙度要求的简化注法**　　**表面粗糙度要求的简化注法**

　5.两种或多种工艺获得的同一表面的注法

　　由几种不同的工艺方法获得的同一表面，当需要明确每种工艺方法的表面粗糙度要求时，可按图 3-27 进行标注。

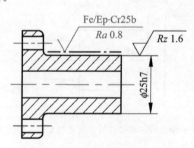

图 3-27　同时给出镀覆前、后的表面粗糙度要求的注法

　6.表面粗糙度要求的图形

　　表面粗糙度要求的图形标注的演变见表 3-10。

表 3-10　　　　　　　　　表面粗糙度要求的图形标注的演变

序号	GB/T 131 的版本			说明主要问题的示例
	1983(第一版)[a]	1993(第二版)[b]	2006(第三版)[c]	
1	1.6 ∨	1.6 ∨　1.6 ∨	∨ Ra 1.6	Ra 只采用"16％规则"
2	R_y 3.2 ∨	R_y 3.2 ∨　R_y 3.2 ∨	∨ Rz 3.2	除了 Ra "16％规则"的参数
3	—d	1.6max ∨	∨ Ra max 1.6	"最大规则"
4	1.6 ∨ 0.8	1.6 ∨ 0.8	∨ -0.8/Ra 1.6	Ra 加取样长度
5	—d	—d	∨ 0.025-0.8/Ra 1.6	传输带
6	R_y 3.2 ∨ 0.8	R_y 3.2 ∨ 0.8	∨ -0.8/Rz 6.3	除 Ra 外其他参数及取样长度
7	R_y 1.6 6.3 ∨	R_y 1.6 6.3 ∨	∨ Ra 1.6 Rz 6.3	Ra 及其他参数
8	—d	R_y 3.2 ∨	∨ Rz 6.3	评定长度中的取样长度个数如果不是 5
9	—d	—d	∨ L Ra 1.6	下限值
10	3.2 1.6 ∨	3.2 1.6 ∨	∨ U Ra 3.2 L Ra 1.6	上、下限值

注：a　表示既没有定义默认值，也没有其他的细节，尤其是

——无默认评定长度；

——无默认取样长度；

——无"16％规则"或"最大规则"。

b　表示在 GB/T 3505—1983 和 GB/T 10610—1989 中定义的默认值和规则仅用于参数 Ra、R_y 和 Rz（十点高度）。此外，GB/T 131—1993 中存在着参数代号书写不一致问题，标准正文要求参数代号第二个字母标注为下标，但在所有的图表中，第二个字母都是小写，而当时所有的其他表面粗糙度标准都使用下标。

c　新的 Rz 为原 R_y 的定义，原符号 R_y 不再使用。

—d　表示没有该项。

二、表面粗糙度评定参数的选用

表面粗糙度的幅度、间距、曲线三类评定参数中，最常采用的是幅度参数。对大多数表面来说，一般仅给出幅度特性评定参数即可反映提取（实际）要素表面粗糙度的特征。因此，GB/T 1031—2009规定，表面粗糙度参数应从幅度参数中选取。

（1）Ra参数最能充分反映表面微观几何形状高度方面的特性，对于光滑表面和半光滑表面，普遍采用Ra作为评定参数。对于极光滑和极粗糙的表面，不宜采用Ra作为评定参数。

（2）Rz参数虽不如Ra参数反映的几何特性准确、全面，但Rz的概念简单，测量也很简便。Rz与Ra联用，可以评定某些不允许出现较大加工痕迹和受交变应力作用的表面，尤其当被测表面面积很小、不宜采用Ra评定时，常采用Rz参数。

（3）附加评定参数Rsm和$Rmr(c)$只有在幅度参数不能满足表面功能要求时，才附加选用。例如，对密封性要求高的表面，可以规定Rsm；对耐磨性要求高的表面，可以规定$Rmr(c)$。

三、表面粗糙度主参数值的选用

选用表面粗糙度参数值总的原则是：在满足功能要求的前提下顾及经济性，使参数的允许值尽可能大。

在实际应用中，表面粗糙度和零件的功能关系相当复杂，常用类比法来确定。

具体选用时，可先根据经验统计资料初步选定表面粗糙度参数值，然后再对比工作条件加以适当调整。调整时应考虑以下几点：

（1）同一零件上，工作表面的表面粗糙度值应比非工作表面小。

（2）摩擦表面的表面粗糙度值应比非摩擦表面小；滚动摩擦表面的表面粗糙度值应比滑动摩擦表面小。

（3）运动速度高、单位面积压力大的表面，受交变应力作用的重要零件的圆角、沟槽表面的表面粗糙度值都应小。

（4）配合性质要求越稳定，其配合表面的表面粗糙度值应越小；配合性质相同时，小尺寸结合面的表面粗糙度值应比大尺寸结合面小；同一公差等级时，轴的表面粗糙度值应比孔的小。

（5）表面粗糙度参数值应与尺寸公差及形状公差相协调。表3-11列出了在正常工艺条件下，表面粗糙度值与尺寸公差及形状公差的对应关系，可供设计时参考。

一般来说，尺寸公差和形状公差小的表面，其表面粗糙度值也应小，即尺寸公差等级高，表面粗糙度要求也高。但尺寸公差等级低的表面，其表面粗糙度要求不一定也低。例如医疗器械、机床手轮等的表面，对尺寸精度的要求不高，但却要求光滑。

表 3-11　　　　　　　　　表面粗糙度值与尺寸公差及形状公差的关系　　　　　　　　%

形状公差 t 占尺寸公差 T 的百分比 t/T	表面粗糙度参数值占尺寸公差的百分比	
	Ra/T	Rz/T
≈60	≤5	≤20
≈40	≤2.5	≤10
≈25	≤1.2	≤5

(6)防腐性、密封性要求高,外表美观等表面的表面粗糙度值应较小。

(7)凡有关标准已对表面粗糙度要求做出规定(如与滚动轴承配合的轴颈和轴承座孔、键槽、各级精度齿轮的主要表面等),则应按标准规定的表面粗糙度参数值选用。表3-12 和表3-13 列出了相关资料供设计时参考。

表 3-12　　　　　　　　表面粗糙度的表面微观特征、加工方法及应用示例

表面微观特性		$Ra/\mu m$	$Rz/\mu m$	加工方法	应用示例
粗糙表面	可见刀痕	>20~40	>80~160	粗车、粗刨、粗铣、钻、毛锉、锯断	半成品粗加工过的表面、非配合的加工表面、如轴端面、倒角、钻孔、齿轮、带轮侧面、键槽底面、垫圈接触面等
	微见刀痕	>10~20	>40~80		
半光表面	可见加工痕迹	>5~10	>20~40	车、刨、铣、镗、钻、粗铰	轴上不安装轴承、齿轮处的非配合表面,紧固件的自由装配表面,轴和孔的退刀槽等
	微见加工痕迹	>2.5~5	>10~20	车、刨、铣、镗、磨、拉、粗刮、滚压	半精加工表面,箱体、支架、盖面、套筒等和其他零件结合而无配合要求的表面,需要法兰的表面等
	不可见加工痕迹	>1.25~2.5	>6.3~10	车、刨、铣、镗、磨、拉、刮、压、铣齿	接近于精加工表面,箱体上安装轴承的镗孔表面、齿轮的工作面
光表面	可见加工痕迹	>0.63~1.25	>3.2~6.3	车、镗、磨、拉、刮、精铰、磨齿、滚压	圆柱销、圆锥销与滚动轴承配合的表面,卧式车床导轨面,内、外花键定位表面
	微见加工痕迹	>0.32~0.63	>1.6~3.2	精铰、精镗、磨刮、滚压	要求配合性质稳定的配合表面、工作时受交变应力的重要零件表面、较高精度车床的导轨面
	不可见加工痕迹	>0.16~0.32	>0.8~1.6	精磨、珩磨、研磨、超精加工	精密机床主轴锥孔、顶尖圆锥面,发动机曲轴、凸轮轴工作表面,高精度齿轮齿面

表 3-13　　表面粗糙度 *Ra* 的推荐选用值　　μm

应用场合		公称尺寸/mm					
		≤50		>50~120		>120~500	
	公差等级	轴	孔	轴	孔	轴	孔
经常装拆零件的配合表面	IT5	≤0.2	≤0.4	≤0.4	≤0.8	≤0.4	≤0.8
	IT6	≤0.4	≤0.8	≤0.8	≤1.6	≤0.8	≤1.6
	IT7	≤0.8		≤1.6		≤1.6	
	IT8	≤0.8	≤1.6	≤1.6	≤3.2	≤1.6	≤3.2
过盈配合 压入装配	IT5	≤0.2	≤0.4	≤0.4	≤0.8	≤0.4	≤0.8
	IT6~IT7	≤0.4	≤0.8	≤0.8	≤1.6	≤1.6	
	IT8	≤0.8	≤1.6	≤1.6	≤3.2	≤3.2	
过盈配合 热装	—	≤1.6	≤3.2	≤1.6	≤3.2	≤1.6	≤3.2

滑动轴承的配合表面	公差等级	轴	孔
	IT6~IT9	≤0.8	≤1.6
	IT10~IT12	≤1.6	≤3.2
	湿摩擦条件	≤0.4	≤0.8

圆锥结合的工作面	密封结合	对中结合	其他
	≤0.4	≤1.6	≤6.3

密封材料处的孔、轴表面	密封形式	速度/(m·s⁻¹)		
		≤3	3~5	≥5
	橡胶圈密封	0.8~1.6(抛光)	0.4~0.8(抛光)	0.2~0.4(抛光)
	毛毡密封	0.8~1.6(抛光)		
	迷宫式	3.2~6.3		
	涂油槽式	3.2~6.3		

精密定心零件的配合表面		径向跳动	2.5	4	6	10	16	25
	IT5~IT8	轴	≤0.05	≤0.1	≤0.1	≤0.2	≤0.4	≤0.8
		孔	≤0.1	≤0.2	≤0.2	≤0.4	≤0.8	≤1.6

V带和平带轮工作表面	带轮直径/mm		
	≤120	>120~315	>315
	1.6	3.2	6.3

箱体分界面（减速箱）	类型	有垫片	无垫片
	需要密封	3.2~6.3	0.8~1.6
	不需要密封	6.3~12.5	

技能训练

实训 1 用比较法检测表面粗糙度

1.表面粗糙度比较样块

采用特定合金和加工方法,具有不同的表面粗糙度参数值,通过触觉和视觉与其所表征的材质和加工方法相同的提取(实际)零件表面做比较,以确定提取(实际)零件表面粗糙度的实物量具。如图 3-28 所示。

2.检测原理

使用表面粗糙度比较样块(也称比较样块)进行比较时,比较样块和提取(实际)零件表面的材质、加工工艺(如车、镗、刨、端铣、平磨、研磨等)应尽可能一致,这样可以减小检测误差,提高判断准确性。此法简单易行,适合在生产现场使用。其缺点是评定的可靠性在很大程度上取决于检验人员的经验,仅适用于评定表面粗糙度要求不高的工件。

3.检测方法

如图 3-29 所示,将比较样块与零件靠近,当用目视无法确定时,可以结合手的触摸或者使用放大镜来观察,以比较样块工作面上的表面粗糙度为标准,观察、比较提取(实际)表面是否达到相应比较样块的表面粗糙度,从而判定提取(实际)零件表面粗糙度是否符合规定,但是这种方法不能得出具体的表面粗糙度数值。

微课 21

表面粗糙度检测

图 3-28 表面粗糙度比较样块

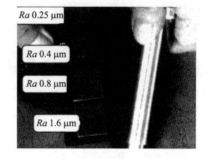

图 3-29 检测零件表面粗糙度

实训 2 用手持便携式表面粗糙度测量仪检测表面粗糙度

1.TR200 表面粗糙度测量仪的组成及特点

如图 3-30 所示为 TR200 表面粗糙度测量仪,它是适用于生产现场环境、能满足移动测量需要的一种小型手持式仪器。它操作简便,功能全面,测量快捷,精度稳定,携带方便,能测量现行国际标准的主要参数,全面、严格地执行了国际标准。

2.TR200 表面粗糙度测量仪的测量原理

该仪器在测量零件表面粗糙度时,先将传感器搭放在提取(实际)零件的表面上,然后

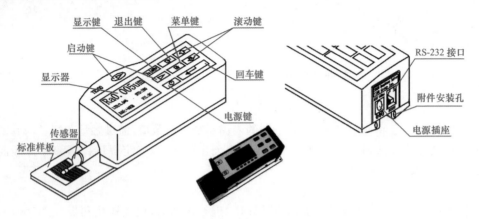

图 3-30　TR200 表面粗糙度测量仪

启动仪器进行测量,由仪器内部的精密驱动机构带动传感器沿提取(实际)零件表面做等速直线滑行,传感器通过内置的锐利触针感受提取(实际)零件的表面粗糙度,此时提取(实际)零件表面会引起触针产生位移,该位移使传感器电感线圈的电感量发生变化,从而在相敏检波器的输出端产生与提取(实际)零件表面粗糙度成比例的模拟信号,该信号经过放大及电平转换之后进入数据采集系统,DSP 芯片对采集的数据进行数字滤波和参数计算,测量结果可显示在显示器上,也可在打印机上输出,还可以与 PC 进行通信。

3.测量方法

(1)开机　如图 3-31 所示,按下电源键后仪器开机,显示器自动显示缺省的设定参数、测量单位、滤波器、量程、取样长度等。

(2)示值校准　仪器在测量前,通常需用标准样板进行校准。该仪器随机配置一个标准样板,测量前,用仪器先测试标准样板。正常情况下,当测量值与标准样板值之差在合格范围内时,测量值有效,即可直接测量。

(3)启动测量　在主界面状态下,按启动键开始测量。

(4)开始测量　测量过程如图 3-31 所示,传感器采集并处理数据。

①采样完毕　开始对采样数据进行数字滤波。

②计算参数　滤波完毕,进行全部参数计算。

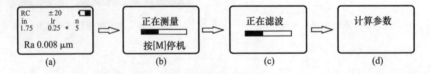

图 3-31　开机及开始测量

(5)结果显示　如图 3-32 所示。测量完毕后,可以通过如下方式观察全部测量结果:

```
Ra  =  0.031   μm
Rq  =  0.035   μm
Rz  =  0.027   μm
Rt  =  0.120   μm
Rp  =  0.064   μm
Rv  =  0.008   μm
Ry  =  0.008   μmJIS
```
(a)

```
RSm  =  0.2083   mm
RS   =  0.0089   mm
RSk  =  1.207
Rz   =  0.072    μm JIS
R3z  =  0.072    μm
Rmax =  1.207    μm
RPc  =  5        /CM
```
(b)

```
Rmr1 =  0.0000
Rmr2 =  0.0000
Rmr3 =  0.0000
Rmr4 =  0.0000
```
(c)

图 3-32　结果显示

①参数 在主界面状态下,按滚动键进入全部参数结果显示界面,共 3 页,按滚动键换页。按菜单键退到主界面。

②轮廓图形 在主界面状态下,如图 3-33 所示,按左滚动键进入轮廓图形显示界面。每页显示一个取样长度,通过上(下)滚动键切换到其他取样长度。在此界面下,如图 3-33(b)所示,按回车键可以放大或缩小所显示的轮廓。按菜单键退到主界面。按上(下)滚动键可切换到支承率曲线界面。按菜单键退出到轮廓图形显示界面。

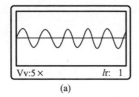 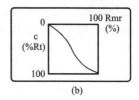

(a)   (b)

图 3-33 轮廓图形

(6)存储/读取测量结果 如图 3-34 所示,该仪器可以存储 15 组测量结果。在主界面状态下,按下滚动键进入存储/读取界面。按上(下)滚动键选择"存当前数据",按回车键进入存储界面。

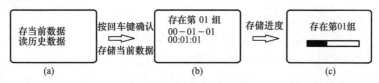

图 3-34 存储/读取测量结果

(7)打印测量结果 在主界面状态下,按下滚动键将测量参数和轮廓图形输出到打印机。该仪器可选配打印机,打印全部测量结果,以便保留存档。

习 题

一、判断题

1.表面粗糙度最常用的评定指标是 Rsm。 ( )

2.Rsm 和 $Rmr(c)$ 是附加参数,不能单独使用,需与幅度参数联合使用。 ( )

3.需要涂镀或其他有细密度要求的表面可加选 Rz。 ( )

4.零件表面粗糙度数值越小,其尺寸公差和几何公差要求越高。 ( )

5.若零件承受交变载荷,则表面粗糙度应选择较小值。 ( )

6.当 $Ra \leqslant 1.6 \ \mu m$ 时,可应用在普通精度齿轮的齿面。 ( )

二、选择题

1.表面粗糙度值越小,零件的( )。

A.耐磨性越好   B.抗疲劳强度越差

C.传动灵敏性越差   D.加工越容易

2.用以判断具有表面粗糙度特征的一段基准线的长度是( )。

A.基本长度 B.评定长度 C.取样长度 D.公称长度

3.测量表面粗糙度时,规定取样长度是为了( )。

A.减少波纹度的影响 B.考虑加工表面的不均匀性

C.使测量方便 D.能测量出波距

4.表面粗糙度的基本评定参数是( )。

A.Rsm B.Ra C.Zp D.Xs

5.当 $Ra \leqslant 0.8\ \mu m$ 时,零件的表面状况是( )。

A.可见加工痕迹 B.微见加工痕迹

C.不可见加工痕迹 D.可辨加工痕迹的方向

6.表面粗糙度代号 $\sqrt{}^{Ra\,0.8}$ 表示( )。

A.Ra 为 $0.8\ \mu m$ B.$Ra \leqslant 0.8\ \mu m$

C.$Ra > 0.8\ \mu m$ D.Ra 的上限值为 $0.8\ \mu m$

三、综合题

1.表面粗糙度的含义是什么? 它与形状误差和表面波纹度有何区别?

2.表面粗糙度国家标准中规定了哪些评定参数? 其中哪些是主参数? 它们各有什么特点? 试叙述手持便携式表面粗糙度仪的测量步骤。

3.判断下列各组配合(或零件)使用性能相同时,哪一个的表面粗糙度要求高,为什么?

(1)$\phi 40g6$ 与 $\phi 40G6$ (2)$\phi 30h7$ 与 $\phi 90h7$

(3)$\phi 60H7/f6$ 与 $\phi 60H7/h6$ (4)$\phi 30H7/e6$ 与 $\phi 30H7/r6$

4.解释图 3-35 中表面粗糙度标注代号的含义。

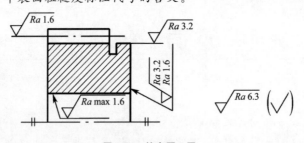

图 3-35 综合题 4 图

5.试判断图 3-36 所示表面粗糙度代号的标注是否有错误。若有,则加以改正。

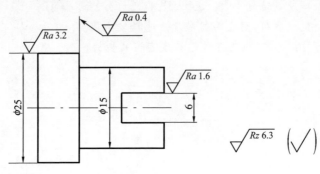

图 3-36 综合题 5 图

6.试将下列表面粗糙度要求标注在图 3-37 所示的图样上(各表面均采用去除材料法获得)。

(1)ϕ_1 圆柱的表面粗糙度参数 Ra 的上限值为 3.2 μm;

(2)左端面的表面粗糙度参数 Ra 的上限值为 1.6 μm;

(3)右端面的表面粗糙度参数 Ra 的上限值为 1.6 μm;

(4)ϕ_2 内孔的表面粗糙度参数 Rz 的上限值为 0.8 μm;

(5)螺纹工作面的表面粗糙度参数 Ra 的上限值为 3.2 μm,下限值为 1.6 μm;

(6)其余各面的表面粗糙度参数 Ra 的上限值为 12.5 μm。

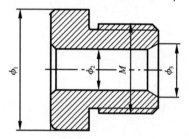

图 3-37 综合题 6 图

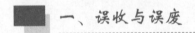

第4章

普通计量器具的选择和光滑极限量规

知识及技能目标 >>>

1.掌握计量器具的选择和验收极限的确定。

2.理解光滑极限量规的特点、作用和种类,掌握工作量规的公差带的分布及工作量规的使用方法。

素质目标 >>>

1.通过对计量器具的学习,培养学生具有理论基础扎实、实践能力强、团结协作的职业能力。

2.培养学生具有专注、开拓进取、无私奉献、认认真真、尽职尽责的职业精神。

4.1 概　述

在进行检测时,要针对零件不同的结构特点和精度要求选用不同的计量器具。对于大批量生产,多采用专用量规检验,以提高检测效率。对于单件、小批生产,常采用通用计量器具进行检测。本书主要介绍通用计量器具的选择。

一、误收与误废

在进行检测时,把超出公差界限的废品误判为合格品而接收称为误收;将接近公差界限的合格品误判为废品而给予报废称为误废。

例如,用示值误差为 $\pm 4\ \mu m$ 的千分尺验收 $\phi 20h6(_{-0.013}^{0})$ 的轴颈时,若轴颈的尺寸偏差为 $0 \sim +4\ \mu m$,则是不合格品,但由于千分尺的测量误差为 $-4\ \mu m$,所以其测得值可能仍小于其上极限偏差,从而把超出公差界限的废品误判为合格品而接收,即导致误收;反之,则会导致误废。

为了保证产品品质,《产品几何技术规范(GPS)　光滑工件尺寸的检验》(GB/T 3177—2009)对验收原则、验收极限和计量器具的选择等做了规定。该标准适用于普通计量器具(如游标卡尺、千分尺及车间使用的比较仪等),对图样上注出的公差等级为 IT6~ IT18、公称尺寸至 500 mm 的光滑工件尺寸的检验,也适用于对一般公差尺寸的检验。

二、验收极限与安全裕度 A

国家标准规定的验收原则是:所用验收方法应只接收位于规定的极限尺寸之内的工件。即允许有误废而不允许有误收。为了保证这一验收原则的实现,保证零件达到互换性要求,将误收减至最少,规定了验收极限。

验收极限是指检验工件尺寸时判断其合格与否的尺寸界限。国家标准规定,验收极限可以按照下列两种方法之一确定。

【方法 1】 验收极限是从图样上标定的上极限尺寸和下极限尺寸分别向工件公差带内移动一个安全裕度 A 来确定的,如图 4-1 所示。所计算出的两极限值为验收极限(上验收极限和下验收极限),其计算公式为

$$上验收极限 = 上极限尺寸 - A \tag{4-1}$$
$$下验收极限 = 下极限尺寸 + A \tag{4-2}$$

安全裕度 A 由工件公差确定,A 的数值取工件公差的 1/10,其数值见表 4-1。

因为验收极限向工件的公差带之内移动,所以为了保证验收时合格,在生产时工件不能按原有的极限尺寸加工,应按由验收极限所确定的范围生产,这个范围称为生产公差。

【方法 2】 验收极限等于图样上标定的上极限尺寸和下极限尺寸,即 A 值等于零。

具体选择哪一种方法,要结合工件尺寸功能要求及

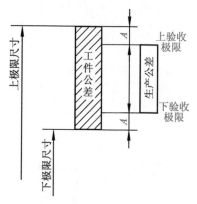

图 4-1 验收极限与安全裕度

其重要程度、尺寸公差等级、测量不确定度和工艺能力等因素综合考虑。具体原则是:

(1)对要求符合包容要求的尺寸、公差等级高的尺寸,其验收极限按方法 1 确定。

(2)当工艺能力指数 $C_p \geqslant 1$ 时,其验收极限可以按方法 2 确定。但对要求符合包容要求的尺寸,其轴的上极限尺寸和孔的下极限尺寸仍要按方法 1 确定。

工艺能力指数 C_p 值是工件公差值 T 与加工设备工艺能力 $C\sigma$ 之比值(C 为常数,工件尺寸遵循正态分布时 $C=6$;σ 为加工设备的标准偏差),$C_p = T/(6\sigma)$。

(3)对偏态分布的尺寸,其验收极限可以仅对尺寸偏向的一边按方法 1 确定,而另一边按方法 2 确定。

(4)对非配合和一般的尺寸,其验收极限按方法 2 确定。

三、计量器具的选择原则

计量器具的选择主要取决于计量器具的技术指标和经济指标,具体要求如下:

(1)选择计量器具应与被测工件的外形、位置、尺寸的大小及被测参数特性相适应,使

所选计量器具的测量范围能满足工件的要求。

(2)选择计量器具应考虑工件的尺寸公差,使所选计量器具的不确定度既能保证测量精度要求,又符合经济性要求。

为了保证测量的可靠性和量值的统一,国家标准规定:按照计量器具的测量不确定度允许值 u_1 选择计量器具。u_1 值见表 4-1,u_1 值大小分为Ⅰ、Ⅱ、Ⅲ档,分别约为工件公差的 1/10、1/6 和 1/4。对于 IT6~IT11,u_1 值分为Ⅰ、Ⅱ、Ⅲ档,对于 IT12~IT18,u_1 值分为Ⅰ、Ⅱ档。一般情况下,优先选用Ⅰ档,其次为Ⅱ、Ⅲ档。

表 4-1　　　　安全裕度(A)与计量器具的测量不确定度允许值(u_1)　　　　μm

| 公称尺寸/mm | | IT6 | | | | | IT7 | | | | | IT8 | | | | | IT9 | | | | |
大于	至	T	A	Ⅰ	Ⅱ	Ⅲ	T	A	Ⅰ	Ⅱ	Ⅲ	T	A	Ⅰ	Ⅱ	Ⅲ	T	A	Ⅰ	Ⅱ	Ⅲ
—	3	6	0.6	0.5	0.9	1.4	10	1.0	0.9	1.5	2.3	14	1.4	1.3	2.1	3.2	25	2.5	2.3	3.8	5.6
3	6	8	0.8	0.7	1.2	1.8	12	1.2	1.1	1.8	2.7	18	1.8	1.6	2.7	4.1	30	3.0	2.7	4.5	6.8
6	10	9	0.9	0.8	1.4	2.0	15	1.5	1.4	2.3	3.4	22	2.2	2.0	3.3	5.0	36	3.6	3.3	5.4	8.1
10	18	11	1.1	1.0	1.7	2.5	18	1.8	1.7	2.7	4.1	27	2.7	2.4	4.1	6.1	43	4.3	3.9	6.5	9.7
18	30	13	1.3	1.2	2.1	2.9	21	2.1	1.9	3.2	4.7	33	3.3	3.0	5.0	7.4	52	5.2	4.7	7.8	12
30	50	16	1.6	1.4	2.4	3.6	25	2.5	2.3	3.8	5.6	39	3.9	3.5	5.9	8.8	62	6.2	5.6	9.3	14
50	80	19	1.9	1.7	2.9	4.3	30	3.0	2.7	4.5	6.8	46	4.6	4.1	6.9	10	74	7.4	6.7	11	17
80	120	22	2.2	2.0	3.3	5.0	35	3.5	3.2	5.3	7.9	54	5.4	4.9	8.1	12	87	8.7	7.8	13	20
120	180	25	2.5	2.3	3.8	5.6	40	4.0	3.6	6.0	9.0	63	6.3	5.7	9.5	14	100	10	9.0	15	23
180	250	29	2.9	2.6	4.4	6.5	46	4.6	4.1	6.9	10	72	7.2	6.5	11	16	115	12	10	17	26
250	315	32	3.2	2.9	4.8	7.2	52	5.2	4.7	7.8	12	81	8.1	7.3	12	18	130	13	12	19	29
315	400	36	3.6	3.2	5.4	8.1	57	5.7	5.1	8.4	13	89	8.9	8.0	13	20	140	14	13	21	32
400	500	40	4.0	3.6	6.0	9.0	63	6.3	5.7	9.5	14	97	9.7	8.7	15	22	155	16	14	23	35

| 公称尺寸/mm | | IT10 | | | | | IT11 | | | | | IT12 | | | | IT13 | | | |
大于	至	T	A	Ⅰ	Ⅱ	Ⅲ	T	A	Ⅰ	Ⅱ	Ⅲ	T	A	Ⅰ	Ⅱ	T	A	Ⅰ	Ⅱ
—	3	40	4.0	3.6	6.0	9.0	60	6.0	5.4	9.0	14	100	10	9.0	15	140	14	13	21
3	6	48	4.8	4.3	7.2	11	75	7.5	6.8	11	17	120	12	11	18	180	18	16	27
6	10	58	5.8	5.2	8.7	13	90	9.0	8.1	14	20	150	15	14	23	220	22	20	33
10	18	70	7.0	6.3	11	16	110	11	10	17	25	180	18	16	27	270	27	24	41
18	30	84	8.4	7.6	13	19	130	13	12	20	29	210	21	19	32	330	33	30	50
30	50	100	10	9.0	15	23	160	16	14	24	36	250	25	23	38	390	39	35	59
50	80	120	12	11	18	27	190	19	17	29	43	300	30	27	45	460	46	41	69
80	120	140	14	13	21	32	220	22	20	33	50	350	35	32	53	540	54	49	81
120	180	160	16	15	24	36	250	25	23	38	56	400	40	36	60	630	63	57	95
180	250	185	18	17	28	42	290	29	26	44	65	460	46	41	69	720	72	65	110
250	315	210	21	19	32	47	320	32	29	48	72	520	52	47	78	810	81	73	120
315	400	230	23	21	35	52	360	36	32	54	81	570	57	51	86	890	89	80	130
400	500	250	25	23	38	56	400	40	36	60	90	630	63	57	95	970	97	87	150

在选择计量器具时,所选用的计量器具的不确定度应小于或等于计量器具不确定度

的允许值 u_1。表 4-2 为千分尺和游标卡尺的不确定度，表 4-3 为比较仪的不确定度，表 4-4 为指示表的不确定度。

表 4-2　　　　　　　　　　千分尺和游标卡尺的不确定度　　　　　　　　　　mm

尺寸范围		计量器具类型			
		分度值为 0.01 外径千分尺	分度值为 0.01 内径千分尺	分度值为 0.02 游标卡尺	分度值为 0.05 游标卡尺
大于	至	不确定度			
0	50	0.004			0.05
50	100	0.005	0.008		
100	150	0.006			
150	200	0.007		0.020	0.100
200	250	0.008	0.013		
250	300	0.009			
300	350	0.010			
350	400	0.011	0.020		
400	450	0.012			
450	500	0.013	0.025		
500	600	—	0.030		
600	700				
700	1 000				0.150

注：当采用比较测量时，千分尺的不确定度可小于本表规定的数值，一般可减小 40%。

表 4-3　　　　　　　　　　　　比较仪的不确定度　　　　　　　　　　　　mm

尺寸范围		所使用的计量器具			
		分度值为 0.000 5（相当于放大倍数 2 000 倍）的比较仪	分度值为 0.001（相当于放大倍数 1 000 倍）的比较仪	分度值为 0.002（相当于放大倍数 400 倍）的比较仪	分度值为 0.005（相当于放大倍数 250 倍）的比较仪
大于	至	不确定度			
0	25	0.000 6	0.001 0	0.001 7	0.003 0
25	40	0.000 7			
40	65	0.000 8	0.001 1	0.001 8	
65	90				
90	115	0.000 9	0.001 2	0.001 9	
115	165	0.001 0	0.001 3		
165	215	0.001 2	0.001 4	0.002 0	0.003 5
215	265	0.001 4	0.001 6	0.002 1	
265	315	0.001 6	0.001 7	0.002 2	

注：测量时，使用的标准器由 4 块 1 级（或 4 等）量块组成。

表 4-4   指示表的不确定度   mm

尺寸范围		所使用的计量器具			
大于	至	分度值为 0.001 mm 的千分表(0 级在全程范围内,1 级在 0.2 mm 内)分度值为 0.002 mm 的千分表(在 1 转范围内)	分度值为 0.001 mm、0.002 mm、0.005 mm 的千分表(1 级在全程范围内);分度值为 0.01 mm 的百分表(0 级在任意 1 mm 内)	分度值为 0.01 mm 的百分表(0 级在全程范围内,1 级在任意 1 mm 内)	分度值为 0.01 mm 的百分表(1 级在全程范围内)
			不确定度		
0	25	0.005	0.010	0.018	0.030
25	40	0.005	0.010	0.018	0.030
40	65	0.005	0.010	0.018	0.030
65	90	0.005	0.010	0.018	0.030
90	115	0.005	0.010	0.018	0.030
115	165	0.006	0.010	0.018	0.030
165	215	0.006	0.010	0.018	0.030
215	265	0.006	0.010	0.018	0.030
265	315	0.006	0.010	0.018	0.030

【例 4-1】 被检验工件为 $\phi 50h9(^{\ 0}_{-0.062})$Ⓔ,试确定验收极限,并选择适当的计量器具。

解 此工件遵守包容要求,应按方法 1 确定验收极限。

查表 4-1 得安全裕度 $\Lambda = 6.2\ \mu m$,由式(4-1)、式(4-2)分别得

$$上验收极限 = 50 - 0.006\ 2 = 49.993\ 8\ mm$$

$$下验收极限 = 50 - 0.062 + 0.006\ 2 = 49.944\ 2\ mm$$

按优先选用 Ⅰ 档的原则查表 4-1,得测量器具的不确定度允许值 $u_1 = 5.6\ \mu m$。

查表 4-2,得分度值为 0.01 mm 千分尺不确定度为 0.004 mm,它小于 0.005 6 mm,因此能满足要求。

4.2 光滑极限量规

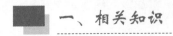

一、相关知识

1.概述

光滑极限量规是一种没有刻度的专用计量器具。用它检验零件时,不能测出零件上提取组成要素的局部尺寸的具体数值,只能确定零件的提取组成要素的局部尺寸是否在规定的两个极限尺寸范围内。

对于一个具体的零件,是选用计量器具还是选用光滑极限量规,要根据零件图样上遵守的公差原则来确定。

2.测量

当零件图样上提取组成要素的尺寸公差和几何公差遵守独立原则时,该零件加工后的提取组成要素的局部尺寸和几何误差采用通用计量器具来测量。

3.检验

当零件图样上提取组成要素的尺寸公差和几何公差遵守相关原则(包容要求)时,应采用光滑极限量规来检验。即单一要素的孔或轴采用包容要求时,加工后使用光滑极限量规检验。

4.制造

光滑极限量规都是成对使用的。其中一是通规(或通端),另一是止规(或止端)。如图 4-2 所示,通规用来模拟最大实体边界,检验孔或轴的实体是否超越该理想边界。止规用来检验孔或轴的提取组成要素的局部尺寸是否超越最小实体尺寸。因此,通规按被检工件的最大实体尺寸制造,止规按被检工件的最小实体尺寸制造。

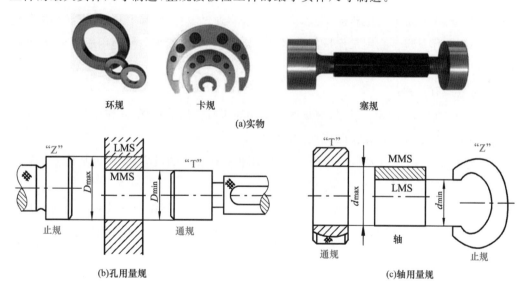

图 4-2　孔用量规和轴用量规

5.名称及使用

检验孔的量规称为塞规,检验轴的量规称为环规(或卡规)。光滑极限量规是塞规和环规的统称。

检验零件时如果通规能通过提取(实际)零件,止规不能通过,表明该零件的作用尺寸和提取组成要素的局部尺寸在规定的极限尺寸范围之内,则该零件合格;反之,若通规不能通过提取(实际)零件,或者止规能够通过提取(实际)零件,则判定该零件不合格。

二、用途及分类

用光滑极限量规检测只能判断孔、轴的提取组成要素的局部尺寸是否在允许的极限尺寸范围之内,从而判断孔、轴尺寸是否合格。因为极限量规结构简单、使用方便、检验效率高,所以在成批和大量生产中得到广泛应用。

量规按其用途的不同可分为工作量规、验收量规和校对量规三类。

1.工作量规

工作量规是工人在零件制造过程中,用来检验工件时使用的量规。它的通规和止规分别用代号"T"和"Z"表示。

2.验收量规

验收量规是检验部门或用户代表验收产品时使用的量规。它也有通规和止规之分。

3.校对量规

校对量规是检验、校对轴用工作量规(环规或卡规)的量规。因为轴用工作量规在制造或使用过程中经常会发生碰撞、变形,且通规经常通过零件,容易磨损,所以必须进行定期校对轴用工作量规。孔用工作量规虽然也需定期校对,但能很方便地用通用量仪检测,故未规定专用的校对量规。

校对量规有三种:

(1)校通-通(代号 TT) 该量规是制造轴用通规时使用的量规,其作用是检验通规尺寸是否小于下极限尺寸。检验时应通过。

(2)校止-通(代号 ZT) 该量规是制造轴用止规时使用的量规,其作用是检验止规尺寸是否小于下极限尺寸,检验时也应通过。

(3)校通-损(代号 TS) 该量规是校对轴用通规的量规,其作用是校对轴用通规是否已磨损到磨损极限。校对时不应通过。如通过,则表明轴用通规已磨损到极限,不能再使用,应予废弃。

《光滑极限量规 技术条件》(GB/T 1957—2006)要求,制造厂对工件进行检验时,操作者应使用新的或者磨损较少的通规;检验部门应使用与操作者相同型式的且已磨损较多的通规。即可将旧的通规当作验收量规的通规使用,故验收量规一般不另行制造;用户代表在用量规验收产品时,通规应接近工件的最大实体尺寸,而止规应接近工件的最小实体尺寸。操作者使用新的或者磨损较少的通规,可以严格控制产品品质,尽量减少误收。检验部门使用磨损较多且型式与操作者相同的量规,既能与操作者协调一致,又能保证用户的要求。而用户验收用的量规,可以最大限度地接收合格的产品。

在用上述规定的量规检验产品时,如果判断有争议,应使用下述尺寸的量规来仲裁:通规应等于或接近最大实体尺寸;止规应等于或接近最小实体尺寸。

4.3 量规设计的原则

一、泰勒原则

为了准确地评定遵守包容要求的孔和轴是否合格,设计光滑极限量规时应遵守泰勒原则(极限尺寸判断原则)的规定。

1.含义

泰勒原则(图 4-3)是指孔或轴的提取组成要素的局部尺寸和几何误差综合形成的体外作用尺寸(D_{fe} 或 d_{fe})不允许超出最大实体尺寸(D_M 或 d_M),在孔或轴任何位置上的提取组成要素的局部尺寸(D_a 或 d_a)不允许超出最小实体尺寸(D_L 或 d_L),即

对于孔 $D_{fe} \geqslant D_{min}$ 且 $D_a \leqslant D_{max}$

对于轴 $d_{fe} \leqslant d_{max}$ 且 $d_a \geqslant d_{min}$

式中 D_{max}、D_{min}——孔的上、下极限尺寸;

d_{max}、d_{min}——轴的上、下极限尺寸。

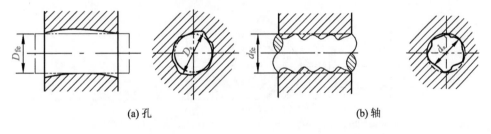

(a) 孔 (b) 轴

图 4-3 孔、轴体外作用尺寸 D_{fe}、d_{fe} 与提取组成要素的局部尺寸 D_a、d_a

2.作用

包容要求Ⓔ从设计的角度出发,反映对孔、轴的设计要求。泰勒原则从验收的角度出发,反映对孔、轴的验收要求。从保证孔与轴的配合性质的要求来看,两者是一致的。

3.要求

(1)止规用于控制工件的提取组成要素的局部尺寸,它的测量面理论上应是点状的,如图 4-4(a)、图 4-4(c)所示,其测量面之间的定形尺寸(公称组成要素)等于孔或轴的最小实体尺寸。止规称为不全形量规。

(2)通规用于控制工件的体外作用尺寸,它的测量面理论上应具有与孔或轴相对应的完整表面,其定形尺寸(公称组成要素)等于孔或轴的最大实体尺寸,即通规工作面为最大实体边界,因而与提取(实际)孔或轴成面接触,如图 4-4(b)、图 4-4(d)所示,且量规长度等于配合长度。因此,通规常称为全形量规。

(3)用符合泰勒原则的量规检验孔或轴时,若通规能够自由通过,且止规不能通过,则表示提取(实际)孔或轴合格;若通规不能通过,或者止规能够通过,则表示提取(实际)孔或轴不合格。

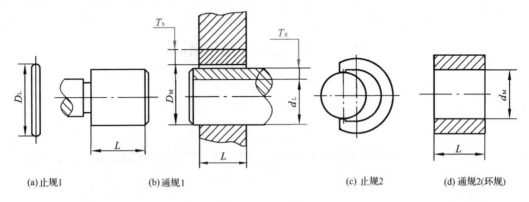

(a)止规1　　　(b)通规1　　　　　　　(c)止规2　　(d)通规2(环规)

图 4-4　光滑极限量规

D_M、D_L—孔最大、最小实体尺寸;d_M、d_L—轴最大、最小实体尺寸;L—配合长度

（4）若孔的实际轮廓已超出了尺寸公差带,如图 4-5 所示,则用量规检验应判定该孔不合格。该孔用全形通规检验时,能通过;用两点式止规检验,虽然沿 x 方向不能通过,但沿 y 方向却能通过,于是,该孔被正确地判定为不合格品。反之,该孔若用两点式通规检验,则沿 x、y 方向能通过;若用全形止规检验,则不能通过,这样一来,由于所使用量规的形状不正确,就把该孔误判为合格品。

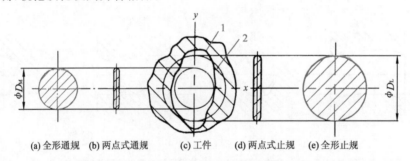

(a) 全形通规　(b) 两点式通规　　(c) 工件　　(d) 两点式止规　(e) 全形止规

图 4-5　量规形状对检验结果的影响

1—提取(实际)孔;2—孔的尺寸公差带

4.规定

在实际应用中,由于量规在制造和使用方面的原因,完全按照泰勒原则往往很困难,甚至无法实现,因而可在保证被检验孔、轴的形状误差不致影响配合性质的条件下,允许采用偏离泰勒原则的量规。在国际标准和我国国家标准中,对此都有相应的规定。

（1）通规对泰勒原则的允许偏离

①长度偏离　允许通规长度小于工件配合长度。

②形状偏离　大尺寸的孔和轴允许用非全形的通端塞规(或球端杆规)和卡规检验,以代替笨重的全形通规。曲轴的轴颈只能用卡规检验,而不能用环规。

（2）止规对泰勒原则的允许偏离

①对点状测量面　因为点接触易于磨损,所以止规往往改用小平面、圆柱面或球面代替。

②检验尺寸较小的孔时　为了增加刚度和便于制造,常改用全形塞规。

③对于刚性不好的薄壁零件 若用点状止规检验,会使工件发生变形,故改用全形塞规或环规。

为了尽量避免在使用偏离泰勒原则的量规检验时造成的误判,操作量规一定要正确。

二、量规公差带

1.工作量规公差带

(1)工作量规公差带的大小——制造公差、磨损公差 量规是一种精密检验工具,制造量规和工件一样,不可避免地会产生误差,因此必须规定制造公差。量规制造公差的大小决定了量规制造的难易程度。

工作量规通规工作时,要经常通过被检验工件,其工作表面不可避免地会产生磨损,为了使通规具有一定的使用寿命,需要留出适当的磨损储量,因而,工作量规通规除应规定制造公差外,还需规定磨损公差。磨损公差的大小决定了量规的使用寿命。

对于工作量规止规,因为它不应通过工件,磨损很少,所以不留磨损储量,即工作量规止规不规定磨损公差。

综上所述,工作量规通规公差由制造公差 T 和磨损公差两部分组成,而工作量规止规公差只由制造公差 T 组成,如图 4-6 所示。

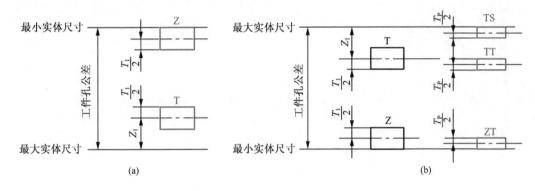

图 4-6 量规公差带图

(2)工作量规公差带的位置配置 GB/T 1957—2006 规定,量规公差带采用"内缩方案"。即将量规的公差带全部限制在提取(实际)孔、轴公差带之内,它能有效地控制误收,从而保证产品品质与互换性,如图 4-6 所示。

图 4-6 中,T_1 为工作量规尺寸公差,Z_1 为通规尺寸公差带的中心线到工件最大实体尺寸之间的距离,T_P 为用于工作环规的校对塞规的尺寸公差。

GB/T 1957—2006 规定了公称尺寸至 500 mm、公差等级 IT6 至 IT14 的孔与轴所用的工作量规的制造公差 T 和通规位置要素 Z 值,见表 4-5。

(3)工作量规的几何公差 量规的几何公差与量规的尺寸公差之间应遵守包容原则,即量规的几何公差应在量规的尺寸公差范围内,并规定量规几何公差为量规尺寸公差的 50%。考虑到制造和测量的困难,当量规尺寸公差小于 0.002 mm 时,其几何公差为 0.001 mm。

根据工件尺寸公差等级的高低和公称尺寸的大小,工作量规测量面的表面粗糙度 Ra 通常为 0.025~0.4 μm,具体见表 4-6。

表 4-5　IT6～IT14 工作量规的尺寸公差值及其通规位置要素值（摘录）

μm

工件公称尺寸 D、d/mm	IT6			IT7			IT8			IT9			IT10			IT11			IT12			IT13			IT14		
	IT6	T_1	Z_1	IT7	T_1	Z_1	IT8	T_1	Z_1	IT9	T_1	Z_1	IT10	T_1	Z_1	IT11	T_1	Z_1	IT12	T_1	Z_1	IT13	T_1	Z_1	IT14	T_1	Z_1
~3	6	1.0	1.0	10	1.2	1.6	14	1.6	1.6	25	2.0	3	40	2.4	4	60	3	6	100	4	9	140	6	14	250	9	20
>3~6	8	1.2	1.4	12	1.4	2.0	18	2.0	2.0	30	2.4	4	48	3.0	5	75	4	8	120	5	11	180	7	16	300	11	25
>6~10	9	1.4	1.6	15	1.8	2.4	22	2.4	2.4	36	2.8	5	58	3.6	6	90	5	9	150	6	13	220	8	20	360	13	30
>10~18	11	1.6	2.0	18	2.0	2.8	27	2.8	2.8	43	3.4	6	70	4.0	8	110	6	11	180	7	15	270	10	24	430	15	35
>18~30	13	2.0	2.4	21	2.4	3.4	33	3.4	3.4	52	4.0	7	84	5.0	9	130	7	13	210	8	18	330	12	28	520	18	40
>30~50	16	2.4	2.8	25	3.0	4.0	39	4.0	4.0	62	5.0	8	100	6.0	11	160	8	16	250	10	22	390	14	34	620	22	50
>50~80	19	2.8	3.4	30	3.6	4.6	46	4.6	4.6	74	6.0	9	120	7.0	13	190	9	19	300	12	26	460	16	40	740	26	60
>80~120	22	3.2	3.8	35	4.2	5.4	54	5.4	5.4	87	7.0	10	140	8.0	15	220	10	22	350	14	30	540	20	46	870	30	70
>120~180	25	3.8	4.4	40	4.8	6.0	63	6.0	6.0	100	8.0	12	160	9.0	18	250	12	25	400	16	35	630	22	52	1 000	35	80
>180~250	29	4.4	5.0	46	5.4	7.0	72	7.0	7.0	115	9.0	14	185	10.0	20	290	14	29	460	18	40	720	26	60	1 150	40	90
>250~315	32	4.8	5.6	52	6.0	8.0	81	8.0	8.0	130	10.0	16	210	12.0	22	320	16	32	520	20	45	810	28	66	1 300	45	100
>315~400	36	5.4	6.2	57	7.0	9.0	89	9.0	9.0	140	11.0	18	230	14.0	25	360	18	36	570	22	50	890	32	74	1 400	50	110
>400~500	40	6.0	7.0	63	8.0	10.0	97	10.0	10.0	155	12.0	20	250	16.0	28	400	20	40	630	24	55	970	36	80	1 550	55	120

表 4-6　　　　　　　　　　　　工作量规测量面的表面粗糙度 *Ra* 值

工作量规	工作量规的公称尺寸/mm		
	≤120	>120～315	>315～500
IT6 孔用工作量规	≤0.05	≤0.10	≤0.2
IT6～IT9 轴用工作量规 IT7～IT9 孔用工作量规	≤0.10	≤0.2	≤0.4
IT10～IT12 孔、轴用工作量规	≤0.2	≤0.4	≤0.8

注:校对量规测量面的表面粗糙度值比被校对的轴用工作量规测量面的表面粗糙度值小 50%。

2. 校对量规公差带

校对量规的公差带分布规定如下:

(1)校通-通(TT)　其公差带从通规的下极限偏差起始,向轴用工作量规通规的公差带内分布。

(2)校止-通(ZT)　其公差带从止规的下极限偏差起始,向轴用工作量规止规的公差带内分布。

(3)校通-损(TS)　其公差带从通规的磨损极限[提取(实际)轴的最大实体尺寸]起始,向轴用工作量规通规公差带内分布。

轴用工作量规的三种校对量规的尺寸公差 T_p 均取为被校对量规尺寸公差 T 的一半,即 $T_p = T/2$。

校对量规的几何误差应控制在其尺寸公差带内,遵守包容原则Ⓔ,其测量面的表面粗糙度 *Ra* 值应比工作量规小 50%。

4.4　工作量规设计

一、量规的结构形式

检验光滑工件的光滑极限量规,其结构型式很多,合理地选择和使用,对正确判断检验结果影响很大,图 4-7、图 4-8 列出了国家标准推荐的常用量规的结构型式及其应用的尺寸范围,供选择量规结构型式时参考。具体应用时还可查阅《螺纹量规和光滑极限量规　型式与尺寸》(GB/T 10920—2008)。

1.孔用量规

(1)全形塞规　具有外圆柱测量面。

(2)不全形塞规　具有部分外圆柱测量面。该塞规是从圆柱体上切掉两个轴向部分而形成的,主要是为了减轻质量。

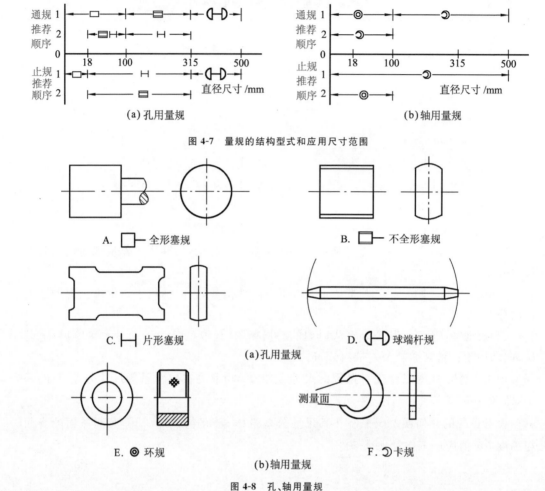

图 4-7 量规的结构型式和应用尺寸范围

A. ▢ — 全形塞规

B. ▢ — 不全形塞规

C. ├┤ 片形塞规

D. ◖┤ 球端杆规

(a)孔用量规

E. ◉ 环规

测量面

F. ◡ 卡规

(b)轴用量规

图 4-8 孔、轴用量规

（3）片形塞规 具有较少部分外圆柱测量面。为了避免使用中的变形,片形塞规应具有一定的厚度而做成板形。

（4）球端杆规 具有球形的测量面,每一端测量面与工件的接触半径不得大于工件下极限尺寸之半。为了避免使用中的变形,球端杆规应有足够的刚度。这种量规有固定式和调整式两种。

2.轴用量规

（1）环规 具有内圆柱测量面。为了防止使用中的变形,环规应有一定厚度。

（2）卡规 具有两个平行的测量面(可改用一个平面与一个球面或圆柱面;也可改用两个与被检工件的轴线平行的圆柱面)。这种卡规分为固定式和调整式两种类型。

二、量规的技术要求

（1）量规可用合金工具钢、碳素工具钢、渗碳钢及硬质合金等尺寸稳定且耐磨的材料制造,也可用普通低碳钢表面镀铬氮化处理,其厚度应大于磨损量。

(2)量规工作面的硬度对量规的使用寿命有直接影响。钢制量规测量面的硬度为58HRC～65HRC,并应经过稳定性处理,如回火、时效等,以消除材料中的内应力。

(3)量规工作面不应有锈蚀、毛刺、黑斑、划痕等明显影响使用品质的缺陷,非工作表面不应有锈蚀和裂纹。

 三、工作量规简图（图4-9）

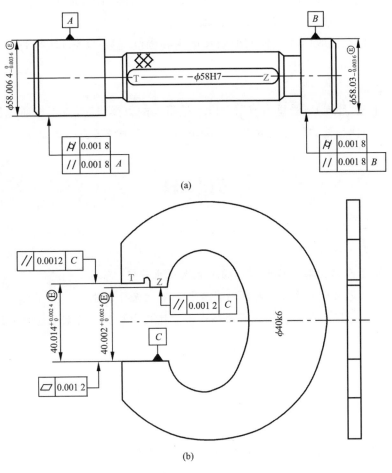

图4-9　工作量规简图

 技能训练

实训　量规检验方法

1.孔用通规

对于通孔,应过全长;对于盲孔,应进入孔。全部检验时,用手以不是很大的力(这个力不会引起零部件明显变形而影响测量结果)操作,能自由进入零件孔。

2.孔用止规

当用手以不是很大的力操作时,应不能进入提取(实际)孔,由于止端塞规的前部往往会有磨损,因而可以允许部分进入,但进入程度要根据具体情况来确定,一般止规可以进入零部件的 1/4 或 1/3。

3.轴用通规

当提取(实际)轴的轴线处于水平位置时,借助卡规(环规)所受重力或按标志在卡规(环规)上的力操作,应能通过提取(实际)轴;当提取(实际)轴的轴线垂直于水平位置时,用手以不是很大的力操作,应能通过被检轴。

上述检验应在提取(实际)轴的配合长度内和围绕提取(实际)轴圆周上的各个位置(一般不少于 4 个位置)上进行。

4.轴用止规

当借助卡规(环规)所受重力或用手以不是很大的力操作时,应不能通过提取(实际)轴,且在提取(实际)轴的配合长度内和圆周上不少于 4 个位置进行检验。

习 题

一、判断题

1.安全裕度 A 值应按被检验工件的公差大小来确定。 ( )

2.验收极限是检验工件尺寸时判断其合格与否的尺寸界限。 ( )

3.光滑极限量规是根据包容原则综合检验零件尺寸与形状的无刻度专用计量器具。
( )

4.光滑极限量规通规的公称尺寸等于工件的上极限尺寸。 ( )

5.通规用于控制工件的体外作用尺寸,止规用于控制工件的提取组成要素的局部尺寸。
( )

6.校对量规是用来检验工作量规的量规。 ( )

7.通规、止规都制造成全形塞规,这样容易判断零件的合格性。 ( )

8.给出量规的磨损公差是为了增大量规的制造公差,使量规容易加工。 ( )

9.规定位置要素 Z 是为了保证塞规有一定的使用寿命。 ( )

10.环规是检验轴用的极限量规,它的通规是根据轴的下极限尺寸设计的。 ( )

二、选择题

1.用示值误差为 $\pm 5\ \mu m$ 的外径千分尺验收 $\phi 40h6_{-0.016}^{0}$ 轴颈时,若轴颈的实际偏差为 $-21 \sim -17\ \mu m$,千分尺的示值误差为 $-5\ \mu m$,则此时会出现( )现象。

A.合格   B.不合格   C.误收   D.误废

2.光滑极限量规是检验孔、轴的尺寸公差和几何公差之间的关系时采用(　　)的量规。

A.独立原则　　　B.相关原则　　　C.包容原则　　　D.最大实体原则

3.工作止规的最大实体尺寸等于被检验零件的(　　)。

A.最大实体尺寸　　　　　　　　B.最小实体尺寸

C.上极限尺寸　　　　　　　　　D.下极限尺寸

4.极限量规的通规用来控制工件的(　　)。

A.上极限尺寸　　　　　　　　　B.下极限尺寸

C.体外作用尺寸　　　　　　　　D.体内作用尺寸

5.用符合光滑极限量规标准的量规检验工件时,止规尺寸应接近(　　)

A.工件的下极限尺寸　　　　　　B.工件的上极限尺寸

C.工件的最大实体尺寸　　　　　D.工件的最小实体尺寸

6.为了延长量规的使用寿命,国家标准除规定量规的制造公差外,对(　　)还规定了磨损公差。

A.工作量规通规　　B.验收量规　　　C.校对量规　　　　D.工作量规止规

7.按极限尺寸判断原则,当某轴 $\phi32^{-0.080}_{-0.240}$Ⓔ实测其轴线的直线度误差为 $\phi0.05$ mm 时,以下实际(组成)要素的尺寸不合格的是(　　)。

A.$\phi31.920$ mm　　B.$\phi31.760$ mm　　C.$\phi31.800$ mm　　D.$\phi31.850$ mm

8.对检验 $\phi20g6$Ⓔ轴用量规而言,下列说法中正确的有(　　)。

A.该量规称为止规　　　　　　　B.该量规称为卡规

C.该量规属于验收量规　　　　　D.该量规称为塞规

9.光滑极限量规主要适用于(　　)工件。

A.IT01～IT18　　B.IT10～IT18　　C.IT1～IT6　　　D.IT6～IT16

10.光滑极限量规通规的设计尺寸应为工件的(　　)。

A.上极限尺寸　　　　　　　　　B.下极限尺寸

C.最大实体尺寸　　　　　　　　D.最小实体尺寸

三、简答题

1.为什么要规定检验的安全裕度?它对产品的加工品质和经济性有何影响?

2.选择普通计量器具时应考虑哪些因素?若受条件限制,所选计量器具的不确定度大于其允许值,应如何验收工件?

3.对于轴 $\phi35e9(^{-0.050}_{-0.112})$是否可用 $i=0.01$ 的外径千分尺检验?

4.用量规检验工件时,为什么总是成对使用?被检验工件合格的标志是什么?

5.量规设计应遵循什么原则?该原则的含义是什么?具体内容有哪些?

6.按"光滑工件尺寸检验"标准,用通用计量器具检验 $\phi35e9$ 工件,采用内缩方案,确定其验收极限,并按Ⅰ档选择计量器具。

第5章

键、花键的公差及检测

知识及技能目标 >>>

1.掌握键的公差、配合及标注方法,几何公差及表面粗糙度的确定。

2.掌握平键与花键的检测方法。

素质目标 >>>

1.通过对标准件键的认识和学习,培养学生对本行业的技术标准、行业法规的执行力。

2.培养学生具有良好的人文社会科学素养,较强的安全意识、集体意识和团队合作精神。

5.1 概 述

键连接和花键连接广泛应用于轴和轴上零件(如齿轮、带轮、联轴器、手轮等)之间的连接,用以传递扭矩和运动,需要时,配合件之间还可以有轴向相对运动。键和花键连接属于可拆卸连接,常用于需要经常拆卸和便于装配之处。

一、平键连接的公差与配合

普通型平键连接由键、轴槽和轮毂槽三部分组成,如图 5-1 所示。在平键连接中,结合尺寸有键宽与键槽宽(轴槽宽和轮毂槽宽)b、键高 h、槽深(轴槽深 t_1、轮毂槽深 t_2)、键和槽长 L 等参数。因为平键连接是通过键的侧面与轴槽和轮毂槽的侧面相互接触来传递扭矩的,所以在平键连接的结合尺寸中,键和键槽的宽度是配合尺寸,国家标准规定了较为严格的公差,其余尺寸为非配合尺寸,可规定较松的公差。

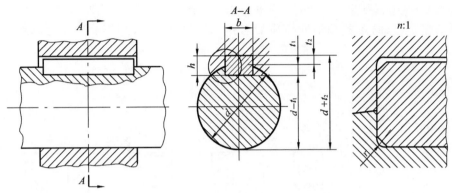

图 5-1 普通型平键键槽的剖面尺寸

普通型平键连接的剖面尺寸已标准化,见表 5-1。

表 5-1 普通型平键键槽的尺寸及公差(GB/T 1095—2003) mm

轴的公称直径 d 推荐值①	键尺寸 $b \times h$	键槽											
		宽度 b						深度				半径 r	
		公称尺寸	极限偏差					轴 t_1		毂 t_2			
			正常连接		紧密连接	松连接		公称尺寸	极限偏差	公称尺寸	极限偏差	min	max
			轴 N9	毂 JS9	轴和毂 P9	轴 H9	毂 D10						
>10~12	4×4	4	0 −0.030	±0.015	−0.012 −0.042	+0.030 0	+0.078 +0.030	2.5	+0.1 0	1.8	+0.1 0	0.08	0.16
>12~17	5×5	5						3.0		2.3			
>17~22	6×6	6						3.5		2.8		0.16	0.25
>22~30	8×7	8	0 −0.036	±0.018	−0.015 −0.051	+0.036 0	+0.098 +0.040	4.0		3.3			
>30~38	10×8	10						5.0		3.3			
>38~44	12×8	12	0 −0.043	±0.021 5	−0.018 −0.061	+0.043 0	+0.120 +0.050	5.0		3.3		0.25	0.40
>44~50	14×9	14						5.5		3.8			
>50~58	16×10	16						6.0	+0.2 0	4.3	+0.2 0		
>58~65	18×11	18						7.0		4.4			
>65~75	20×12	20	0 −0.052	±0.026	−0.022 −0.074	+0.052 0	+0.149 +0.065	7.5		4.9			
>75~85	22×14	22						9.0		5.4		0.40	0.60
>85~95	25×14	25						9.0		5.4			
>95~110	28×16	28						10.0		6.4			

注:①GB/T 1095—2003 没有给出相应轴颈的公称直径,此栏为根据一般受力情况推荐的轴的公称直径值。

 二、平键连接的配合及应用

在平键连接中,键宽和键槽宽 b 是配合尺寸,本节主要研究键宽和键槽宽的公差与配合。

键为标准件。在键宽与键槽宽的配合中,键宽是"轴",键槽宽是"孔",因此,键宽和键槽宽的配合采用基轴制。

《普通型 平键》(GB/T 1096—2003)对键宽规定了一种公差带 h8,而《平键 键槽的剖面尺寸》(GB/T 1095—2003)对轴和轮毂的键槽宽各规定了三种公差带,构成三种不同性质的配合,以满足各种不同性质的需要,如图 5-2 所示。三种配合的应用场合见表 5-2。

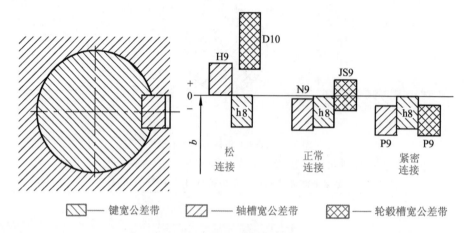

图 5-2　键宽与键槽宽的公差带

表 5-2　　　　　　　　　　　　平键连接的三种配合及其应用

连接类型	尺寸 b 的公差带			应用
	键	轴槽	轮毂槽	
松		H9	D10	用于导向平键,轮毂可在轴上移动
正常	h8	N9	JS9	键固定在轴槽和轮毂槽中,用于载荷不大的场合
紧密		P9	P9	键牢固地固定在轴槽和轮毂槽中,用于载荷较大、有冲击和双向扭矩的场合

在平键连接中,轴槽深 t_1 和轮毂槽深 t_2 的极限偏差由 GB/T 1095—2003 专门规定,见表 5-1。轴槽长的极限偏差为 H14。普通圆头平键键高 h 的极限偏差为 h11,普通方头平键键高 h 的极限偏差为 h8,键长 L 的极限偏差为 h14。

三、平键连接的几何公差及表面粗糙度

为保证键宽与键槽宽之间有足够的接触面积和避免装配困难,应分别规定轴槽和轮毂槽的对称度公差。根据不同使用情况,按《形状和位置公差　未注公差值》(GB/T 1184—1996)中对称度公差的 7～9 级选取,以键宽 b 为公称尺寸。

当键长 L 与键宽 b 之比大于或等于 8($L/b \geqslant 8$)时,还应规定键的两工作侧面在长度方向上的平行度要求。

作为主要配合表面,轴槽和轮毂槽的键槽宽度 b 两侧面的表面粗糙度 Ra 值一般取 1.6～3.2 μm,轴槽底面和轮毂槽底面的表面粗糙度 Ra 值取 3.2～6.3 μm。

在键连接工作图中,考虑到测量方便,轴槽深 t_1 用 ($d-t_1$) 标注,其极限偏差与 t_1 符号相反;轮毂槽深 t_2 用 ($d+t_2$) 标注,其极限偏差与 t_2 相同。

四、应用示例

【例 5-1】　某减速器中的轴和齿轮间采用普通型平键连接,已知轴和齿轮孔的配合是 $\phi 56H7/r6$,试确定轴槽和轮毂槽的剖面尺寸及其公差带、相应的几何公差和各个表面粗糙度值,并把它们标注在断面图中。

解　(1)查表 5-1 得 $\phi 56$ 的轴、孔用平键的尺寸 $b\times h$ 为 16 mm×10 mm。

(2)确定键连接:减速器中轴与齿轮承受一般载荷,故采用正常连接。查表 5-1,得轴槽公差带为 $16N9(_{-0.043}^{0})$,轮毂槽公差带为 $16JS9(\pm 0.021\,5)$。

轴槽深 $t_1 = 6.0_{0}^{+0.2}$ mm,$d - t_1 = 50_{-0.2}^{0}$ mm;轮毂槽深 $t_2 = 4.3_{0}^{+0.2}$ mm,$d + t_2 = 60.3_{0}^{+0.2}$ mm。

(3)确定键连接的几何公差和表面粗糙度:轴槽对轴线及轮毂槽对孔轴线的对称度公差按 GB/T 1184—1996 中的 8 级选取,公差值为 0.020 mm。

轴槽及轮毂槽侧面的表面粗糙度 Ra 值为 3.2 μm,底面为 6.3 μm。

图样标注如图 5-3 所示。

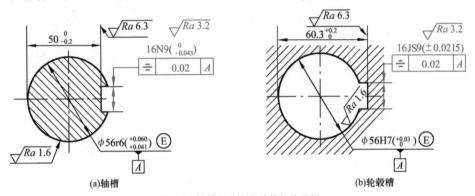

(a)轴槽　　　　　　　(b)轮毂槽

图 5-3　键槽尺寸和公差的标注示例

5.2　矩形花键的公差

一、概述

花键分为矩形花键、渐开线花键和三角形花键等,其中以矩形花键的应用最广泛。本节只介绍矩形花键的公差配合。

与单键相比,花键连接具有如下优点:定心精度高、导向性好、承载能力强。花键连接可用于固定连接,也可用于滑动连接。

1.矩形花键的主要尺寸

矩形花键的主要尺寸有三个,即大径 D、小径 d、键宽(键槽宽)B,如图 5-4 所示。

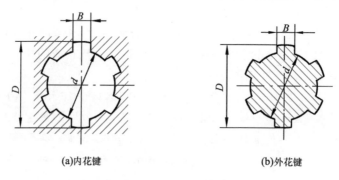

(a)内花键   (b)外花键

图 5-4   矩形花键的主要尺寸

《矩形花键尺寸、公差和检验》(GB/T 1144—2001)规定了矩形花键连接的尺寸系列、定心方式、公差配合、标注方法及检测规则。矩形花键的键数为偶数,有 6、8、10 三种。按承载能力不同,矩形花键分为中、轻两个系列,中系列的键高尺寸较轻系列大,故承载能力强。矩形花键的尺寸系列见表 5-3。

表 5-3   矩形花键的尺寸系列(GB/T 1144—2001)   mm

小径 (d)	轻系列				中系列			
	规 格 ($N×d×D×B$)	键数 (N)	大径 (D)	键宽 (B)	规 格 ($N×d×D×B$)	键数 (N)	大径 (D)	键宽 (B)
11					6×11×14×3	6	14	3
13					6×13×16×3.5	6	16	3.5
16					6×16×20×4	6	20	4
18					6×18×22×5	6	22	5
21					6×21×25×5	6	25	5
23	6×23×26×6	6	26	6	6×23×28×6	6	28	6
26	6×26×30×6	6	30	6	6×26×32×6	6	32	6
28	6×28×32×7	6	32	7	6×28×34×7	6	34	7
32	6×32×36×6	6	36	6	8×32×38×6	8	38	6
36	8×36×40×7	8	40	7	8×36×42×7	8	42	7
42	8×42×46×8	8	46	8	8×42×48×8	8	48	8
46	8×46×50×9	8	50	9	8×46×54×9	8	54	9
52	8×52×58×10	8	58	10	8×52×60×10	8	60	10
56	8×56×62×10	8	62	10	8×56×65×10	8	65	10
62	8×62×68×12	8	68	12	8×62×72×12	8	72	12

2.矩形花键的定心

(1)定心方式   矩形花键连接的主要尺寸有三个,为了保证使用性能,改善加工工艺,只能选择一个结合面作为主要配合面,对其规定较高的精度,以保证配合性质和定心精度,该表面称为定心表面。GB/T 1144—2001 规定矩形花键用小径定心。

(2)优点   小径定心具有一系列优点。目前,内、外花键表面一般都要求淬硬(40HRC 以上),以提高其强度、硬度和耐磨性。采用小径定心时,对热处理后的变形,外花键小径可采用成形磨削修正,内花键小径可采用内圆磨削修正,而且采用内圆磨削还可以使小径达到更高的尺寸、形状精度和表面粗糙度要求。因而小径定心的精度高,稳定性好,使用寿命长,有利于产品品质的提高。而内花键的大径和键侧则难以进行磨削,标准规定内、外花键在大径处留有较大的间隙。矩形花键是靠键侧传递扭矩的,因此键宽和键槽宽应保证足够的精度。

二、矩形花键的公差配合

国家标准 GB/T 1144—2001 规定,矩形花键的尺寸公差采用基孔制,以减少拉刀的数目。内、外花键小径、大径和键宽(键槽宽)的尺寸公差带分为一般用和精密传动用两类,内、外花键的尺寸公差带见表 5-4。

表 5-4　　　　　　　　内、外花键的尺寸公差带(GB/T 1144—2001)

内花键				外花键			
d	D	B		d	D	B	装配型式
		拉削后不热处理	拉削后热处理				
一般用							
H7	H10	H9	H11	f7	d10	d10	滑动
				g7	a11	f9	紧滑动
				h7		h10	固定
精密传动用							
H5	H10	H7、H9		f5	a11	d8	滑动
				g5		f7	紧滑动
				h5		h8	固定
H6				f6		d8	滑动
				g6		f7	紧滑动
				h6		h8	固定

花键尺寸公差带选用的一般原则是:定心精度要求高或传递扭矩大时,应选用精密传动用尺寸公差带;反之,可选用一般用尺寸公差带。

三、矩形花键的几何公差

1.形状公差

定心尺寸小径 d 的极限尺寸应遵守包容要求,即当小径 d 的提取组成要素的局部尺寸处于最大实体状态时,它必须具有理想形状,只有当小径 d 的提取组成要素的局部尺寸偏离最大实体状态时,才允许有形状误差。

2.位置度公差

矩形花键的位置度公差遵守最大实体要求,花键的位置度公差综合控制花键各键之间的角位置、各键对轴线的对称度误差,用综合量规(位置量规)检验。花键位置度公差标注如图 5-5 所示,位置度公差值见表 5-5。

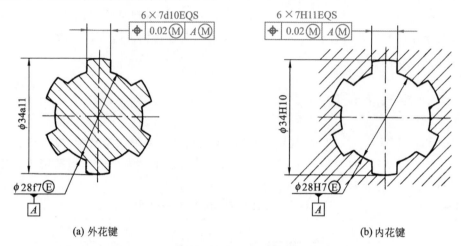

(a) 外花键　　　　　　　　(b) 内花键

图 5-5　花键位置度公差标注

表 5-5　　　　矩形花键位置度及键宽的位置度公差值(GB/T 1144—2001)　　　　mm

键槽宽或键宽 B			3	3.5～6	7～10	12～18
t_1	键槽宽		0.010	0.015	0.020	0.025
	键宽	滑动、固定	0.010	0.015	0.020	0.025
		紧滑动	0.006	0.010	0.013	0.016

当单件、小批生产时,采用单项测量,可规定对称度和等分度公差。键和键槽的对称度公差和等分度公差遵循独立原则。国家标准规定,花键的等分度公差等于花键的对称度公差。对称度公差在图样上的标注如图 5-6 所示,矩形花键的对称度公差值见表 5-6。

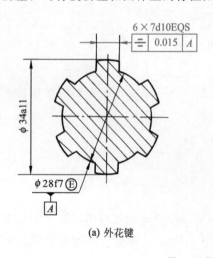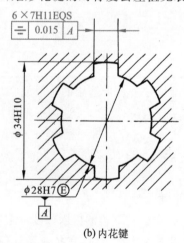

(a) 外花键　　　　　　　　(b) 内花键

图 5-6　花键对称度公差标注示例

表 5-6　　　　　　矩形花键的对称度公差值（GB/T 1144—2001）　　　　　　mm

键槽宽或键宽 B		3	3.5～6	7～10	12～18
t_2	一般用	0.010	0.012	0.015	0.018
	精密传动用	0.006	0.008	0.009	0.011

对较长的花键,标准未做规定,可根据使用要求自行规定键侧面对定心轴线的平行度公差。

四、矩形花键的表面粗糙度

矩形花键的表面粗糙度推荐值见表 5-7。

表 5-7　　　　　　矩形花键的表面粗糙度推荐值　　　　　　μm

加工表面	内花键	外花键
	Ra（不大于）	
大径	6.3	3.2
小径	0.8	0.8
键侧	3.2	0.8

五、矩形花键连接在图样上的标注

矩形花键连接的规格标记为 N×d×D×B,即键数×小径×大径×键宽。对 $N=6$、$d=23\dfrac{\text{H7}}{\text{f7}}$、$D=26\dfrac{\text{H10}}{\text{a11}}$、$B=6\dfrac{\text{H11}}{\text{d10}}$ 花键的标记为

花键规格:$N \times d \times D \times B$　　　　$6 \times 23 \times 26 \times 6$

对花键副,在装配图上标注配合代号:

$$\text{⊓}\ 6 \times 23\frac{\text{H7}}{\text{f7}} \times 26\frac{\text{H10}}{\text{a11}} \times 6\frac{\text{H11}}{\text{d10}}\ \ \text{GB/T 1144—2001}$$

对内、外花键,在零件图上标注尺寸公差带代号:

内花键　　⊓　$6 \times 23\text{H7} \times 26\text{H10} \times 6\text{H11}$　　　GB/T 1144—2001

外花键　　⊓　$6 \times 23\text{f7} \times 26\text{a11} \times 6\text{d10}$　　　GB/T 1144—2001

 技能训练

实训 1　平键的检测

1.在单件、小批生产中的检测

平键在单件、小批量生产中进行检测时,通常采用游标卡尺、千分尺等通用计量器具测量键槽尺寸。键槽对其轴线的对称度误差可用图 5-7 所示方法进行测量。把与键槽宽度相等的定位块插入键槽,用 V 形块模拟基准轴线,首先进行截面测量:调整提取(实际)工件使定位块沿径向与平板平行,测量定位块至平板的距离,再把提取(实际)工件旋转

180°,重复上述测量,得到该截面上、下两对应点的读数差为 a ,则该截面的对称度误差为

$$f_{截} = ah/(d-h)$$

式中 d ——轴的直径;

  h ——轴槽深。

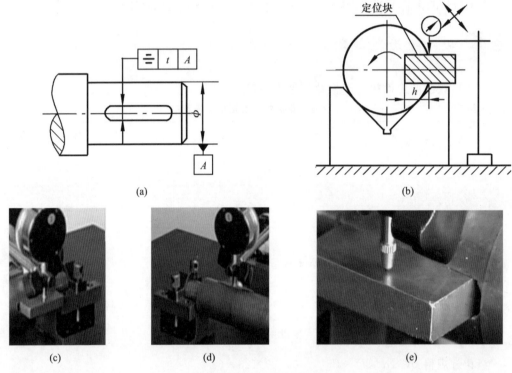

(a)

(b)

(c)

(d)

(e)

图 5-7 轴槽对称度误差测量

接下来再进行长度方向测量,沿键槽长度方向量取两点的最大读数差即长度方向对称度误差:$f_长 = a_高 - a_低$。取 $f_截$、$f_长$ 中的最大值作为该零件对称度误差的近似值。

2.在成批生产中的检测

在成批生产中,键槽尺寸及其对轴线的对称度误差可用塞规检验,如图 5-8 所示。图 5-8(a)~图 5-8(c)所示为检验尺寸误差的极限量规,具有通端和止端,检验时通端能通过而止端不能通过为合格。图 5-8(d)、图 5-8(e)所示为检验几何误差的综合量规,只有通端,通过为合格。

实训 2 矩形花键的检测

矩形花键的检测可分为单项检测和综合检测。在单件、小批生产中,可选用通用量具如千分尺、游标卡尺、指示表等分别对各尺寸(d、D 和 B)及几何误差进行检测。

在成批生产中,可先用花键位置量规同时检验花键的小径、大径、键宽及大径、小径的同轴度误差,各键和键槽的位置度误差等综合结果。

矩形花键综合检测方法见表 5-8。

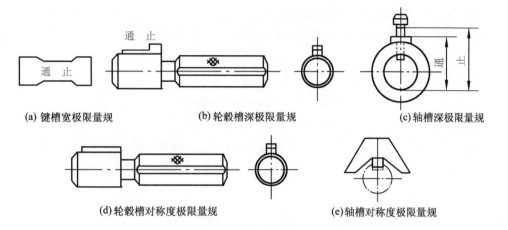

(a) 键槽宽极限量规   (b) 轮毂槽深极限量规   (c) 轴槽深极限量规

(d) 轮毂槽对称度极限量规   (e) 轴槽对称度极限量规

图 5-8　键槽检验用量规

表 5-8   矩形花键综合检测方法

检测项目	示意图	说明
以大径或槽侧定心的花键孔的位置误差		只有通规,没有止规,提取(实际)要素应首先经单项止规检查为不过
以小径定心的花键孔的位置误差及小径		只有通规,没有止规,提取(实际)要素应首先经单项止规检查为不过
花键轴的位置误差及花键轴的大径		只有通规,没有止规,提取(实际)要素应首先经单项止规检查为不过
键对轴线的对称度		将外花键安装于顶尖间或 V 形铁上并使图中提取(实际)要素表面沿径向与平板平行,然后读指示表读数,不要转动花键,将指示表移到另一侧,即图中左侧的键侧面,设两次读数差为 a,则对称度 $f = \dfrac{ah}{d-h}$(式中 a 为读数差;d 为大径;h 为键齿工作面高度)

习　题

一、判断题

1.平键连接配合的主要参数为键宽。　　　　　　　　　　　　　　　　　　　（　　）

2.平键连接中,键宽与键槽宽的配合采用基轴制。　　　　　　　　　　（　　）

3.因轮毂可在安装键的轴上滑动,故应选择较松的连接。　　　　　　（　　）

4.与花键比较,平键的导向精度和定位精度较差。　　　　　　　　　（　　）

5.矩形花键孔与花键轴的配合采用的是基孔制。　　　　　　　　　　（　　）

6.矩形花键的小径、大径和键宽的配合均为间隙配合。　　　　　　　（　　）

7.花键的位置度公差、对称度公差均遵循独立原则。　　　　　　　　（　　）

8.用量规来检验花键时,综合量规通过、止端量规也通过才为合格。　（　　）

二、选择题

1.平键连接的键宽公差带为 h9,在采用一般连接时,其轴槽宽与轮毂槽宽的公差带分别为（　　）。

A.轴槽 H9,轮毂槽 D10　　　　　　　B.轴槽 N9,轮毂槽 JS9

C.轴槽 P9,轮毂槽 P9　　　　　　　　D.轴槽 H7,轮毂槽 E9

2.平键连接中宽度尺寸 b 的不同配合是依靠改变（　　）公差带的位置来获得的。

A.轴槽和轮毂槽宽度　　　　　　　　B.键宽

C.轴槽宽度　　　　　　　　　　　　D.轮毂槽宽度

3.平键连接的键高为（　　）。

A.配合尺寸　　　B.非配合尺寸　　　C.基孔制配合　　　D.基轴制配合

4.平键的（　　）是配合尺寸。

A.键宽与键槽宽　　　　　　　　　　B.键高与键深

C.键长与槽长　　　　　　　　　　　D.键宽与键高

5.矩形花键连接采用的基准制为（　　）。

A.基孔制　　　B.基轴制　　　C.非基准制　　　D.基孔制或基轴制

6.矩形花键连接的配合尺寸有（　　）。

A.大径、中径和键（键槽）宽　　　　B.小径、中径和键（键槽）宽

C.大径、小径和键（键槽）宽　　　　D.键长、中径和键（键槽）宽

7.GB/T 1144—2001 规定矩形花键连接的定心方式为（　　）。

A.大径定心　　　B.小径定心　　　C.中径定心　　　D.键侧定心

8.为保证内、外矩形花键小径定心表面的配合性质,定心表面的几何公差与尺寸公差的关系应采用（　　）。

A.独立原则　　　　　　　　　　　　B.最大实体要求

C.包容要求　　　　　　　　　　　　D.零几何公差要求

三、综合题

1.在平键连接中,键宽和键槽宽的配合有哪几种? 各种配合的应用情况如何?

2.与平键相比,花键连接的优缺点有哪些?

3.在平键连接中,为什么要限制键和键槽的对称度误差?

4.试说明标记花键 $6 \times 23 \dfrac{\text{H6}}{\text{g6}} \times 26 \dfrac{\text{H10}}{\text{a11}} \times 6 \dfrac{\text{H9}}{\text{f7}}$ GB/T 1144—2001 的全部含义。

5.某机床变速箱中一滑移齿轮与花键轴连接,已知花键的规格为 $6 \times 26 \times 30 \times 6$,花键孔长为 30 mm,花键轴长为 75 mm,其结合部位需经常做相对移动,而且定心精度要求较高。试确定:

(1)该齿轮花键孔和花键轴各主要尺寸的公差带代号和极限偏差;

(2)相应表面的位置度公差和表面粗糙度值;

(3)将上述要求分别标注在图 5-9 上。

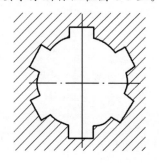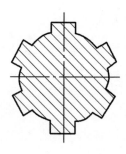

图 5-9　综合题 5 图

第6章

普通螺纹配合的公差及检测

知识及技能目标 >>>

1. 掌握普通螺纹的几何参数、配合特点、标记代号。
2. 会使用螺纹通、止规及螺纹千分尺、杠杆千分尺测量螺纹参数。

素质目标 >>>

1. 通过对螺纹及测量的学习,培养学生具有劳动者所具备的基本素质和较高的职业岗位能力。
2. 培养学生具有可持续发展的价值观和社会责任感,爱岗敬业。

6.1 普通螺纹的基本牙型和几何参数

一、普通螺纹的基本牙型

普通螺纹的基本牙型是指在原始的等边三角形基础上,削去顶部和底部所形成的螺纹牙型。该牙型具有螺纹的公称尺寸,如图 6-1 所示。普通螺纹的公称尺寸见表 6-1。

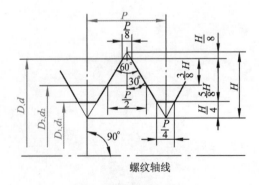

图 6-1　普通螺纹的基本牙型

表 6-1　　　　　　　　普通螺纹的公称尺寸（GB/T 196—2003）　　　　　　　　mm

公称直径（大径）D、d	螺距 P	中径 D_2、d_2	小径 D_1、d_1	公称直径（大径）D、d	螺距 P	中径 D_2、d_2	小径 D_1、d_1
5	0.8	4.480	4.134	18	2.5	16.376	15.294
	0.5	4.675	4.459		2	16.701	15.835
5.5	0.5	5.175	4.959		1.5	17.026	16.376
6	1	5.350	4.917		1	17.350	16.917
	0.75	5.513	5.188	20	2.5	18.376	17.294
7	1	6.350	5.917		2	18.701	17.835
	0.75	6.513	6.188		1.5	19.026	18.376
8	1.25	7.188	6.647		1	19.350	18.917
	1	7.350	6.917	22	2.5	20.376	19.294
	0.75	7.513	7.188		2	20.701	19.835
9	1.25	8.188	7.647		1.5	21.026	20.376
	1	8.350	7.917		1	21.350	20.917
	0.75	8.513	8.188	24	3	22.051	20.752
10	1.5	9.026	8.376		2	22.701	21.835
	1.25	9.188	8.647		1.5	23.026	22.376
	1	9.350	8.917		1	23.350	22.917
	0.75	9.513	9.188	25	2	23.701	22.835
11	1.5	10.026	9.376		1.5	24.026	23.376
	1	10.350	9.917		1	24.350	23.917
	0.75	10.513	10.188	26	1.5	25.026	24.376
12	1.75	10.863	10.106	27	3	25.051	23.752
	1.5	11.026	10.376		2	25.701	24.835
	1.25	11.188	10.647		1.5	26.026	25.376
	1	11.350	10.917		1	26.350	25.917
14	2	12.701	11.835	28	2	26.701	25.835
	1.5	13.026	12.376		1.5	27.026	26.376
	1.25	13.188	12.647		1	27.350	26.917
	1	13.350	12.917	30	3.5	27.727	26.211
15	1.5	14.026	13.376		3	28.051	26.752
	1	14.350	13.917		2	28.701	27.835
16	2	14.701	13.835		1.5	29.026	28.376
	1.5	15.026	14.376		1	29.350	28.917
	1	15.350	14.917	32	2	30.701	29.835
17	1.5	16.026	15.376		1.5	31.026	30.376
	1	16.350	15.917				

二、普通螺纹的几何参数

1.基本大径(d、D)

基本大径简称大径,是指与外螺纹牙顶或内螺纹牙底相切的假想圆柱的直径。国家标准规定,普通螺纹大径的公称尺寸为螺纹的公称直径。

2.基本小径(d_1、D_1)

基本小径简称小径,是指与外螺纹牙底或内螺纹牙顶相切的假想圆柱的直径。

为了应用方便,与牙顶相切的直径又被称为顶径,外螺纹大径和内螺纹小径即顶径。与牙底相切的直径又被称为底径,外螺纹小径和内螺纹大径即底径。

3.基本中径(d_2、D_2)

基本中径简称中径,是一个假想圆柱的直径,该圆柱的母线通过螺纹牙型上沟槽和凸起宽度相等的地方。

上述三种螺纹直径的符号中,大写字母表示内螺纹,小写字母表示外螺纹。对同一结合的内、外螺纹,其大径、小径、中径的公称尺寸应对应相等。

4.螺距(P)

螺距是指相邻两牙在中径线对应两点间的轴向距离。

5.单一中径(d_a、D_a)

单一中径是一个假想圆柱的直径,该圆柱的母线通过牙型上沟槽宽度等于基本螺距一半的地方。单一中径代表螺距中径的提取组成要素的局部尺寸。当无螺距偏差时,单一中径与中径相等;有螺距偏差的螺纹,其单一中径与中径数值不相等,如图 6-2 所示。ΔP 为螺距偏差。

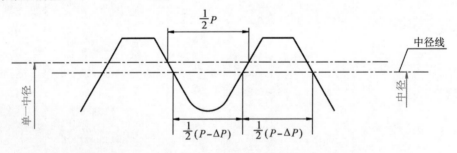

图 6-2　螺纹的单一中径与中径

6.导程(Ph)

导程是指同一螺旋线上的相邻两牙在中径线上对应两点间的轴向距离。对单线螺纹,导程与螺距同值;对多线螺纹,导程等于螺距 P 与螺纹线数 n 的乘积,即 $Ph = nP$。

7.牙型角(α)和牙型半角($\alpha/2$)

牙型角是指螺纹牙型上相邻两牙侧间的夹角,如图 6-3 所示。公制普通螺纹的牙型角 $\alpha = 60°$。牙型半角是牙型角的一半,如图 6-3(a)所示,公制普通螺纹的牙型半角 $\dfrac{\alpha}{2} = 30°$。

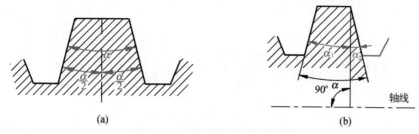

图 6-3　牙型角、牙型半角和牙侧角

8.牙侧角(α_1、α_2)

牙侧角是指在螺纹牙型上牙侧与螺纹轴线的垂线之间的夹角,如图 6-3(b)所示。对于普通螺纹,在理论上,$\alpha=60°$,$\alpha/2=30°$,$\alpha_1=\alpha_2=30°$。

9.螺纹旋合长度

螺纹旋合长度是指两个相互配合的螺纹,沿螺纹轴线方向上相互旋合部分的长度。

10.螺纹接触高度

螺纹接触高度是指在两个相互配合的螺纹牙型上,牙侧重合部分在垂直于螺纹轴线方向上的距离。

6.2　普通螺纹几何参数偏差对螺纹互换性的影响

螺纹的主要几何参数为大径、小径、中径、螺距和牙型半角,在加工过程中,这些参数不可避免地都会产生一定的偏差,这些偏差将影响螺纹的旋合性、接触高度和连接的可靠性,从而影响螺纹结合的互换性。以下着重介绍螺纹中径偏差、螺距偏差及牙型半角偏差对螺纹互换性的影响。

一、中径偏差对螺纹互换性的影响

螺纹中径的提取组成要素的局部尺寸与中径公称尺寸存在偏差,如果外螺纹中径比内螺纹中径大,就会影响螺纹的旋合性;反之,如果外螺纹中径比内螺纹中径小,就会使内外螺纹配合过松而影响连接的可靠性和紧密性,削弱连接强度。可见,中径偏差的大小直接影响螺纹的互换性,因此对中径偏差必须加以限制。

二、螺距偏差对螺纹互换性的影响

螺距偏差分为单个螺距偏差和螺距累积偏差,前者与旋合长度无关,后者与旋合长度有关。螺距偏差对旋合性的影响如图 6-4 所示。

在图 6-4 中,假定内螺纹具有基本牙型,外螺纹的中径及牙型半角与内螺纹相同,但螺距有偏差,外螺纹的螺距比内螺纹的小,则内、外螺纹的牙型产生干涉(图 6-4 中网格线部分)而无法自由旋合。

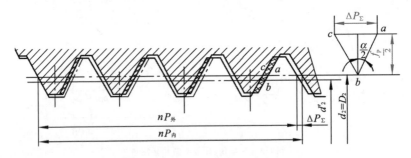

图 6-4　螺距偏差对旋合性的影响

在实际生产中，为了使有螺距偏差的外螺纹旋入标准的内螺纹，应将外螺纹的中径减小一个数值 f_p。同理，为了使有螺距偏差的内螺纹旋入标准的外螺纹，应将内螺纹的中径加大一个数值 f_p，这个 f_p 值称为螺距偏差的中径当量（μm）。从图 6-4 中的几何关系可得

$$f_p = |\Delta P_{\Sigma}| \cdot \cot \frac{\alpha}{2} \tag{6-1}$$

对于公制普通螺纹 $\alpha/2 = 30°$，则

$$f_p = 1.732 |\Delta P_{\Sigma}| \tag{6-2}$$

式中，ΔP_{Σ} 取绝对值。因为不论 ΔP_{Σ} 是正值或负值，都会发生干涉，影响旋合性的性质不变，只是发生的干涉在不同的牙侧面而已。ΔP_{Σ} 应为在旋合长度内最大的螺距累积偏差值，但该值并不一定出现在最大旋合长度上。

三、牙型半角偏差对螺纹互换性的影响

牙型半角偏差为实际牙型半角与理论牙型半角之差，它是牙侧相对于螺纹轴线的位置偏差。牙型半角偏差对螺纹的旋合性和连接强度均有影响。

如图 6-5 所示为牙型半角偏差对旋合性的影响。在图 6-5 中，假设内螺纹具有基本牙型，外螺纹中径及螺距与内螺纹相同，仅牙型半角有偏差。

在图 6-5(a)中，外螺纹的左、右牙型半角相等，但小于内螺纹牙型半角，牙型半角偏差 $\Delta \frac{\alpha}{2} = \frac{\alpha}{2}_{(外)} - \frac{\alpha}{2}_{(内)} < 0$，则在其牙顶部分的牙侧发生干涉。

在图 6-5(b)中，外螺纹的左、右牙型半角相等，但大于内螺纹牙型半角，牙型半角偏差 $\Delta \frac{\alpha}{2} = \frac{\alpha}{2}_{(外)} - \frac{\alpha}{2}_{(内)} > 0$，则在其牙根部分的牙侧有干涉现象。

在图 6-5(c)中，外螺纹的左、右牙型半角偏差不相同，两侧干涉区的干涉量也不相同。

上述三种情况下，外螺纹都将无法旋入内螺纹，为了使外螺纹旋入标准的内螺纹，必须把外螺纹的中径减小一个数值 $f_{\frac{\alpha}{2}}$——牙型半角偏差的中径当量（μm）。

根据三角形的正弦定理，可得到外螺纹牙型半角偏差的中径当量 $f_{\frac{\alpha}{2}}$ 为

$$f_{\frac{\alpha}{2}} = 0.073 P \left(K_1 \left| \Delta \frac{\alpha}{2}_{(左)} \right| + K_2 \left| \Delta \frac{\alpha}{2}_{(右)} \right| \right) \tag{6-3}$$

式中　P——螺距，mm；

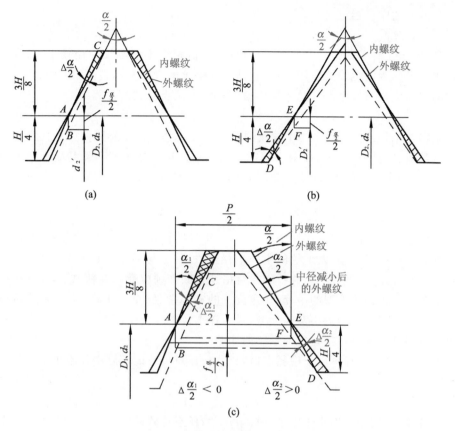

图 6-5 牙型半角偏差对旋合性的影响

$\Delta \dfrac{\alpha}{2}_{(左)}$ ——左牙型半角偏差,$(')$;

$\Delta \dfrac{\alpha}{2}_{(右)}$ ——右牙型半角偏差,$(')$;

K_1、K_2 ——系数,对外螺纹,当牙型半角偏差为正值时,K_1 和 K_2 取 2;为负值时,K_1 和 K_2 取 3。对内螺纹,其取值相反。

式(6-3)是以外螺纹存在牙型半角偏差时推导整理出来的一个通式,当假设外螺纹具有标准牙型,而内螺纹存在牙型半角偏差时,就需要将内螺纹的中径加大一个 $f_{\frac{\alpha}{2}}$,它对内螺纹同样适用。

 ## 四、螺纹作用中径及中径合格条件

1.作用中径

作用中径是指螺纹配合时实际起作用的中径。当普通螺纹没有螺距偏差和牙型半角偏差时,内、外螺纹旋合时起作用的中径就是螺纹的实际中径。当外螺纹有了螺距偏差和牙型半角偏差时,相当于外螺纹的中径增大了,这个增大了的假想中径称为外螺纹的作用中径,它是与内螺纹旋合时实际起作用的中径,其值等于外螺纹的实际中径与螺距偏差及

牙型半角偏差的中径当量之和,即

$$d_{2作用}=d_{2实际}+(f_P+f_{\frac{\alpha}{2}}) \tag{6-4}$$

同理,内螺纹有了螺距偏差和牙型半角偏差时,相当于内螺纹中径减小了,这个减小了的假想中径称为内螺纹的作用中径,它是与外螺纹旋合时实际起作用的中径,其值等于内螺纹的实际中径与螺距偏差及牙型半角偏差的中径当量之差,即

$$D_{2作用}=D_{2实际}-(f_P+f_{\frac{\alpha}{2}}) \tag{6-5}$$

这里实际中径 $D_{2实际}$($d_{2实际}$)用螺纹的单一中径代替。由于螺距偏差和牙型半角偏差的影响均可折算为中径当量,故对于普通螺纹,国家标准没有规定螺距及牙型半角的公差,只规定了一个中径公差,这个公差同时用来限制实际中径、螺距及牙型半角三个要素的偏差。

2.中径合格条件

如前所述,如果外螺纹的作用中径过大,内螺纹的作用中径过小,将使螺纹难以旋合。若外螺纹的单一中径过小,内螺纹的单一中径过大,将会影响螺纹的连接强度。因此,从保证螺纹旋合性和连接强度看,螺纹中径合格性判断准则应遵循泰勒原则,即螺纹的作用中径不能超越最大实体牙型的中径;任意位置的实际中径(单一中径)不能超越最小实体牙型的中径。所谓最大与最小实体牙型,是指在螺纹中径公差范围内,分别具有材料量最多和最少且与基本牙型形状一致的螺纹的牙型。

对外螺纹:作用中径不大于中径上极限尺寸;任意位置的实际中径不小于中径下极限尺寸,即

$$d_{2作用}\leqslant d_{2\max}, d_{2实际}\geqslant d_{2\min}$$

对内螺纹:作用中径不小于中径下极限尺寸;任意位置的实际中径不大于中径上极限尺寸,即

$$D_{2作用}\geqslant D_{2\min}, D_{2实际}\leqslant D_{2\max}$$

6.3 普通螺纹的公差与配合

一、普通螺纹公差的基本结构

普通螺纹公差制的结构如图 6-6 所示,《普通螺纹 公差》(GB/T 197—2018)将螺纹公差带标准化,螺纹公差带由构成公差带大小的公差等级和确定公差带位置的基本偏差组成,结合内、外螺纹的旋合长度,一起形成不同的螺纹精度。

图 6-6 普通螺纹公差制的结构

二、螺纹的公差等级

国家标准对内、外螺纹规定了不同的公差等级,各公差等级中,3级最高,9级最低,6级为基本级。螺纹公差等级见表6-2。

表 6-2   螺纹公差等级

螺纹直径	公差等级	螺纹直径	公差等级
外螺纹中径 d_2	3、4、5、6、7、8、9	内螺纹中径 D_2	4、5、6、7、8
外螺纹大径 d	4、6、8	内螺纹小径 D_1	4、5、6、7、8

螺纹的公差值是由经验公式计算而来的,普通螺纹的中径和顶径公差分别见表6-3和表6-4。

表 6-3   内、外螺纹中径公差(GB/T 197—2018)   μm

公称大径/mm		螺距 P/mm	内螺纹中径公差 T_{D2}					外螺纹中径公差 T_{d2}						
>	≤		公差等级					公差等级						
			4	5	6	7	8	3	4	5	6	7	8	9
5.6	11.2	0.75	85	106	132	170	—	50	63	80	100	125	—	—
		1	95	118	150	190	236	56	71	90	112	140	180	224
		1.25	100	125	160	200	250	60	75	95	118	150	190	236
		1.5	112	140	180	224	280	67	85	106	132	170	212	265
11.2	22.4	1	100	125	160	200	250	60	75	95	118	150	190	236
		1.25	112	140	180	224	280	67	85	106	132	170	212	265
		1.5	118	150	190	236	300	71	90	112	140	180	224	280
		1.75	125	160	200	250	315	75	95	118	150	190	236	300
		2	132	170	212	265	335	80	100	125	160	200	250	315
		2.5	140	180	224	280	355	85	106	132	170	212	265	335
22.4	45	1	106	132	170	212	—	63	80	100	125	160	200	250
		1.5	125	160	200	250	315	75	95	118	150	190	236	300
		2	140	180	224	280	355	85	106	132	170	212	265	335
		3	170	212	265	335	425	100	125	160	200	250	315	400
		3.5	180	224	280	355	450	106	132	170	212	265	335	425
		4	190	236	300	375	475	112	140	180	224	280	355	450
		4.5	200	250	315	400	500	118	150	190	236	300	375	475

表 6-4   内、外螺纹顶径公差(GB/T 197—2018)   μm

螺距 P/mm	内螺纹顶径(小径)公差 T_{D1}					外螺纹顶径(大径)公差 T_d		
	公差等级					公差等级		
	4	5	6	7	8	4	6	8
0.75	118	150	190	236	—	90	140	—
0.8	123	160	200	250	315	95	150	236
1	150	190	236	300	375	112	180	280

续表

螺距 P/mm	内螺纹顶径(小径)公差 T_{D1}					外螺纹顶径(大径)公差 T_d		
	公差等级					公差等级		
	4	5	6	7	8	4	6	8
1.25	170	212	265	335	425	132	212	335
1.5	190	236	300	375	475	150	236	375
1.75	212	265	335	425	530	170	265	425
2	236	300	375	475	600	180	280	450
2.5	280	355	450	560	710	212	335	530
3	315	400	500	630	800	236	375	600

　　由于内螺纹加工比外螺纹困难,所以在同一公差等级中,内螺纹中径公差比外螺纹中径公差大 32%。对外螺纹的小径和内螺纹的大径没有规定具体的公差值,而只规定内、外螺纹牙底实际轮廓上的任何点均不得超出按基本偏差所确定的最大实体牙型。

三、螺纹的基本偏差

　　螺纹公差带的位置是由基本偏差确定的。在普通螺纹标准中,对内螺纹规定了代号为 G、H 的两种基本偏差,对外螺纹规定了代号为 e、f、g、h 的四种基本偏差,如图 6-7 所示。H、h 的基本偏差为 0,G 的基本偏差为正值,e、f、g 的基本偏差为负值。

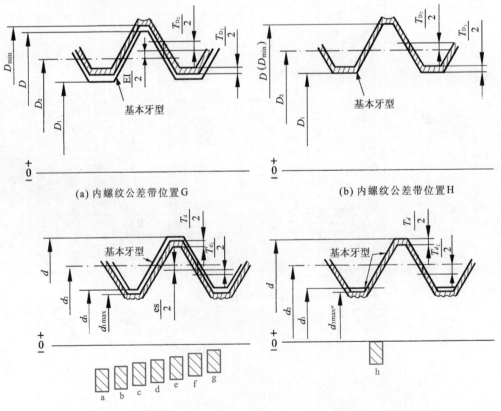

(a) 内螺纹公差带位置G

(b) 内螺纹公差带位置H

(c) 外螺纹公差带位置 a、b、c、d、e、f、g

(d) 外螺纹公差带位置 h

图 6-7　内、外螺纹公差带位置

内、外螺纹的基本偏差见表6-5。

表 6-5　　　　　　　　内、外螺纹的基本偏差（GB/T 197—2018）　　　　　　　μm

螺距 P/mm	内螺纹		外螺纹			
	G	H	e	f	g	h
	EI		*es*			
0.75	+22	0	−56	−38	−22	0
0.8	+24	0	−60	−38	−24	0
1	+26	0	−60	−40	−26	0
1.25	+28	0	−63	−42	−28	0
1.5	+32	0	−67	−45	−32	0
1.75	+34	0	−71	−48	−34	0
2	+38	0	−71	−52	−38	0
2.5	+42	0	−80	−58	−42	0
3	+48	0	−85	−63	−48	0

四、螺纹的旋合长度与精度等级

国家标准按螺纹的直径和螺距将旋合长度分为三组，分别称为短旋合长度组（S）、中等旋合长度组（N）和长旋合长度组（L），以满足普通螺纹不同使用性能的要求。普通螺纹旋合长度见表6-6。

表 6-6　　　　　　　　普通螺纹旋合长度（GB/T 197—2018）　　　　　　　mm

公称直径 D、d		螺距 P	旋合长度			
			S		N	
>	≤		≤	>	≤	>
5.6	11.2	0.75	2.4	2.4	7.1	7.1
		1	3	3	9	9
		1.25	4	4	12	12
		1.5	5	5	15	15
11.2	22.4	1	3.8	3.8	11	11
		1.25	4.5	4.5	13	13
		1.5	5.6	5.6	16	16
		1.75	6	6	18	18
		2	8	8	24	24
		2.5	10	10	30	30
22.4	45	1	4	4	12	12
		1.5	6.3	6.3	19	19
		2	8.5	8.5	25	25
		3	12	12	36	36
		3.5	15	15	45	45
		4	18	18	53	53
		4.5	21	21	63	63

当公差等级一定时，螺纹旋合长度越长，螺距累积偏差越大，加工越困难。因此，公差等级相同而旋合长度不同的螺纹精度等级就不同。国家标准按螺纹公差等级和旋合长度将螺纹精度分为精密、中等和粗糙三级。螺纹精度等级的高低代表着螺纹加工的难易程

度。精密级用于精密螺纹,要求配合性质变动小时采用;中等级用于一般用途的机械和构件;粗糙级用于精度要求不高或制造比较困难的螺纹,例如在热轧棒料上和深盲孔内加工螺纹。

一般以中等旋合长度下的 6 级公差等级作为中等级精度,精密级与粗糙级都与此相比较而言。

 五、螺纹的公差带及选用

按照内、外螺纹不同的基本偏差和公差等级可以组成许多螺纹公差带,在实际应用中,为了减少螺纹刀具和螺纹量规的规格和数量,GB/T 197—2018 推荐了一些常用的公差带,见表 6-7。在选用螺纹公差带时,宜优先按表 6-7 的规定选取。除特殊情况外,表 6-7 以外的公差带不宜选用。如果不知道螺纹旋合长度的实际值(例如标准螺栓),推荐按中等旋合长度(N)选取螺纹公差带。

表 6-7 内、外螺纹的推荐公差带(GB/T 197—2018)

精度	内螺纹选用公差带			外螺纹选用公差带		
	S	N	L	S	N	L
精密	4H	5H	6H	(3h4h)	*4h(4g)	(5h4h)(5g4h)
中等	*5H (5G)	6H *6G	*7H (7G)	(5h6h) (5g6g)	6h 6g *6f *6e	(7h6h) (7g6g) (7e6e)
粗糙	—	7H (7G)	8H (8G)		8g (8e)	(9g8g) (9e8e)

注:公差带优先选用顺序为:带 * 号公差带、一般字体公差带、括号内公差带,带方框的公差带用于大量生产的紧固件螺纹。

如无其他特殊说明,推荐公差带适用于涂镀前螺纹。涂镀后,螺纹实际轮廓上的任何点不应超越按公差位置 H 或 h 所确定的最大实体牙型。

内、外螺纹牙底实际轮廓上的任何点不应超越按基本牙型和公差带位置所确定的最大实体牙型。

 六、普通螺纹的标记

完整的螺纹标记由螺纹特征代号、尺寸代号、公差带代号以及其他有必要进一步说明的个别信息组成,如图 6-8 所示。

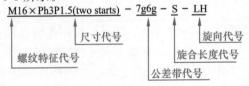

图 6-8 普通螺纹的标记

1.螺纹特征代号

普通螺纹的特征代号用字母"M"表示。

2.尺寸代号

尺寸代号包括公称直径、导程、螺距等,单位为 mm。对粗牙螺纹,省略标注其螺距项。

单线螺纹的尺寸代号为"公称直径×螺距"。

多线螺纹的尺寸代号为"公称直径×Ph 导程 P 螺距"。如要进一步表明螺纹的线数,可在后面增加括号说明(使用英语进行说明,例如双线为 two starts,三线为 three starts)。

3.公差带代号

公差带代号包含中径公差带代号和顶径公差带代号。公差带代号由表示公差等级的数值和表示公差带位置的字母组成。中径公差带代号在前,顶径公差带代号在后。如中径、顶径公差带代号相同,则只标注一个公差带代号。螺纹尺寸代号与公差带代号间用"-"隔开。

表示内、外螺纹配合时,内螺纹公差带代号在前,外螺纹公差带代号在后,中间用斜线分开。

4.旋合长度代号

对短旋合长度和长旋合长度的螺纹,宜在公差带代号后分别标注"S"和"L"。旋合长度代号与公差带代号间用"-"分开。中等旋合长度螺纹不标注旋合长度代号"N"。

5.旋向代号

对左旋螺纹,应在旋合长度代号之后标注"LH"。旋合长度代号与旋向代号间用"-"分开。右旋螺纹不标注旋向代号。

6.标注示例

M20×2-6H/5g6g:公称直径为 20 mm,螺距为 2 mm,中径公差带代号和顶径公差带代号为 6H 的内螺纹和中径公差带代号为 5g,顶径公差带代号为 6g 的外螺纹组成的中等旋合长度、右旋细牙普通螺纹配合。

M6×0.75-5h6h-S-LH:公称直径为 6 mm,螺距为 0.75 mm,单线,中径公差带代号为 5h,顶径公差带代号为 6h,短旋合长度,左旋细牙普通外螺纹。

【例 6-1】　一螺纹配合为 M20-6H/5g6g,试查表确定内、外螺纹的中径、小径和大径的极限偏差,并计算内、外螺纹的中径、小径和大径的极限尺寸。

解　(1)查表 6-1 得　大径 $D=d=20$ mm

$\qquad\qquad\qquad$中径 $D_2=d_2=18.376$ mm

$\qquad\qquad\qquad$小径 $D_1=d_1=17.294$ mm

$\qquad\qquad\qquad$螺距 $P=2.5$ mm

(2)查表 6-3～表 6-5,求出内、外螺纹中径、小径和大径的极限偏差,并计算出中径、小径和大径的极限尺寸,结果列于表 6-8。

表 6-8   **例 6-1 结果**   mm

名称		内螺纹		外螺纹	
极限偏差		上极限偏差	下极限偏差	上极限偏差	下极限偏差
查表值	大径	—	0	−0.042	−0.377
	中径	+0.224	0	−0.042	−0.174
	小径	+0.450	0	−0.042	按牙底形状
计算值	大径	—	20	19.958	19.623
	中径	18.600	18.376	18.334	18.202
	小径	17.744	17.294	17.252	牙底轮廓不超出 $H/8$ 削平线

【例 6-2】 已知螺纹尺寸和公差要求为 M 24×2-6g，加工后测得实际大径 $d_a=$ 23.850 mm，实际中径 $d_{2a}=22.521$ mm，螺距累积偏差 $\Delta P_\Sigma=+0.05$ mm，牙型半角偏差分别为 $\Delta\dfrac{\alpha}{2}_{(左)}=+20'$，$\Delta\dfrac{\alpha}{2}_{(右)}=-25'$，试判断顶径和中径是否合格，查出所需旋合长度的范围。

解   （1）由表 6-1 查得 $d_2=22.701$ mm

由表 6-3～表 6-5 查得并计算出

中径   es$=-38$ μm，$T_{d_2}=170$ μm

大径   es$=-38$ μm，$T_d=280$ μm

（2）判断大径的合格性

$$d_{max}=d+\text{es}=24-0.038=23.962 \text{ mm}$$
$$d_{min}=d_{max}-T_d=23.962-0.28=23.682 \text{ mm}$$

因 $d_{max}>d_a>d_{min}$

故大径合格。

（3）判断中径的合格性

$$d_{2max}=d_2+\text{es}=22.701-0.038=22.663 \text{ mm}$$
$$d_{2min}=d_{2max}-T_{d_2}=22.663-0.17=22.493 \text{ mm}$$
$$f_p=1.732\,|\Delta P_\Sigma|=1.732\times0.05=0.087 \text{ mm}$$

$$f_{\frac{\alpha}{2}}=0.073P\left(K_1\left|\Delta\frac{\alpha}{2}_{(左)}\right|+K_2\left|\Delta\frac{\alpha}{2}_{(右)}\right|\right)=0.073\times2\times(2\times20+3\times25)$$
$$=16.8 \text{ μm}=0.017 \text{ mm}$$

则 $d_{2作用}=d_{2a}+(f_p+f_{\frac{\alpha}{2}})=22.521+(0.087+0.017)=22.625$ mm

按极限尺寸判断原则

$$d_{2作用}<d_{2max}$$
$$d_{2a}>d_{2min}$$

故中径也合格。

（4）根据该螺纹尺寸 $d=24$ mm，螺距 $P=2$ mm，查表 6-6 得，采用中等旋合长度为 8.5～25 mm。

 技能训练

实训 1　用螺纹量规对普通螺纹进行综合检验

1.螺纹量规的结构及用途

螺纹量规如图 6-9 所示,检验内螺纹的螺纹量规称为螺纹塞规,检验外螺纹的螺纹量规称为螺纹环规,它们都由通规(通端)和止规(止端)组成。其中通规主要用于检验内、外螺纹的中径及顶径的合格性,止规用于检验内、外螺纹单一中径的合格性,均是用来对螺纹进行综合检验的。

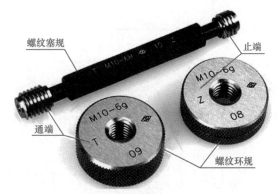

图 6-9　螺纹量规

2.内螺纹综合检验合格性判断(图 6-10)

(1)若光滑极限量规的通端能通过内螺纹而止端不能通过,则内螺纹顶径合格。

(2)若螺纹塞规的通端在旋合长度内与内螺纹旋合,则内螺纹作用中径合格。

(3)若螺纹塞规的止端不能通过内螺纹或只旋进 2～3 牙,则内螺纹单一中径合格。

此方法为螺纹的综合检验,即对螺纹零件的各项精度指标同时进行检验,其检验效率高,但对量规的制造精度要求较高,成本也高,适用于检验成批、大量生产的螺纹。

3.检验方法

(1)螺纹环规检验方法

①清理干净提取(实际)螺纹上的油污和杂质,然后在通规与提取(实际)螺纹对正后,用大拇指与食指转动通规,使其在自由状态下旋合,若能通过螺纹全部长度,则判定为合格;否则,判定为不合格。

②用止规检验,在止规与提取(实际)螺纹对正后,用大拇指与食指转动止规,若放入螺纹长度在两个螺距之内,则判定为合格;否则,判定为不合格。

(2)螺纹塞规检验方法

如果提取(实际)螺纹能够与螺纹通规旋合通过,且与螺纹止规不完全旋合通过(螺纹止规只允许与提取(实际)螺纹两段旋合,旋合量不超过两个螺距),就表明提取(实际)螺纹的作用中径没有超过其最大实体牙型的中径,且单一中径没有超出其最小实体牙型的中径,那么就可以保证旋合性和连接强度,则判定提取(实际)螺纹中径合格;否则,判定为不合格。

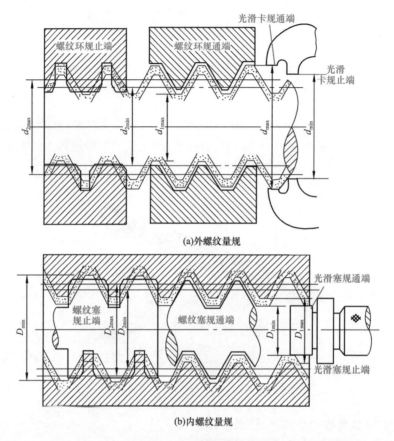

图 6-10　螺纹量规

实训 2　用螺纹千分尺对普通螺纹进行单项检验

1.螺纹千分尺的组成及原理

螺纹千分尺具有锥形和 V 形测头,如图 6-11 所示,螺纹千分尺是应用螺旋副传动原理将回转运动变为直线运动的一种测量器具。

螺纹千分尺的结构和使用方法与外径千分尺相同,只是有两个和螺纹牙型角相同的测头,一个呈圆锥形,一个呈凹槽形,有一系列的测头,可测量不同的牙型角和一定范围螺距的螺纹。螺纹千分尺主要用来测量普通精度的螺纹中径,还可以用来测量公制、英制及梯形螺纹。

2.检验方法(图 6-12)

测量时,螺纹千分尺的两个测头正好卡在螺纹的牙型面上,所得的读数就是该螺纹中径的实际尺寸。

(1)根据图样中普通螺纹的公称尺寸,选择合适规格的螺纹千分尺。

(2)按提取(实际)螺纹的螺距大小选择测头型号,装入螺纹千分尺,并读取零位值。

(3)从不同截面、不同方向多次测量提取(实际)螺纹中径。

微课 22

螺纹检测

(4)查出提取(实际)螺纹中径的极限值,并判断中径的合格性。

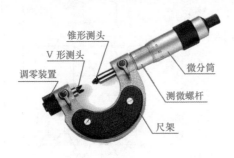

图 6-11　螺纹千分尺

图 6-12　测量螺纹中径

此方法为螺纹单项检验,即只对螺纹的单项几何参数偏差进行检验,多用通用量具和仪器,可满足不同测量精度要求。它应用于加工过程中可提高加工精度,但检测效率低,只适用于产品加工过程中和不批量生产的检验。

实训 3　用杠杆千分尺对螺纹中径进行单项检验

1.杠杆千分尺的组成及原理

如图 6-13 所示,杠杆千分尺是一种带有精密杠杆齿轮传动机构的指示表式测微量具,其用途与外径千分尺相似,但因其能进行相对测量,故测量效率高,适用于大批量、精度较高的中、小零件测量。

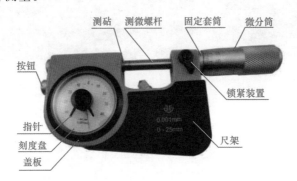

图 6-13　杠杆千分尺

2.三针量法

三针量法是一种间接测量方法,主要用于测量精密螺纹(如丝杠、螺纹塞规)的中径 d_2,如图 6-14 所示。根据提取(实际)螺纹的螺距和牙型半角选取三根直径相同的小圆柱(直径为 d_0)放在牙槽里,用杠杆千分尺量出尺寸 M 值,然后根据被测螺纹已知的螺距 P、牙型半角 $\alpha/2$ 和量针直径 d_0,并计算螺纹中径,即

$$d_2 = M - d_0(1 + \frac{1}{\sin\frac{\alpha}{2}}) + \frac{P}{2}\cot\frac{\alpha}{2}$$

对于公制普通螺纹,$\alpha = 60°$,则

$$d_2 = M - 3d_0 + 0.866P$$

为避免牙型半角偏差对测量结果的影响，量针直径应按照螺纹螺距选取，使量针在中径线上与牙侧接触，这样的量针直径称为最佳量针直径 $d_{0最佳}$，即

$$d_{0最佳} = P/(2\cos\frac{\alpha}{2})$$

对公制普通螺纹 $d_{0最佳} = 0.577P$

3.检验方法（图 6-15）

（1）根据提取（实际）螺纹的螺距选择最佳直径或适当直径的三针。

（2）校对杠杆千分尺的零位。

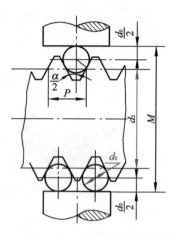

图 6-14　三针量法测量中径

（3）将三针放入提取（实际）螺纹的三个牙槽中，旋转杠杆千分尺套筒，使其两侧面与三针接触，然后读出 M 值。

（4）测量三个截面，每个截面在相互垂直方向各测量一次，每测量一个位置，重复三次。

（5）计算出 M 的平均值，根据公式求出提取（实际）螺纹中径，判断螺纹中径合格性。

(a)

(b)

图 6-15　三针量法测量螺纹中径

习　题

一、判断题

1.国家标准规定的公制普通螺纹的公称直径是指大径。（　　）

2.螺纹中径是指螺纹大径和小径的平均值。（　　）

3.国家标准对普通螺纹除规定中径公差外，还规定了螺距公差和牙型半角公差。（　　）

4.对普通螺纹，所谓中径合格，是指单一中径、牙侧角和螺距都是合格的。（　　）

5.普通螺纹的配合精度与公差等级和旋合长度有关。（　　）

6.外螺纹的基本偏差为上极限偏差，内螺纹的基本偏差为下极限偏差。（　　）

7.螺纹的中径公差可以同时限制中径、螺距、牙型半角三个参数的误差。（　　）

8.三针量法是一种间接测量方法，主要用于测量精密螺纹的中径。（　　）

二、选择题

1.在普通螺纹标准中,为保证螺纹互换性而规定了(　　)公差。

A.大径、小径、中径　　　　　　　　B.大径、中径、螺距

C.中径、螺距、牙型半角　　　　　　D.中径、牙型半角

2.若内螺纹仅有牙型半角误差,且 $\Delta\frac{\alpha}{2}_{(左)}=\Delta\frac{\alpha}{2}_{(右)}>0$,与其相配的外螺纹具有理想牙型,则当内、外螺纹旋合时,干涉部位主要发生在(　　)。

A.中径处　　　　B.大径处　　　　C.小径处　　　　D.牙根部分的牙侧面

3.普通内螺纹最大实体牙型的中径用来控制(　　)。

A.作用中径　　　　B.单一中径　　　　C.螺距误差　　　　D.牙侧角偏差

4.螺纹公差带是以(　　)的牙型公差带。

A.基本牙型的轮廓为零线　　　　　　B.中径线为零线

C.大径线为零线　　　　　　　　　　D.小径线为零线

5.普通螺纹的基本偏差是(　　)。

A.ES 和 EI　　　　B.EI 和 es　　　　C.ES 和 ei　　　　D.es 和 ei

6.某螺纹标注为 M20-5g6g-S ,其中 20 指的是螺纹的(　　)。

A.大径　　　　B.中径　　　　C.小径　　　　D.单一中径

7.M20×2-7h6h-L,此螺纹标注中 6h 为(　　)。

A.外螺纹大径公差带代号　　　　　　B.内螺纹中径公差带代号

C.外螺纹小径公差带代号　　　　　　D.外螺纹中径公差带代号

8.螺纹量规的通端用于控制(　　)。

A.作用中径不超过最小实体牙型中径　B.作用中径不超过最大实体牙型中径

C.实际中径不超过最小实体尺寸　　　D.实际中径不超过最大实体尺寸

三、综合题

1.普通螺纹的基本参数有哪些?为什么说螺纹中径是影响螺纹互换性的主要参数?

2.为什么称中径公差为综合公差?如何判断中径的合格性?以外螺纹为例,试比较螺纹的中径、单一中径、作用中径之间的异同点。

3.解释下列螺纹标记的含义:

(1)M12×1-5g6g-S　　　　　　　　(2)Tr36×12(P6)LH-6H

4.有一螺栓 M20×2-5h,加工后测得:单一中径为 18.681 mm,螺距累积误差的中径当量 $f_p=0.018$ mm,牙型半角误差的中径当量 $f_{\frac{\alpha}{2}}=0.022$ mm,已知中径尺寸为18.701 mm,试判断该螺栓的合格性。

5.某一内螺纹公差要求为 M20×2-6G,加工后测得:实际小径 $D_{1a}=18.132$ mm,实际中径 $D_{2a}=18.934$ mm,螺距累积偏差 $\Delta P_\Sigma=+0.05$ mm,牙侧角误差为 $\Delta\alpha_1=+25'$,$\Delta\alpha_2=-30'$,试判断该螺纹中径和顶径是否合格,并查出所需旋合长度的范围。

6.如何用螺纹千分尺测量螺纹中径?三针量法可测量螺纹的哪个参数?其最佳针径如何确定?

第7章

滚动轴承的公差与配合

知识及技能目标 >>>

1. 了解滚动轴承内、外径公差带及其特点、精度等级的应用。
2. 掌握滚动轴承与轴和外壳的公差配合、几何公差和表面粗糙度的选择。
3. 熟悉滚动轴承游隙的测量方法。

素质目标 >>>

1. 通过对滚动轴承的学习，培养学生具有终身学习的能力，以适应不断变化的社会环境，具有国际视野。
2. 培养学生做一名有理想、有道德、有文化、有纪律、有创新的高技能人才。

7.1 概述

滚动轴承是具有互换性的标准件，为了保证滚动轴承与外部件的配合，国家制定了相关标准：《滚动轴承 配合》(GB/T 275—2015)、《滚动轴承 向心轴承产品几何技术规范(GPS)和公差值》(GB/T 307.1—2017)等。

一、滚动轴承的组成与特点

滚动轴承是机械制造业中应用极为广泛的一种标准部件，其基本结构如图7-1所示，一般由外圈、内圈、滚动体和保持架组成。公称内径为 d 的轴承内圈与轴颈配合，公称外径为 D 的轴承外圈与轴承座孔配合，属于典型的光滑圆柱连接。但它的结构特点和功能要求决定了其公差配合与一般光滑圆柱连接要求不同。

滚动轴承工作时，要求转动平稳、旋转精度高、噪声小。为了保证滚动轴承的工作性能与使用寿命，除了轴承本身的制造精度外，还要正确选择轴和轴承座孔与轴承的配合、传动轴和轴承座孔的尺寸精度、几何精度以及表面粗糙度等。

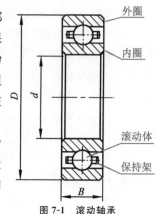

图 7-1 滚动轴承

二、滚动轴承的精度等级及其选用

1.滚动轴承的精度等级

滚动轴承的精度是按其外形尺寸公差和旋转精度分级的。

外形尺寸公差是指成套轴承的内径、外径和宽度尺寸公差;旋转精度主要指轴承内、外圈的径向跳动,端面对滚道的跳动和端面对内孔的跳动等。

GB/T 307.1—2017 规定向心轴承(圆锥滚子轴承除外)精度分为 0、6、5、4、2 五级,其中 0 级最低,依次升高,2 级最高;圆锥滚子轴承精度分为 0、6X、5、4、2 五级;推力轴承分为 0、6、5、4 四级。

2.轴承精度等级的选用

(1)0 级 通常称为普通级,用于低、中速及旋转精度要求不高的一般旋转机构,它在机械中应用最广。例如用于普通机床变速箱、进给箱的轴承,汽车、拖拉机变速箱的轴承,普通电动机、水泵、压缩机等旋转机构中的轴承等。

(2)6 级 用于转速较高、旋转精度要求较高的旋转机构。例如用于普通机床的主轴后轴承、精密机床变速箱的轴承等。

(3)5 级、4 级 用于高速、高旋转精度要求的机构。例如用于精密机床的主轴承,精密仪器仪表的主要轴承等。

(4)2 级 用于转速很高、旋转精度要求也很高的机构。例如用于齿轮磨床、精密坐标镗床的主轴轴承,高精度仪器仪表及其他高精度精密机械的主要轴承。

 三、滚动轴承内径、外径公差带及特点

1.基准制

为了组织专业化生产,便于互换,轴承内圈内径与轴采用基孔制配合,外圈外径与外壳孔采用基轴制配合。而作为基准孔和基准轴的滚动轴承内、外径公差带,由于考虑本身特点和使用要求,规定了不同于 GB/T 1800.1—2020 中任何等级的基准件公差带(H、h)。

2.公差带

国家标准中规定,轴承外圈外径的单一平面平均直径 D_{mp} 的公差带的上极限偏差为零,如图 7-2 所示,与一般的基准轴公差带分布位置相同,数值不同(数值见表 7-1)。

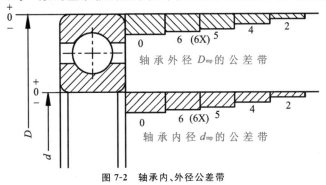

图 7-2 轴承内、外径公差带

表 7-1　向心轴承（圆锥滚子轴承除外）公差（GB/T 307.1—2017）

内圈技术条件

公称内径/mm		外形尺寸公差/μm										旋转精度/μm										
		内径 Δdmp					内径 Δds		宽度 ΔBs	Kia					Sd			Sia			
		0	6	5	4	2	4	2	0,6,5,4,2	0	6	5	4	2	5	4	2	5	4	2	
>	≤	上/下	上/下	上/下	上/下	上/下	上/下	上/下	上/下	max	max	max	max	max	max	max	max	max	max	max	
18	30	0/−10	0/−8	0/−6	0/−5	0/−2.5	0/−5	0/−2.5	0/−120	13	8	4	3	2.5	8	4	1.5	8	4	2.5	
30	50	0/−12	0/−10	0/−8	0/−6	0/−2.5	0/−6	0/−2.5	0/−120	15	10	5	4	2.5	8	4	1.5	8	4	2.5	
50	80	0/−15	0/−12	0/−9	0/−7	0/−4	0/−7	0/−4	0/−150	20	10	5	4	2.5	8	5	1.5	8	5	2.5	
80	120	0/−20	0/−15	0/−10	0/−8	0/−5	0/−8	0/−5	0/−200	25	13	6	5	2.5	9	5	2.5	9	5	2.5	
120	150	0/−25	0/−18	0/−13	0/−10	0/−7	0/−10	0/−7	0/−250	30	18	8	6	2.5	10	6	2.5	10	7	2.5	
150	180	0/−25	0/−18	0/−13	0/−10	0/−7	0/−10	0/−7	0/−250	30	18	8	6	5	10	6	4	10	7	5	
180	250	0/−30	0/−22	0/−15	0/−12	0/−8	0/−12	0/−8	0/−300	40	20	10	8	5	11	7	5	13	8	5	

外圈技术条件

公称外径/mm		外形尺寸公差/μm										旋转精度/μm													
		外径 ΔDmp					外径 ΔDs		宽度 ΔCs、ΔC1s	Kea					SD、SD1			Sea			Seal			
		0	6	5	4	2	4	2	0,6,5,4,2	0	6	5	4	2	5	4	2	5	4	2	5	4	2	
>	≤	上/下	上/下	上/下	上/下	上/下	上/下	上/下		max	max	max	max	max	max	max	max	max	max	max	max	max	max	
30	50	0/−11	0/−9	0/−7	0/−6	0/−4	0/−6	0/−4	与同一轴承内圈的ΔBs相同	20	10	7	5	2.5	4	2	0.75	8	5	2.5	11	7	4	
50	80	0/−13	0/−11	0/−9	0/−7	0/−4	0/−7	0/−4		25	13	8	5	4	4	2	0.75	10	5	4	14	7	6	
80	120	0/−15	0/−13	0/−10	0/−8	0/−5	0/−8	0/−5		35	18	10	6	5	4.5	2.5	1.25	11	6	5	16	8	7	
120	150	0/−18	0/−15	0/−11	0/−9	0/−5	0/−9	0/−5		40	20	11	7	5	5	2.5	1.25	13	7	5	18	10	7	
150	180	0/−25	0/−18	0/−13	0/−10	0/−7	0/−10	0/−7		45	23	13	8	5	5	2.5	1.25	14	8	5	20	11	7	
180	250	0/−30	0/−20	0/−15	0/−11	0/−8	0/−11	0/−8		50	25	15	10	7	5.5	3.5	2	15	10	7	21	14	10	
250	315	0/−35	0/−25	0/−18	0/−13	0/−8	0/−13	0/−8		60	30	18	11	7	6.5	4	2.5	18	10	7	25	14	10	

3.特点

将轴承内径公差带偏置在零线下侧,即上极限偏差为零,下极限偏差为负值。当其与 GB/T 1800.1—2020 中的任何基本偏差组成配合时,其配合性质将有不同程度的变紧, 以满足轴承配合的需要。

轴承内圈内径单一平面平均直径 d_{mp} 公差带的上极限偏差也为零(图 7-2),与一般基准 孔的公差带分布位置相反,数值也不同(数值见表 7-1)。这主要考虑轴承配合的特殊需要。 因为在多数情况下,轴承内圈随轴一起旋转,二者之间配合必须有一定的过盈,但过盈量又 不宜过大,以保证拆卸方便,防止内圈应力过大而产生较大的变形,影响轴承内部的游隙。

7.2 滚动轴承与轴和轴承座孔的配合

一、轴和轴承座孔的公差带

GB/T 275—2015 对与 0 级和 6 级滚动轴承配合的轴颈公差带规定了 17 种,对轴承 座孔的公差带规定了 16 种,如图 7-3 所示。这些公差带分别选自 GB/T 1800.1—2020 中规定的轴公差带和孔公差带。

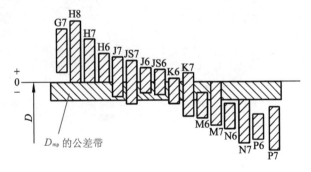

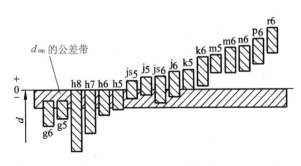

图 7-3 滚动轴承与轴和轴承座孔的配合

二、滚动轴承与轴和轴承座孔配合的选择

配合的选择就是如何确定与轴承相配合的轴颈和轴承座孔的公差带。选择时主要依据下列因素：

1.轴承套圈相对于载荷的类型

(1)轴承套圈相对于载荷方向固定——定向载荷　径向载荷始终作用在轴承套圈滚道的局部区域，如图 7-4(a)所示不旋转的外圈和图7-4(b)所示不旋转的内圈均受到一个方向一定的径向载荷 F_0 的作用。

(2)轴承套圈相对于载荷方向旋转——旋转载荷　作用于轴承上的合成径向载荷与轴承套圈相对旋转，并依次作用在该轴承套圈的整个圆周滚道上。如图 7-4(a)所示旋转的内圈和图 7-4(b)所示旋转的外圈均受到一个作用位置依次改变的径向载荷 F_0 的作用。

(3)轴承套圈相对于载荷方向摆动——摆动载荷　大小和方向按一定规律变化的径向载荷作用在轴承套圈的部分滚道上，如图 7-4(c)所示不旋转的外圈和图 7-4(d)所示不旋转的内圈均受到定向载荷 F_0 和较小的旋转载荷 F_1 的同时作用，二者的合成载荷在 $A \sim B$ 区域内摆动。

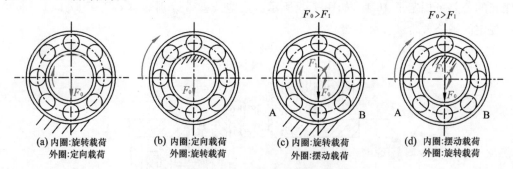

图 7-4　轴承套圈承受载荷的类型

通常受定向载荷的轴承套圈其配合应选稍松一些，使其在工作中偶尔产生少许转位，从而改变受力状态，使滚道磨损均匀，延长轴承使用寿命；受旋转载荷的轴承套圈其配合应选紧一些，以防止它在轴颈上或轴承座孔的配合表面打滑，引起配合表面发热、磨损，影响正常工作；受摆动载荷的轴承套圈其配合的松紧程度一般与受旋转载荷的轴承套圈相同或稍松些。

2.载荷的大小

载荷的大小可用当量径向动载荷 F_r 与轴承的额定动载荷 C_r 的比值来区分，一般规定：当 $F_r \leqslant 0.07C_r$ 时，为轻载荷；当 $0.07C_r < F_r \leqslant 0.15C_r$ 时，为正常载荷；当 $F_r > 0.15C_r$ 时，为重载荷。

选择滚动轴承与轴和轴承座孔的配合与载荷大小有关。载荷越大，过盈量应选得越大，因为在重载荷作用下，轴承套圈容易变形，使配合面受力不均匀，引起配合松动。因此，承受轻载荷、正常载荷、重载荷的轴承与轴颈和轴承座孔的配合应依次越来越紧一些。

3.其他因素

工作温度的影响　滚动轴承一般在低于100 ℃的温度下工作。如在高温下工作,其配合应予以调整。一般情况下,轴承的旋转精度越高,旋转速度越高,应选择越紧的配合。

滚动轴承与轴和轴承座孔配合的选择是综合上述诸因素用类比法进行的。表7-2、表7-3列出了常用配合的选用资料,供选用时参考。

表7-2　　　　　　　**向心轴承和轴的配合—轴公差带(GB/T 275—2015)**

圆柱孔轴承					
载荷情况		举例	深沟球轴承、调心球轴承和角接触球轴承	圆柱滚子轴承和圆锥滚子轴承	调心滚子轴承	公差带
			轴承公称内径/mm			
内圈承受旋转载荷或方向不定载荷	轻载荷	输送机、轻载齿轮箱	≤18	—	—	h5
			>18~100	≤40	≤40	j6①
			>100~200	>40~140	>40~100	k6①
			—	>140~200	>100~200	m6①
	正常载荷	一般通用机械、电动机、泵、内燃机、正齿轮传动装置	≤18	—	—	j5　js5
			>18~100	≤40	≤40	k5②
			>100~140	>40~100	>40~65	m5②
			>140~200	>100~140	>65~100	m6
			>200~280	>140~200	>100~140	n6
			—	>200~400	>140~280	p6
			—	—	>280~500	r6
	重载荷	铁路机车车辆轴箱、牵引电动机、破碎机等	—	>50~140	>50~100	n6③
				>140~200	>100~140	p6③
				>200	>140~200	r6③
				—	>200	r7③
内圈承受固定载荷	所有载荷	内圈需在轴向易移动	非旋转轴上的各种轮子	所有尺寸		f6
						g6
		内圈不需在轴向易移动	张紧轮、绳轮			h6
						j6
仅有轴向载荷			所有尺寸			j6,js6
圆锥孔轴承					
所有载荷	铁路机车车辆轴箱		装在退卸套上	所有尺寸		h8(IT6)④⑤
	一般机械传动		装在紧定套上	所有尺寸		h9(IT7)④⑤

注:①凡对精度有较高要求的场合,应用 j5、k5、m5 代替 j6、k6、m6。

②圆锥滚子轴承、角接触球轴承配合对游隙影响不大,可用 k6、m6 代替 k5、m5。

③重载荷下轴承游隙应选大于 N 组。

④凡有较高精度或转速要求的场合,应选用 h7(IT5)代替 h8(IT6)等。

⑤IT6、IT7 表示圆柱度公差数值。

表 7-3   向心轴承和轴承座孔的配合—孔公差带（GB/T 275—2015）

载荷情况		举例	其他状况	公差带[1]	
				球轴承	滚子轴承
外圈承受固定载荷	轻、正常、重	一般机械、铁路机车车辆轴箱	轴向易移动，可采用剖分式轴承座	H7、G7[2]	
	冲击		轴向能移动，可采用整体式或剖分式轴承座	J7、JS7	
方向不定载荷	轻、正常	电动机、泵、曲轴主轴承			
	正常、重		轴向不移动，采用整体式轴承座	K7	
	重、冲击	牵引电动机		M7	
外圈承受旋转载荷	轻	皮带张紧轮		J7	K7
	正常	轮毂轴承		M7	N7
	重			—	N7、P7

注：①并列公差带随尺寸的增大从左至右选择。对旋转精度有较高要求时，可相应提高一个公差等级。

②不适用于剖分式外壳。

三、配合表面的几何公差和表面粗糙度要求

为了保证轴承正常工作，除了正确选择配合之外，还应对与轴承配合的轴和轴承座孔的几何公差及表面粗糙度提出要求。GB/T 275—2015 规定了与各种轴承配合的轴和轴承座孔的几何公差，见表 7-4。配合表面及端面的表面粗糙度见表 7-5。

表 7-4   轴和轴承座孔的几何公差

公称尺寸/mm		圆柱度 $t/\mu m$				轴向圆跳动 $t_1/\mu m$			
		轴颈		轴承座孔		轴肩		轴承座孔肩	
		轴承公差等级							
>	≤	0	6(6X)	0	6(6X)	0	6(6X)	0	6(6X)
—	6	2.5	1.5	4	2.5	5	3	8	5
6	10	2.5	1.5	4	2.5	6	4	10	6
10	18	3	2	5	3	8	5	12	8
18	30	4	2.5	6	4	10	6	15	10
30	50	4	2.5	7	4	12	8	20	12
50	80	5	3	8	5	15	10	25	15
80	120	6	4	10	6	15	10	25	15
120	180	8	5	12	8	20	12	30	20

续表

公称尺寸/mm		圆柱度 $t/\mu m$				轴向圆跳动 $t_1/\mu m$			
		轴颈		轴承座孔		轴肩		轴承座孔肩	
		轴承公差等级							
>	≤	0	6(6X)	0	6(6X)	0	6(6X)	0	6(6X)
180	250	10	7	14	10	20	12	30	20
250	315	12	8	16	12	25	15	40	25
315	400	13	9	18	13	25	15	40	25
400	500	15	10	20	15	25	15	40	25

表 7-5　　　　　　　　　　配合表面及端面的表面粗糙度

轴或轴承座孔 直径/mm		轴或轴承座孔配合表面直径公差等级					
		IT7		IT6		IT5	
		表面粗糙度 $Ra/\mu m$					
>	≤	磨	车	磨	车	磨	车
0	80	1.6	3.2	0.8	1.6	0.4	0.8
80	500	1.6	3.2	1.6	3.2	0.8	1.6
500	1 250	3.2	6.3	1.6	3.2	1.6	3.2
端面		3.2	6.3	3.2	6.3	1.6.	3.2

四、应用示例

【例 7-1】　有一圆柱齿轮减速器，小齿轮要求有较高的旋转精度，装有 0 级单列深沟球轴承，轴承尺寸为 50 mm×110 mm×27 mm，额定动载荷 $C_r=32\ 000$ N，轴承承受的当量径向载荷 $F_r=4\ 000$ N。试用类比法确定轴颈和轴承座孔的公差带代号，画出公差带图，并确定孔、轴的几何公差值和表面粗糙度参数值，将它们分别标注在装配图和零件图上。

解　(1)按已知条件，可算得 $F_r=0.125C_r$，属于正常载荷。

(2)按减速器的工作状况可知，内圈为旋转载荷，外圈为定向载荷，内圈与轴的配合应较紧，外圈与轴承座孔配合应较松。

(3)根据以上分析，参考表 7-2、表 7-3 选用轴颈公差带为 k6(基孔制配合)，轴承座孔公差带为 G7 或 H7。但由于轴的旋转精度要求较高，故选用更紧一些的配合，孔公差带为 J7(基轴制配合)较为恰当。

(4)从表 7-1 中查出 0 级轴承内、外圈单一平面平均直径的上、下极限偏差，再由标准公差数值表和孔、轴基本偏差数值表查出 φ50k6 和 φ110J7 的上、下极限偏差，从而画出公差带图，如图 7-5 所示。

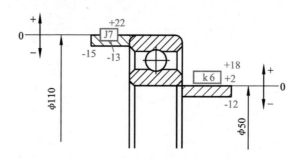

图 7-5　轴承与轴、孔配合的公差带图

（5）从图 7-5 中公差带关系可知，内圈与轴颈配合的 $Y_{max}=-0.030$ mm，$Y_{min}=-0.002$ mm；外圈与轴承座孔配合的 $X_{max}=+0.037$ mm，$Y_{max}=-0.013$ mm。

（6）按表 7-4 选取几何公差值。圆柱度公差：轴颈为 0.004 mm，轴承座孔为 0.010 mm；端面跳动公差：轴肩为 0.012 mm，轴承座孔肩为 0.025 mm。

（7）按表 7-5 选取表面粗糙度数值、轴颈表面磨 $Ra\leqslant0.8$ μm，轴肩端面车 $Ra\leqslant3.2$ μm；轴承座孔表面磨 $Ra\leqslant1.6$ μm，轴肩端面车 $Ra\leqslant6.3$ μm。

（8）将选择的上述各项公差标注在图上，如图 7-6 所示。

由于滚动轴承是标准件，因此在装配图上只需注出轴颈和轴承座孔公差带代号，不标注标准件公差带代号，如图 7-6（a）所示。如图 7-6（b）、图 7-6（c）所示分别为轴承座孔和轴的标注。

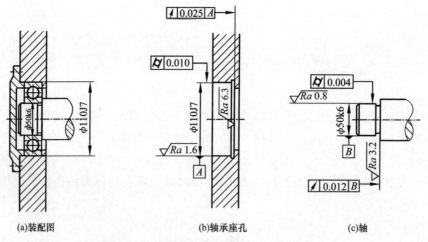

(a)装配图　　　　　(b)轴承座孔　　　　　(c)轴

图 7-6　轴颈和轴承座孔公差在图样上的标注示例

 技能训练

实训　测量滚动轴承的游隙

1.滚动轴承的游隙

滚动轴承的游隙是指将一个套圈固定，另一个套圈沿径向或轴向的最大活动量。沿径向的最大活动量称为径向游隙,沿轴向的最大活动量称为轴向游隙,如图 7-7 所示。一般情况下,径向游隙越大,轴向游隙越大,反之亦然。

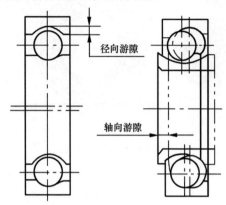

图 7-7　滚动轴承的游隙

2.滚动轴承的游隙分类

(1)原始游隙　轴承安装前自由状态时的游隙。它是由制造厂加工、装配所确定的。

(2)安装游隙　又称为配合游隙,是指轴承与轴及轴承座安装完毕而尚未工作时的游隙。过盈安装可使内圈增大,或使外圈缩小,二者均使安装游隙比原始游隙小。

(3)工作游隙　轴承在工作状态时的游隙,工作时内圈温升最大,热膨胀最大,使游隙减小;同时,由于载荷的作用,滚动体与滚道接触处产生弹性变形,使游隙增大。工作游隙与安装游隙的大小比较,取决于这两种因素的综合作用。

其中,0000 型至 5000 型六种型号的滚动轴承不能调整游隙,更不能拆卸;有些轴承可以拆卸,还可以调整游隙,例如 7000 型(圆锥滚子轴承)、8000 型(推力球轴承)和 9000 型(推力滚子轴承),这三种轴承不存在原始游隙;6000 型和 7000 型滚动轴承的径向游隙被调小后,轴向游隙也随之变小,反之亦然;对于 8000 型和 9000 型滚动轴承,只有轴向游隙有实际意义。

适当的安装游隙有助于滚动轴承的正常工作。游隙过小,滚动轴承温度升高,无法正常工作,以致滚动体卡死;游隙过大,设备振动大,滚动轴承噪声大。

3.测量方法(图 7-8)

在测量轴承内部游隙时,必须戴上清洁的橡胶手套(手直接触摸轴承,会使触摸部位发生锈蚀),务必保证滚子处于正常位置。

(1)测量单套轴承的游隙(轴承外圈外径小于 200 mm)时,要将轴承立放于测量平台上,用手按住轴承外圈,且勿使内、外圈倾斜,并将内圈左右旋转 1/2～1 周,使滚子稳定下来。

(2)将塞规插进轴承正上方两列滚子与外圈之间,量出轴承内部游隙(Δr),然后使左、右两列的任一滚子处于正上方,测量位置与测点随轴承外圈外径的尺寸不同而有差异。

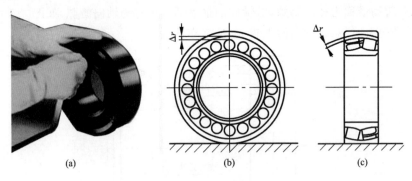

(a)　　　　　　(b)　　　　　　(c)

图 7-8　轴承游隙测量

习　题

一、判断题

1.6 级精度轴承用于低、中速及旋转精度要求不高的一般旋转机构中。　　　　（　　）

2.滚动轴承外圈与轴承座孔的配合为基孔制,内圈与轴的配合为基轴制。　　（　　）

3.滚动轴承内圈与基本偏差为 g 的轴形成间隙配合。　　　　　　　　　　（　　）

4.对于某些经常拆卸、更换的滚动轴承,应采用较松的配合。　　　　　　（　　）

5.承受轻载荷比承受重载荷的轴承与轴颈和轴承座孔的配合应紧一些。　　（　　）

二、选择题

1.按 GB/T 307.1—2017 的规定,深沟球轴承的公差等级分为（　　　）。

A.1、2、3、4、5 级　　B.3、4、5、6、7 级　　C.2、4、5、6、0 级　　D.3、4、5、6、0 级

2.国家标准规定滚动轴承内圈的基本偏差为（　　　）。

A.$EI=0$　　　　　　B.$EI<0$　　　　　　C.$ES=0$　　　　　　D.$ES>0$

3.滚动轴承内圈与公差带代号为 k6 的轴颈配合形成的配合性质为（　　　）。

A.间隙配合　　　　　B.过渡配合　　　　　C.过盈配合　　　　　D.不确定

4.与滚动轴承内圈相配的表面,根据其配合要求,应标注的公差原则是（　　　）。

A.独立原则　　　　　　　　　　　　B.最大实体要求

C.包容要求　　　　　　　　　　　　D.最小实体要求

5.与滚动轴承配合的轴颈的形状公差通常选择的项目是（　　　）。

A.轴颈素线的直线度　　　　B.轴颈的圆柱度　　　　C.轴颈轴线的同轴度

三、综合题

1.滚动轴承的精度等级分为哪几级？哪一级应用最广？

2.滚动轴承与轴和轴承座孔配合采用哪种基准制？

3.滚动轴承内圈与轴颈的配合同 GB/T 1800.1—2020 中基孔制同名配合相比,在配合性质上有何变化?为什么?

4.滚动轴承承受载荷类型及载荷大小不同与选择配合有何关系?

5.某机床转轴上安装 6 级精度的深沟球轴承,其内径为 40 mm,外径为 90 mm,该轴承承受一个 4 000 N 的定向径向载荷,轴承的额定动载荷为 31 400 N,内圈随轴一起转动,外圈固定。试确定:

(1)与轴承配合的轴颈、轴承座孔的公差带代号;

(2)画出公差带图,计算出内圈与轴、外圈与孔配合的极限间隙、极限过盈;

(3)轴颈和轴承座孔的几何公差和表面粗糙度参数值;

(4)参照图 7-6 把所选的公差带代号和各项公差标注在图样上。

第**8**章

渐开线圆柱齿轮传动精度及检测

知识及技能目标 >>>

1. 理解国家标准对单个渐开线圆柱齿轮、齿轮副公差项目及精度的规定。
2. 掌握齿轮零件的检测指标及各指标的检测要求和方法。
3. 会用公法线千分尺测量齿轮参数。
4. 会用齿厚游标卡尺、万能测齿仪、径向跳动检查仪进行相关测量。

素质目标 >>>

1. 通过对齿轮及检测的学习，培养学生具有对新技术的推广和现有技术进行革新的进取精神。
2. 培养学生树立科技报国理想和责任意识，以及持之以恒、追求卓越的工作态度。

8.1 概　述

齿轮传动在机器和仪器仪表中的应用极为广泛，是一种重要的机械传动形式，通常用来传递运动或动力。齿轮传动的品质与齿轮的制造精度和装配精度密切相关。因此，为了保证齿轮传动品质，就要规定相应的公差，并进行合理的检测。涉及齿轮精度和检验的国家标准有：《圆柱齿轮　精度制　第 1 部分：轮齿同侧齿面偏差的定义和允许值》（GB/T 10095.1—2008）；《圆柱齿轮　精度制　第 2 部分：径向综合偏差与径向跳动的定义和允许值》（GB/T 10095.2—2008）；《圆柱齿轮　检验实施规范》（GB/Z 18620.1～18620.4—2008）；《渐开线圆柱齿轮精度　检验细则》（GB/T 13924—2008）。

 一、对齿轮传动的基本要求

现代工业对齿轮传动的使用要求，归纳起来主要有四项，见表 8-1。

表 8-1	现代工业对齿轮传动的基本要求	
项目	齿轮传动的基本要求	应用示例
传递运动的准确性	要求齿轮在一转范围内,实际速比相对于理论速比的变动量限制在允许的范围内,以保证从动齿轮与主动齿轮的运动准确、协调	精密机床的分度齿轮和测量仪器的读数装置中的齿轮传动,其特点是传动功率小、模数小和转速低,主要要求传递运动准确
传动的平稳性	要求齿轮在一齿范围内,瞬时速比的变动量限制在允许的范围内,以减小齿轮传动中的冲击、振动和噪声,保证传动平稳	机床、汽车、飞机的变速齿轮和汽轮机的减速齿轮,其特点是圆周速度高,传递功率大,主要要求传动平稳,振动小,噪声小
载荷分布的均匀性	要求齿轮啮合时,齿面接触良好,使载荷分布均匀,避免载荷集中于局部齿面,使齿面磨损加剧,影响齿轮的使用寿命	矿山机械、起重机械和轧钢机等低速动力齿轮,其特点是载荷大,传动功率大,转速低,主要要求啮合齿面接触良好,载荷分布均匀
侧隙的合理性	齿轮啮合时,非工作齿面间应有间隙,以便存储润滑油,补偿齿轮受力后的弹性、塑性变形以及制造和安装中产生的误差,防止齿轮在传动中出现卡死现象	高速或重载齿轮的变形大,要求较大的侧隙;分度和读数齿轮则要求正/反转空程小,因此侧隙要小

二、齿轮加工误差的主要来源及其分类

1.齿轮加工误差的主要来源

产生齿轮加工误差的原因很多,其主要来源于齿轮加工系统中的机床、刀具、夹具和齿坯的加工误差及安装、调整误差。现以滚齿机加工齿轮(图 8-1)为例,分析产生齿轮加工误差的主要因素,见表 8-2。

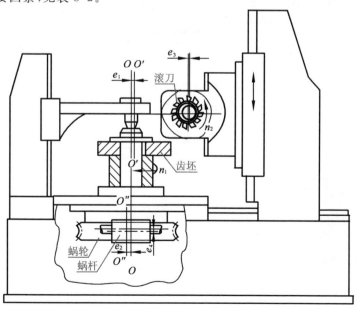

图 8-1　滚齿加工

表 8-2 齿轮加工误差的主要来源

项目	说明	误差
几何偏心	滚齿加工时齿坯定位孔与机床心轴之间的间隙等会造成齿坯孔基准轴线与机床工作台回转轴线不重合,产生几何偏心 e_1(图 8-1)	引起齿轮径向误差
运动偏心	滚齿加工时机床分度蜗轮与工作台中心线有安装偏心时,就会使齿轮在加工过程中出现蜗轮、蜗杆中心距周期性的变化,产生运动偏心 e_2(图 8-1)	引起齿轮切向误差
以上两种偏心产生的误差在齿轮一转中只出现一次,属于长周期误差,其主要影响齿轮传递运动的准确性		
滚刀误差 · 安装误差	滚刀的安装偏心 e_3、e_4(图 8-1)使被加工齿轮产生径向误差。滚刀刀架导轨或齿坯轴线相对于工作台旋转轴线的倾斜及轴向窜动,使滚刀的进刀方向与轮齿的理论方向不一致,直接造成齿面沿轴向方向歪斜	产生齿向误差
滚刀误差 · 加工误差	滚刀的加工误差主要指滚刀的径向跳动、轴向窜动和齿形角误差等	产生基节偏差和齿形角误差
机床传动链误差	当机床的分度蜗杆存在安装误差和轴向窜动时,蜗轮转速发生周期性的变化,使被加工齿轮出现齿距偏差和齿廓偏差	产生切向误差
机床分度蜗杆造成的误差在齿轮一转中重复出现,属于短周期误差		

2.齿轮加工误差的分类(表 8-3)

表 8-3 齿轮加工误差的分类

分类方法	误差项目	说明
按表现特征分类	齿廓误差	是指加工出来的齿廓不是理论渐开线。其原因主要有刀具本身的刀刃轮廓误差及齿形角偏差、滚刀的轴向窜动和径向跳动、齿坯的径向跳动以及在每转一齿距角内转速不均等
按表现特征分类	齿距误差	是指加工出来的齿廓相对于工件的旋转中心分布不均匀。其原因主要有齿坯安装偏心、机床分度蜗轮齿廓本身分布不均匀及安装偏心等
按表现特征分类	齿向误差	是指加工后的齿面沿齿轮轴线方向上的几何误差。其原因主要有刀具进给运动的方向偏斜、齿坯安装偏斜等
按表现特征分类	齿厚误差	是指加工出来的轮齿厚度相对于理论值在整个齿圈上不一致。其原因主要有刀具的铲形面相对于被加工齿轮中心的位置误差、刀具齿廓的分布不均匀等
按方向特征分类	径向误差	是指沿被加工齿轮直径方向(齿高方向)的误差。由切齿刀具与被加工齿轮之间径向距离的变化引起
按方向特征分类	切向误差	齿轮误差的方向	是指被加工齿轮圆周方向(齿厚方向)的误差。由切齿刀具与被加工齿轮之间分齿滚切运动误差引起
按方向特征分类	轴向误差		是指沿被加工齿轮轴线方向(齿向方向)的误差。由切齿刀具沿被加工齿轮轴线移动的误差引起

8.2 齿轮精度的评定指标及检测

在齿轮标准中齿轮误差、偏差统称为齿轮偏差,将偏差与公差共用一个符号表示,例如 F_α 既表示齿廓总偏差,又表示齿廓总公差。单项要素测量所用的偏差符号由小写字母(如 f)加上相应的下标组成;表示若干单项要素偏差组成的"累积"或"总"偏差所用的符号,采用大写字母(如 F)加上相应的下标表示。

一、影响齿轮传动准确性的偏差及含义

1.切向综合总偏差 F_i'

(1)定义　F_i' 是指提取(实际)齿轮与拟合齿轮单面啮合检验时,在提取(实际)齿轮一转内,齿轮分度圆上实际圆周位移与理论圆周位移的最大差值,如图 8-2 所示。

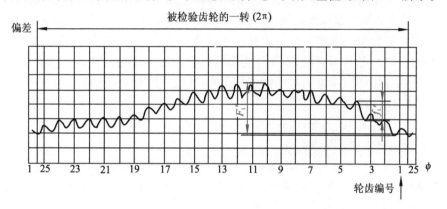

图 8-2　切向综合偏差

(2)含义　F_i' 反映了几何偏心、运动偏心以及基节偏差、齿廓形状偏差等影响的综合结果,而且是在近似于齿轮工作状态下测得的,因此它是评定传递运动准确性较为完善的综合指标。

2.k 个齿距累积偏差 $\pm F_{pk}$ 与齿距累积总偏差 F_p

(1)定义　F_{pk} 是指在端平面上,在接近齿高中部的一个与齿轮轴线同心的圆上,任意 k 个齿距的实际弧长与理论弧长之差的代数差。$\pm F_{pk}$ 是指其允许的两个极限值。

如图 8-3 所示,除另有规定,F_{pk} 值被限定在不大于 1/8 的圆周上评定。因此,F_{pk} 的允许值适用于齿距数 k 为 2 到小于 $z/2$ 的弧段内。通常,F_{pk} 取 $k=z/8$ 就足够了。

齿距累积总偏差 F_p 是指齿轮同侧齿面任意弧段($k=1\sim z$)内的最大齿距累积偏差。它表现为齿距累积偏差曲线的总幅值。

(2)含义　齿距累积偏差主要是由滚切齿形过程中几何偏心和运动偏心造成的。它能反映齿轮一转中偏心误差引起的转角误差,因此 $F_p(F_{pk})$ 可代替 F_i' 作为评定齿轮运动准确性的指标。

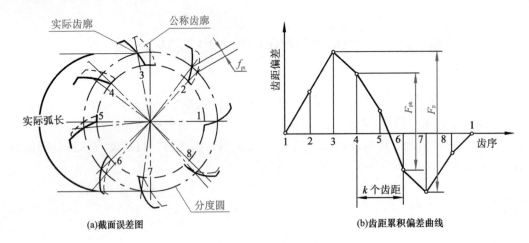

图 8-3   齿距偏差与齿距累积偏差

3.径向跳动 F_r

（1）定义   是指在齿轮一转范围内,将测头(球形、圆柱形、砧形)逐个放置在提取(实际)齿轮的齿槽内,在齿高中部双面接触,测头相对于齿轮轴线的最大和最小径向距离之差。

（2）含义   径向跳动的测量以齿轮孔的轴线为基准,只反映径向误差,齿轮一转中最大误差只出现一次,是长周期误差,仅作为影响传递运动准确性中属于径向性质的单项性指标,必须与能显示切向误差的单项性指标组合,才能评定传递运动准确性。

4.径向综合总偏差 F_i''

（1）定义   是指提取(实际)齿轮与拟合齿轮双面啮合时,在提取(实际)齿轮一转范围内双啮中心距的最大变动量。

（2）含义   当齿轮存在径向误差(如几何偏心)及短周期误差(如齿形误差、基节偏差等)时,齿轮与提取(实际)齿轮双面啮合的中心距会发生变化,且 F_i'' 主要反映径向误差。

5.公法线长度变动量 F_w

（1）定义   是指在齿轮转一周范围内,实际公法线长度最大值与最小值之差,如图 8-4 所示。

（2）含义   在齿轮现行标准中没有 F_w 此项参数,但从齿轮实际生产情况看,经常用 F_r 和 F_w 组合来代替 F_p 或 F_i',这样检验成本不高且行之有效,故在此保留供参考。

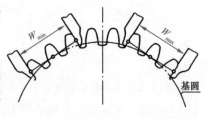

图 8-4   公法线长度变动量及测量

F_w 是由运动偏心引起的,使各齿廓的位置在圆周上分布不均匀,使公法线长度在齿轮转一周中呈周期性变化。它只能反映切向误差,不能反映径向误差。

二、影响齿轮传动平衡性的偏差及含义

1.一齿切向综合偏差 f_i'

（1）定义   是指在一个齿距内的切向综合偏差。如图 8-2 所示,在一个齿距角内,过

偏差曲线的最高、最低点作与横坐标平行的两条直线,它们之间的距离即 f_i'。

(2)含义 f_i' 反映齿轮一齿内的转角误差,在齿轮一转中多次重复出现,是评定齿轮传动平稳性精度的一项指标。

2.一齿径向综合偏差 f_i''

(1)定义 是指提取(实际)齿轮在径向(双面)综合检验时,对应一个齿距角($360°/z$)的径向综合偏差值。

(2)含义 f_i'' 反映齿轮的短周期径向误差,由于仪器结构简单,操作方便,因此在成批生产中广泛使用。

3.齿廓偏差

如图 8-5 所示,沿啮合线方向 AF 的长度称为可用长度(因为只有这一段是渐开线),用 L_{AF} 表示。AE 的长度称为有效长度,用 L_{AE} 表示,因为齿轮只在 AE 段啮合,所以这一段才有效。从 E 点开始延伸的有效长度 L_{AE} 的 92% 称为齿廓计值范围 L_α。

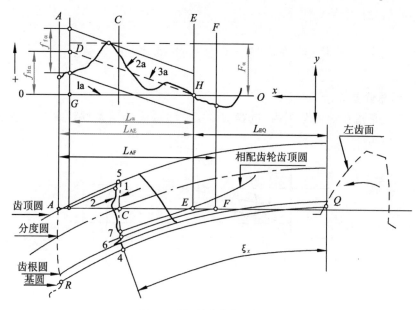

图 8-5 渐开线齿廓偏差展开图

(1)齿廓总偏差 F_α

①定义 在齿廓计值范围 L_α 内,包容实际齿廓迹线的两条设计齿廓迹线间的距离,即在图 8-5 中过齿廓迹线最高、最低点作设计齿廓迹线的两条平行直线间距离为 F_α。

②含义 齿廓总偏差 F_α 主要影响齿轮传动平稳性,因为有 F_α 的齿轮,其齿廓不是标准正确的渐开线,不能保证瞬时传动比为常数,易产生振动与噪声。

(2)齿廓形状偏差 $f_{f\alpha}$

①定义 是指在计值范围内,包容实际齿廓迹线的两条与平均齿廓迹线完全相同的曲线间的距离,且两条曲线与平均齿廓迹线的距离为常数,如图 8-5 所示。

②含义 图 8-5 所示为非修形的标准渐开线齿轮,因此其设计齿廓迹线为直线,平均迹线也是直线,包容实际迹线的也应是两条平行直线(对非标准渐开线齿轮,设计齿廓迹

线可能为曲线）。取值时，首先用最小二乘法画出一条平均齿廓迹线（3a），然后过曲线的最高、最低点作其平行线，则两平行线间沿 y 轴方向的距离即 $f_{f\alpha}$。

（3）齿廓倾斜偏差 $f_{H\alpha}$

在计值范围两端与平均齿廓迹线相交的两条设计齿廓迹线间的距离。如图 8-5 所示，计值范围的左端与平均齿廓迹线相交于 D 点，右端与平均齿廓迹线相交于 H 点，则 $\overline{GD}$ 即 $f_{H\alpha}$ 值。

4.单个齿距偏差 f_{pt} 与单个齿距极限偏差 $\pm f_{pt}$

（1）定义 f_{pt} 是指在端面上，在接近齿高中部的一个与齿轮轴线同心的圆上，实际齿距与理论齿距的代数差，如图 8-3 所示为第 1 个齿距的齿距偏差。理论齿距是指所有实际齿距的平均值。

（2）含义 $\pm f_{pt}$ 是指允许单个齿距偏差 f_{pt} 的两个极限值。当齿轮存在齿距偏差时，不管是正值还是负值都会在一对齿啮合完毕而另一对齿进入啮合时，主动齿与被动齿发生冲撞，影响齿轮传动平稳性。

三、影响齿轮载荷分布均匀性的偏差及含义

1.螺旋线总偏差 F_β

（1）定义 是指在计值范围内，包容实际螺旋线迹线的两条设计螺旋线迹线间的距离，如图 8-6 所示。

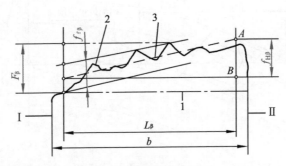

图 8-6 螺旋线偏差展开图

（2）含义 该项偏差主要影响齿面接触精度。

2.螺旋线形状偏差 $f_{f\beta}$

对于非修形的螺旋线来说，$f_{f\beta}$ 是指在计值范围内，包容实际螺旋线迹线的与平均螺旋线迹线平行的两条直线间距离（图 8-6）。平均螺旋线迹线是在计值范围内，按最小二乘法确定的（图 8-6 中的曲线 3）。

3.螺旋线倾斜偏差 $f_{H\beta}$

（1）定义 是指在计值范围的两端与平均螺旋线迹线相交的设计螺旋线迹线间的距离（图 8-6 中的 $\overline{AB}$）。

（2）含义 注意，有时出于某种目的，将齿轮设计成修形螺旋线，则设计螺旋线迹线不再是直线，此时 F_β、$f_{f\beta}$、$f_{H\beta}$ 的取值方法可参阅 GB/T 10095.1—2008。

对直齿圆柱齿轮,螺旋角 $\beta=0$,此时 F_β 称为齿向偏差。

四、齿侧间隙及其检验项目

为保证齿轮润滑并补偿齿轮的制造误差、安装误差以及热变形等造成的误差,必须在非工作齿面留有侧隙。轮齿与配对齿间的配合相当于圆柱孔、轴的配合,这里采用的是"基中心距制",即在中心距一定的情况下,用控制轮齿齿厚的方法获得必要的齿侧间隙。

1.齿侧间隙

齿侧间隙通常有两种表示方法,即圆周侧隙 j_{wt} 和法向侧隙 j_{bn},如图 8-7 所示。

(1)圆周侧隙 j_{wt} 是指安装好的齿轮副,当其中一个齿轮固定时,另一个齿轮圆周的晃动量,以分度圆上弧长计值。

(2)法向侧隙 j_{bn} 是指安装好的齿轮副,当工作齿面接触时,非工作齿面之间的最短距离。

理论上 j_{bn} 与 j_{wt} 存在以下关系

$$j_{bn}=j_{wt}\cos\alpha_{wt}\cos\beta_b \qquad (8\text{-}1)$$

式中 α_{wt}——端面工作压力角;

β_b——基圆螺旋角。

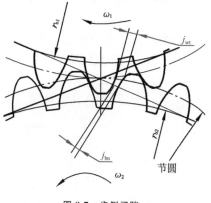

图 8-7 齿侧间隙

2.最小侧隙 j_{bnmin} 的确定

齿轮传动时,必须保证有足够的最小侧隙 j_{bnmin},以保证齿轮机构正常工作。对于选用黑色金属材料齿轮和黑色金属材料箱体的齿轮传动,工作时齿轮节圆的线速度小于 15 m/s,其箱体、轴和轴承都采用常用的商业制造公差。j_{bnmin} 的计算公式为

$$j_{bnmin}=\frac{2}{3}(0.06+0.0005a+0.03m_n) \qquad (8\text{-}2)$$

式中 a——中心距;

m_n——法向模数。

按式(8-2)计算可以得出表 8-4 所列的推荐数据。

表 8-4　对于中、大模数齿轮最小侧隙 j_{bnmin} 的推荐数据(GB/Z 18620.2—2008)　　　　mm

m_n	最小中心距 a_i					
	50	100	200	400	800	1 600
1.5	0.09	0.11	—	—	—	—
2	0.10	0.12	0.15	—	—	—
3	0.12	0.14	0.17	0.24	—	—
5	—	0.18	0.21	0.28	—	—
8	—	0.24	0.27	0.34	0.47	—
12	—	—	0.35	0.42	0.55	—
18	—	—	—	0.54	0.67	0.94

3.齿侧间隙的获得和检验项目

如前所述,齿轮轮齿的配合采用基中心距制,在此前提下,齿侧间隙必须通过减薄齿厚来获得,由此还可以派生出通过控制公法线长度等方法来控制齿厚。

(1)用齿厚极限偏差控制齿厚　为了获得最小侧隙 j_{bnmin},齿厚应保证有最小减薄量,它是由分度圆齿厚上极限偏差 E_{sns} 形成的,如图8-8所示。

对于 E_{sns},可以参考同类产品的设计经验或其他有关资料选取,当缺少此方面资料时可参考下述方法计算选取。

当主动轮与被动轮齿厚都做成最小值即做成上极限偏差时,可获得最小侧隙 j_{bnmin}。通常取两齿轮的齿厚上极限偏差相等,此时

$$j_{bnmin}=2|E_{sns}|\cos\alpha_n \qquad (8\text{-}3)$$

因此有

$$E_{sns}=\frac{j_{bnmin}}{2\cos\alpha_n} \qquad (8\text{-}4)$$

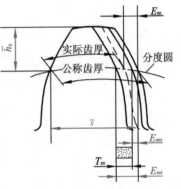

图8-8　齿厚偏差

按式(8-4)求得的 E_{sns} 应取负值。

齿厚公差 T_{sn} 大体上与齿轮精度无关,如果对最大侧隙有要求,就必须进行计算。齿厚公差的选择要适当,公差过小势必增加齿轮制造成本;公差过大会使齿侧间隙加大,使齿轮正/反转时空行程过大。齿厚公差 T_{sn} 的计算公式为

$$T_{sn}=\sqrt{F_r^2+b_r^2}\cdot 2\tan\alpha_n \qquad (8\text{-}5)$$

式中,b_r 为切齿径向进刀公差,可按表8-5选取。

表8-5　　　　　　　　切齿径向进刀公差 b_r 值

齿轮精度等级	4	5	6	7	8	9
b_r 值	1.26IT7	IT8	1.26IT8	IT9	1.26IT9	IT10

注:查 IT 值的主参数为分度圆直径尺寸。

为了使齿侧间隙不至于过大,在齿轮加工中还需根据加工设备的情况适当地控制齿厚下极限偏差 E_{sni},E_{sni} 的计算公式为

$$E_{sni}=E_{sns}-T_{sn} \qquad (8\text{-}6)$$

式中,T_{sn} 为齿厚公差。显然,若齿厚偏差合格,则实际齿厚偏差 E_{sn} 应处于齿厚公差带内。

对于非变位直齿轮,分度圆弦齿厚 $\bar{s}$ 与分度圆弦齿高 $\bar{h}_a$ 的计算公式为

$$\bar{s}=2r\sin\frac{90°}{z}=mz\sin\frac{90°}{z} \qquad (8\text{-}7)$$

$$\bar{h}_a=m\left[1+\frac{z}{2}\left(1-\cos\frac{90°}{z}\right)\right] \qquad (8\text{-}8)$$

(2)用公法线平均长度极限偏差控制齿厚　齿轮齿厚的变化必然引起公法线长度的变化。测量公法线长度同样可以控制齿侧间隙。公法线长度的上极限偏差 E_{bns} 和下极限偏差 E_{bni} 与齿厚偏差有如下关系:

$$E_{bns} = E_{sns} \cos \alpha_n \tag{8-9}$$

$$E_{bni} = E_{sni} \cos \alpha_n \tag{8-10}$$

公法线平均长度极限偏差可用公法线千分尺或公法线指示卡规进行测量。如图 8-4 所示。直齿轮测量公法线时的跨测齿数 k 通常为

$$k = \frac{z}{9} + 0.5 （取相近的整数） \tag{8-11}$$

非变位的齿形角为 $20°$ 的直齿轮公法线长度为

$$W_k = m[2.952(k-0.5) + 0.014z] \tag{8-12}$$

8.3 齿轮副和齿坯的精度评定指标

一、齿轮副的精度指标

1.中心距极限偏差 $\pm f_a$

（1）定义 是指在齿轮副的齿宽中间平面内，实际中心距与公称中心距之差。

（2）含义 $\pm f_a$ 主要影响齿轮副侧隙。表 8-6 为中心距极限偏差数值，供参考。

表 8-6   中心距极限偏差 $\pm f_a$ μm

中心距 a/mm	齿轮精度等级	
	5、6	7、8
>50~80	15	23
>80~120	17.5	27
>120~180	20	31.5
>180~250	23	36
>250~315	26	40.5
>315~400	28.5	44.5
>400~500	31.5	48.5

2.轴线平行度偏差 $f_{\Sigma\delta}$、$f_{\Sigma\beta}$

（1）定义 轴线平面内的平行度偏差 $f_{\Sigma\delta}$ 是在两轴线的公共平面上测量的；垂直平面上的平行度偏差 $f_{\Sigma\beta}$ 是在与轴线公共平面相垂直平面上测量的。$f_{\Sigma\delta}$ 与 $f_{\Sigma\beta}$ 的最大推荐值为

$$f_{\Sigma\delta} = 2f_{\Sigma\beta} \tag{8-13}$$

$$f_{\Sigma\beta} = 0.5\left(\frac{L}{b}\right)F_\beta \tag{8-14}$$

式中 L——轴承跨距；

   b——齿宽。

（2）含义 如果一对啮合的圆柱齿轮的两条轴线不平行，形成了空间的异面（交叉）直

线,则将影响齿轮的接触精度,因此必须加以控制,如图 8-9 所示。

3.接触斑点

(1)定义 齿轮副的接触斑点是指安装好的齿轮副,在轻微制动下,运转后齿面上分布的接触擦亮痕迹。

(2)含义 如图 8-10 所示,b_{c1} 为接触斑点的较大长度,b_{c2} 为接触斑点的较小长度,h_{c1} 为接触斑点的较大高度,h_{c2} 为接触斑点的较小高度。表 8-7 给出了齿轮装配后接触斑点的最低要求。

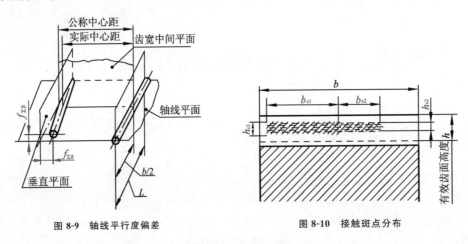

图 8-9 轴线平行度偏差   图 8-10 接触斑点分布

对于在齿轮箱体上安装好的配对齿轮所产生的接触斑点,可用于评估齿面接触精度,也可以将被测齿轮安装在机架上与测量齿轮在轻载下测量接触斑点,以评估装配后齿轮螺旋线精度和齿廓精度。

表 8-7   齿轮装配后的接触斑点(GB/Z 18620.4—2008)   %

精度等级	b_{c1}/b		h_{c1}/h		b_{c2}/b		h_{c2}/h	
	直齿轮	斜齿轮	直齿轮	斜齿轮	直齿轮	斜齿轮	直齿轮	斜齿轮
4 级及更高	50	50	70	50	40	40	50	30
5 和 6	45	45	50	40	35	35	30	20
7 和 8	35	35	50	40	35	35	30	20

 二、齿坯精度指标

齿坯是指轮齿在加工前供制造齿轮的工件,齿坯的尺寸极限偏差和几何误差直接影响齿轮的加工和检验,影响齿轮副的接触和运行,因此必须加以控制。

齿轮的工作基准是其基准轴线,而基准轴线通常都是由某些基准来确定的,图 8-11 和图 8-12 为两种常用的齿轮结构形式,在此给出其尺寸公差(表 8-8)、几何公差的给定方法供参考。

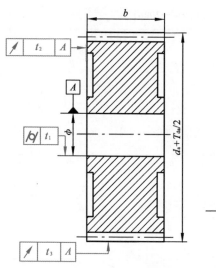

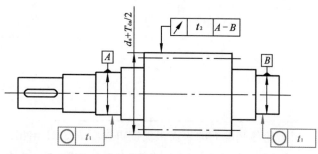

图 8-11　用一个"长"基准面确定基准轴线　　　　　图 8-12　用两个"短"基准面确定基准轴线

表 8-8　　　　　　　　　　　　　齿坯尺寸公差(供参考)

齿轮精度等级		5	6	7	8	9	10	11	12
尺寸公差	孔	IT5	IT6	IT7		IT8		IT9	
	轴	IT5		IT6		IT7		IT8	
顶圆直径偏差		$\pm 0.05 m_n$							

图 8-11 所示为用一个"长"基准面(内孔)来确定基准轴线的例子。内孔的尺寸精度根据与轴的配合性质要求确定。内孔圆柱度公差 t_1 取 $0.04(L/b)F_\beta$ 或 $0.1F_p$ 两者中之较小值(L 为支承该齿轮的较大的轴承跨距)。齿轮基准端面圆跳动公差 t_2 和齿顶圆径向圆跳动公差 t_3 可参考表 8-9。

表 8-9　　　　　　　　　　　齿坯径向和端面圆跳动公差　　　　　　　　　　　μm

分度圆直径	齿轮精度等级			
d/mm	3～4	5～6	7～8	9～10
到 125	7	11	18	28
>125～400	9	14	22	36
>400～800	12	20	32	50
>800～1 600	18	28	45	71

齿顶圆直径偏差对齿轮重合度及齿轮顶隙都有影响,有时还作为测量、加工基准,因此也要给出公差,一般可以按 $\pm 0.05 m_n$ 给出。图 8-12 所示为用两个"短"基准面确定基准轴线的例子。左、右两个短圆柱面是与轴承配合面,其圆柱度公差 t_1 取 $0.04(L/b)F_\beta$ 或 $0.1F_p$ 两者中之小值。齿顶圆径向圆跳动公差 t_2 按表 8-9 查取,齿顶圆直径偏差取 $\pm 0.05 m_n$。

齿面表面粗糙度可参考表 8-10 给出。

表 8-10　　　　齿面表面粗糙度推荐极限值（GB/Z 18620.4—2008）　　　　　　μm

齿轮精度等级	Ra		Rz	
	$m_n \leqslant 6$	$6 < m_n \leqslant 25$	$m_n < 6$	$6 \leqslant m_n < 25$
3	—	0.16	—	1.0
4	—	0.32	—	2.0
5	0.5	0.63	3.2	4.0
6	0.8	1.00	5.0	6.3
7	1.25	1.6	8.0	10
8	2.0	2.5	12.5	16
9	3.2	4.0	20	25
10	5.0	6.3	32	40

齿轮各基准面的表面粗糙度可参考表 8-11 给出。

表 8-11　　　　齿轮各基准面的表面粗糙度（Ra）推荐值　　　　　　μm

项目	齿轮精度等级							
	5	6	7		8		9	
齿面加工方法	磨齿	磨或珩齿	剃或珩齿	精滚精插	插齿或滚齿	滚齿		铣齿
齿轮基准孔	0.32～0.63	1.25	1.25～2.5				5	
齿轮轴基准轴颈	0.32	0.63	1.25		2.5			
齿轮基准端面	1.25～2.5		2.5～5				3.2～5	
齿轮顶圆	1.25～2.5		3.2～5					

8.4　渐开线圆柱齿轮精度标准及其应用

　　GB/T 10095.1—2008 和 GB/T 10095.2—2008 对齿轮规定了精度等级及各项偏差的允许值。

一、精度等级及其选择

　　标准对单个齿轮规定了 13 个精度等级，分别用阿拉伯数字 0、1、2、…、12 表示。其中，0 级精度最高，依次降低，12 级精度最低。其中 5 级精度为基本等级，是计算其他等级偏差允许值的基础。0～2 级目前加工工艺尚未达到标准要求，是为将来发展而规定的特别精密的齿轮；3～5 级为高精度齿轮；6～8 级为中等精度齿轮；9～12 级为低精度（粗糙）齿轮。

　　各级常用精度的各项偏差的数值可查表 8-12～表 8-14。

表 8-12　±f_{pt}、F_p、F_α、F_α、±f_{Hα}、F_r、f_i′/K、F_w 偏差允许值（GB/T 10095.1～10095.2—2008）

单位：μm

分度圆直径 d/mm	模数 m_n/mm	单个齿距极限偏差 ±f_{pt}				齿距累积总公差 F_p				齿廓总公差 F_α				齿廓形状偏差 f_{fα}				齿廓倾斜极限偏差 ±f_{Hα}				径向跳动公差 F_r				f_i′/K 值				公法线长度变动公差 F_w			
精度等级		5	6	7	8	5	6	7	8	5	6	7	8	5	6	7	8	5	6	7	8	5	6	7	8	5	6	7	8	5	6	7	8
≥5~20	≥0.5~2	4.7	6.5	9.5	13	11	16	23	32	4.6	6.5	9.0	13	3.5	5.0	7.0	10	2.9	4.2	6.0	8.5	9.0	13	18	25	14	19	27	38	10	14	20	29
	>2~3.5	5.0	7.5	10	15	12	17	23	33	6.5	9.5	13	19	5.0	7.0	10	14	4.2	6.0	8.5	12	9.5	13	19	27	16	23	32	45				
>20~50	≥0.5~2	5.0	7.0	10	14	14	20	29	41	5.0	7.5	10	15	4.0	5.5	8.0	11	3.3	4.6	6.5	9.5	11	16	23	32	14	20	29	41	12	16	23	32
	>2~3.5	5.5	7.5	11	15	15	21	30	42	7.0	10	14	20	5.5	8.0	11	16	4.5	6.5	9.0	13	12	17	24	34	17	24	34	48				
	>3.5~6	6.0	8.5	12	17	15	22	31	44	9.0	12	18	25	7.0	9.5	14	19	5.5	8.0	11	16	12	17	25	36	19	27	38	54				
>50~125	≥0.5~2	5.5	7.5	11	15	18	26	37	52	6.0	8.5	12	17	4.5	6.5	9.0	13	3.7	5.5	7.5	11	15	21	29	42	16	22	31	44	14	19	27	37
	>2~3.5	6.0	8.5	12	17	19	27	38	53	8.0	11	16	22	6.0	8.5	12	17	5.0	7.0	10	14	15	21	30	43	18	25	36	51				
	>3.5~6	6.5	9.0	13	18	19	28	39	55	9.5	13	19	27	7.5	10	15	21	6.0	8.5	12	17	16	22	31	44	20	29	40	57				
>125~280	≥0.5~2	6.0	8.5	12	17	24	35	49	69	7.0	10	14	20	5.5	7.5	11	15	4.4	6.0	9.0	11	20	28	39	55	17	24	34	49	16	22	31	44
	>2~3.5	7.0	10	14	20	25	35	50	70	9.0	13	18	25	7.0	9.5	14	19	5.5	8.0	11	16	20	28	40	56	20	28	39	56				
	>3.5~6	6.5	9.0	13	19	25	36	51	72	11	15	21	30	8.5	12	16	23	6.5	9.5	13	19	20	29	41	58	22	31	44	62				
>280~560	≥0.5~2	7.0	10	14	20	32	46	64	91	8.5	12	17	23	6.5	9.0	13	18	5.5	7.5	11	15	26	36	51	73	19	27	39	54	19	26	37	53
	>2~3.5	7.0	10	16	22	33	46	65	92	10	15	21	29	8.0	11	16	22	6.5	9.0	13	18	26	37	52	74	22	31	44	62				
	>3.5~6	8.0	11	16	22	33	47	66	94	12	17	24	34	9.0	13	18	26	7.5	11	15	21	27	38	53	75	24	34	48	68				

注：① 本表中 F_w 为根据中国的生产实践提出的，供参考。

② 将 f_i′/K 乘以 K 即得到 f_i′；当 $\varepsilon_\gamma<4$ 时，$K=0.2\left(\dfrac{\varepsilon_\gamma+4}{\varepsilon_\gamma}\right)$；当 $\varepsilon_\gamma \geqslant 4$ 时，$K=0.4$。

表 8-13　　　　F_β 允许值、$f_{f\beta}$ 和 $\pm f_{H\beta}$ 数值（GB/T 10095.1－2008）　　　　　μm

分度圆直径 d/mm	齿宽b/mm	螺旋线总偏差 F_β					螺旋线形状偏差 $f_{f\beta}$ 和 螺旋线倾斜偏差 $\pm f_{H\beta}$				
		精度等级									
		5	6	7	8	9	5	6	7	8	9
≥5～20	≥4～10	6.0	8.5	12	17	24	4.4	6.0	8.5	12	17
	>10～20	7.0	9.5	14	19	28	4.9	7.0	10	14	20
>20～50	≥4～10	6.5	9.0	13	18	25	4.5	6.5	9.0	13	18
	>10～20	7.0	10	14	20	29	5.0	7.0	10	14	20
	>20～40	8.0	11	16	23	32	6.0	8.0	12	16	23
>50～125	≥4～10	6.5	9.5	13	19	27	4.8	6.5	9.5	13	19
	>10～20	7.5	11	15	21	30	5.5	7.5	11	15	21
	>20～40	8.5	12	17	24	34	6.0	8.5	12	17	24
	>40～80	10	14	20	28	39	7.0	10	14	20	28
>125～280	≥4～10	7.0	10	14	20	29	5.0	7.0	10	14	20
	>10～20	8.0	11	16	22	32	5.5	8.0	11	16	23
	>20～40	9.0	13	18	25	36	6.5	9.0	13	18	25
	>40～80	10	15	21	29	41	7.5	10	15	21	29
	>80～160	12	17	25	35	49	8.5	12	17	25	35
>280～560	≥10～20	8.5	12	17	24	34	6.0	8.5	12	17	24
	>20～40	9.5	13	19	27	38	7.0	9.5	14	19	27
	>40～80	11	15	22	33	44	8.0	11	16	22	31
	>80～160	13	18	26	36	54	9.0	13	18	26	37
	>160～250	15	21	30	43	60	11	15	22	30	43

表 8-14　　　　F_i''、f_i'' 公差值（GB/T 10095.2－2008）　　　　　μm

分度圆直径 d/mm	模数m/mm	径向综合总偏差 F_i''					一齿径向综合偏差 f_i''				
		精度等级									
		5	6	7	8	9	5	6	7	8	9
≥5～20	≥0.2～0.5	11	15	21	30	42	2.0	2.5	3.5	5.0	7.0
	>0.5～0.8	12	16	23	33	46	2.5	4.0	5.5	7.5	11.0
	>0.8～1.0	12	18	25	35	50	3.5	5.0	7.0	10	14.0
	>1.0～1.5	14	19	27	38	54	4.5	6.5	9.0	13	18.0
>20～50	≥0.2～0.5	13	19	26	37	52	2.0	2.5	3.5	5.0	7.0
	>0.5～0.8	14	20	28	40	56	2.5	4.0	5.5	7.5	11.0
	>0.8～1.0	15	21	30	42	60	3.5	5.0	7.0	10	14.0
	>1.0～1.5	16	23	32	45	64	4.5	6.5	9.0	13	18.0
	>1.5～2.5	18	26	37	52	73	6.5	9.5	13	19	26.0
>50～125	≥1.0～1.5	19	27	39	55	77	4.5	6.5	9.0	13	18.0
	>1.5～2.5	22	31	43	61	86	6.5	9.5	13	19	26.0
	>2.5～4.0	25	36	51	72	102	10	14	20	29	41.0
	>4.0～6.0	31	44	62	88	124	15	22	31	44	62.0
	>6.0～10	40	57	80	114	161	24	34	48	67	95.0
>125～280	≥1.0～1.5	24	34	48	68	97	4.5	6.5	9.0	13	18.0
	>1.5～2.5	26	37	53	75	106	6.5	9.5	13	19	27.0
	>2.5～4.0	30	43	61	86	121	10	15	21	29	41.0
	>4.0～6.0	36	51	72	102	144	15	22	48	67	62.0
	>6.0～10	45	64	90	127	180	24	34	48	67	95.0

分度圆直径 d/mm	模数 m/mm	径向综合总偏差 F_i''					一齿径向综合偏差 f_i''				
		精度等级									
		5	6	7	8	9	5	6	7	8	9
>280~560	≥1.0~1.5	30	43	61	86	122	4.5	6.5	9.0	13	18.0
	>1.5~2.5	33	46	65	92	131	6.5	9.5	13	19	27.0
	>2.5~4.0	37	52	73	104	146	10	15	21	29	41.0
	>4.0~6.0	42	60	84	119	169	15	22	31	44	62.0
	>6.0~10	51	73	103	105	205	24	34	48	68	96.0

　　在确定齿轮精度等级时,主要依据齿轮的用途、使用要求和工作条件。选择齿轮精度等级的方法有计算法和类比法,通常采用类比法。类比法根据以往产品设计、性能试验、使用过程中所积累的经验以及较可靠的技术资料进行对比,从而确定齿轮的精度等级。

　　表 8-15 为各种机械采用的齿轮的精度等级,可供参考。

表 8-15　　　　　　　　　各种机械采用的齿轮的精度等级

应用范围	精度等级	应用范围	精度等级
测量齿轮	2~5	一般用途的减速器	6~9
汽轮机减速器	3~6	拖拉机	6~10
金属切削机床	3~8	轧钢设备的小齿轮	6~10
内燃机车与电气机车	6~7	矿山绞车	8~10
轻型汽车	5~8	起重机	7~10
重型汽车	6~9	农业机械	8~11

　　在机械传动中应用最多的齿轮既传递运动又传递动力,其精度等级与圆周速度密切相关,因此可计算出齿轮的最高圆周速度,参考表 8-16 确定齿轮精度等级。

表 8-16　　　　　　　　　齿轮精度等级的选用(供参考)

精度等级	圆周速度/(m·s⁻¹)		面的终加工	工作条件
	直齿	斜齿		
6 (高精密)	到 15	到 30	精密磨齿或剃齿	要求最高效率且无噪声的高速下平稳工作的齿轮传动或分度机构的齿轮传动;特别重要的航空、汽车齿轮;读数装置用特别精密传动的齿轮
7 (精密)	到 10	到 15	无须热处理,仅用精确刀具加工的齿轮;淬火齿轮必须精加工(磨齿、挤齿、珩齿等)	增速和减速用齿轮传动;金属切削机床送刀机构用齿轮;高速减速器用齿轮;航空、汽车用齿轮;读数装置用齿轮
8 (中等精密)	到 6	到 10	不磨齿,不必光整加工或对研	无须特别精密的一般机械制造用齿轮;在分度链中的机床传动齿轮;飞机、汽车制造业中的不重要齿轮;起重机构用齿轮;农业机械中的重要齿轮,通用减速器齿轮
9 (较低精度)	到 2	到 4	无须特殊光整加工	用于粗糙加工的齿轮

二、最小侧隙和齿厚偏差的确定

参见 8.2.4 中的内容,合理地确定最小侧隙及齿厚偏差或公法线长度极限偏差。

 ## 三、检验项目的选用

选择检验组时,应根据齿轮的规格、用途、生产规模、精度等级、齿轮加工方式、计量仪器、检验目的等因素综合分析、合理选择。

1.齿轮加工方式

不同的加工方式产生不同的齿轮误差,例如滚齿加工时,机床分度蜗轮偏心产生公法线长度变动偏差;而磨齿加工时,由于分度机构误差将产生齿距累积偏差,故应根据不同的加工方式采用不同的检验项目。

2.齿轮精度

齿轮精度低,机床精度可足够保证,由机床产生的误差可不检验。齿轮精度高,可选用综合性检验项目,以反映全面情况。

3.检验目的

终结检验应选用综合性检验项目,工艺检验可选用单项指标,以便于分析误差原因。

4.齿轮规格

直径不大于 400 mm 的齿轮可放在固定仪器上进行检验。大尺寸齿轮一般将量具放在齿轮上进行单项检验。

5.生产规模

大批量应采用综合性检验项目,以提高效率,单件、小批生产一般采用单项检验。

6.设备条件

选择检验项目时还应考虑工厂仪器设备条件及习惯检验方法。

齿轮精度标准 GB/T 10095.1—2008、GB/T 10095.2—2008 及其指导性技术文件中给出的偏差项目虽然很多,但作为评价齿轮品质的客观标准,齿轮品质的检验项目应主要是单项指标,即齿距偏差(F_p、$\pm f_{pt}$、$\pm F_{pk}$)、齿廓总偏差 F_α、螺旋线总偏差 F_β(直齿轮为齿向公差 F_β)及齿厚偏差 E_{sn}。标准中给出的其他参数,一般不是必检项目,而是根据供需双方具体要求协商确定的,其中体现了设计第一的思想。

根据我国多年的生产实践及目前齿轮生产的品质控制水平,建议供需双方依据齿轮的功能要求、生产批量和检测手段,在表 8-17 推荐的检验组中选取一个检验组来评定齿轮的精度等级。

表 8-17 推荐的齿轮检验组

检验组	检验项目	适用等级	测量仪器
1	F_p、F_α、F_β、F_r、E_{sn}或E_{bn}	3～9	齿距仪、齿形仪、齿向仪、摆差测定仪、齿厚卡尺或公法线千分尺
2	F_p与F_{pk}、F_α、F_β、F_r、E_{sn}或E_{bn}	3～9	齿距仪、齿形仪、齿向仪、摆差测定仪、齿厚卡尺或公法线千分尺
3	F_p、F_{pt}、F_α、F_β、F_r、E_{sn}或E_{bn}	3～9	齿距仪、齿形仪、齿向仪、摆差测定仪、齿厚卡尺或公法线千分尺
4	F_i''、f_i''、E_{sn}或E_{bn}	6～9	双面啮合测量仪、齿厚卡尺或公法线千分尺
5	f_{pt}、F_r、E_{sn}或E_{bn}	10～12	齿距仪、摆差测定仪、齿厚卡尺或公法线千分尺
6	F_i'、f_i'、F_β、E_{sn}或E_{bn}	3～6	单啮仪、齿向仪、齿厚卡尺或公法线千分尺

四、齿坯及箱体精度的确定

齿坯及箱体的精度应根据齿轮的具体结构形式和工作要求按 8.3 的内容确定。

五、齿轮在图样上的标注

1. 齿轮精度等级的标注方法示例

(1)7GB/T 10095.1 表示齿轮各项偏差项目均应符合 GB/T 10095.1—2008 的要求,精度均为 7 级。

(2)$7F_p6(F_\alpha$、$F_\beta)$ GB/T 10095.1 表示偏差 F_p、F_α、F_β 均按 GB/T 10095.1—2008 要求,但是 F_p 为 7 级,F_α 与 F_β 均为 6 级。

(3)$6(F_i''$、$f_i'')$ GB/T 10095.2 表示偏差 F_i''、f_i'' 均按 GB/T 10095.2—2008 要求,精度均为 6 级。

2. 齿厚偏差常用标注方法

(1)$S_{n\,E_{sni}}^{\ E_{sns}}$ 其中 S_n 为法向公称齿厚,E_{sns} 为齿厚上极限偏差,E_{sni} 为齿厚下极限偏差。

(2)$W_{k\,E_{bni}}^{\ E_{bns}}$ 其中 W_k 为跨 k 个齿的公法线公称长度,E_{bns} 为公法线长度上极限偏差,E_{bni} 为公法线长度下极限偏差。

六、齿轮精度设计示例

【例 8-1】 某机床主轴箱传动轴上的一对直齿圆柱齿轮,$z_1=26$,$z_2=56$,$m=2.75$,

$b_1=28$，$b_2=24$，两轴承间距离 $L=90$ mm，$n_1=1$ 650 r/min，齿轮材料为钢，箱体材料为铸铁，单件、小批生产，试设计小齿轮的精度，并画出齿轮零件图。

解 （1）确定齿轮精度等级

因该齿轮为机床主轴箱传动齿轮，由表 8-15 可以大致得出齿轮精度为 3～8 级，进一步分析，该齿轮既传递运动又传递动力，因此可根据线速度确定其精度等级，即

$$v=\frac{\pi d n_1}{1\ 000\times 60}=\frac{3.14\times 2.75\times 26\times 1\ 650}{1\ 000\times 60}=6.2\ \text{m/s}$$

参考表 8-16 可确定该齿轮为 7 级精度，则齿轮精度表示为 7GB/T 10095.1。

（2）选择侧隙和齿厚偏差

中心距 $\qquad a=\dfrac{m(z_1+z_2)}{2}=\dfrac{2.75\times(26+56)}{2}=112.75$ mm

按式（8-2）计算可得（或查表 8-4 按插入法求得）

$$j_{\text{bnmin}}=\frac{2}{3}(0.06+0.000\ 5a+0.03m)=\frac{2}{3}\times(0.06+0.000\ 5\times 112.75+0.03\times 2.75)$$
$$=0.133\ \text{mm}$$

由式（8-4）得

$$E_{\text{sns}}=\frac{j_{\text{bnmin}}}{2\cos\alpha_{\text{n}}}=\frac{0.133}{2\cos 20°}=0.071\ \text{mm}$$

取负值为 $E_{\text{sns}}=-0.071$ mm。

分度圆直径 $d=mz=2.75\times 26=71.5$ mm，由表 8-12 查得 $F_{\text{r}}=0.03$ mm。

由表 8-5 和表 1-3 查得 $b_{\text{r}}=$ IT9$=0.074$ mm。

按式（8-5）计算齿厚公差为

$$T_{\text{sn}}=\sqrt{F_{\text{r}}^2+b_{\text{r}}^2}\cdot 2\tan\alpha_{\text{n}}=\sqrt{0.03^2+0.074^2}\cdot 2\tan 20°=0.058\ \text{mm}$$

则由式（8-6），得

$$E_{\text{sni}}=E_{\text{sns}}-T_{\text{sn}}=-0.071-0.058=-0.129\ \text{mm}$$

通常用检查公法线长度极限偏差来代替齿厚偏差，故

上极限偏差 $\quad E_{\text{bns}}=E_{\text{sns}}\cos\alpha_{\text{n}}=-0.071\times\cos 20°=-0.067$ mm

下极限偏差 $\quad E_{\text{bni}}=E_{\text{sni}}\cos\alpha_{\text{n}}=-0.129\times\cos 20°=-0.121$ mm

由式（8-11）得跨测齿数 $k=\dfrac{z}{9}+0.5=\dfrac{26}{9}+0.5=3.4$，取 $k=3$，则公法线公称长度为

$$W_k=m[2.952(k-0.5)+0.014z]=2.75\times[2.952\times(3-0.5)+0.014\times 26]=21.296\ \text{mm}$$

则公法线长度及其偏差为 $\qquad W_k=21.296^{-0.067}_{-0.121}$

（3）确定检验项目及其公差

参考表 8-17，该齿轮属于单件、小批生产，中等精度，没有对局部范围提出更严格的

噪声、振动要求，因此可选用第 1 检验组，即检验 F_p、F_α、F_β、F_r。查表 8-12 得 $F_p=$ 0.038 mm，$F_\alpha=0.016$ mm，$F_r=0.030$ mm，查表 8-13 得 $F_\beta=0.017$ mm。

（4）确定齿轮副精度

①中心距极限偏差 $\pm f_a$

由表 8-6 查得 $\qquad\qquad\qquad \pm f_a=\pm0.027$

则 $\qquad\qquad\qquad\qquad a=112.75\pm0.027$ mm

②轴线平行度偏差 $f_{\Sigma\delta}$ 和 $f_{\Sigma\beta}$

由式（8-14）得

$$f_{\Sigma\beta}=0.5(L/b)F_\beta=0.5\times(90/28)\times0.017=0.027 \text{ mm}$$

由式（8-13）得

$$f_{\Sigma\delta}=2f_{\Sigma\beta}=2\times0.027=0.054 \text{ mm}$$

（5）确定齿坯精度和有关表面粗糙度要求

①内孔尺寸偏差

由表 8-8 查得精度等级为 IT7，即 $\phi30H7Ⓔ=\phi30^{+0.021}_{0}Ⓔ$

②齿顶圆直径偏差 $\pm T_{da}/2$

齿顶圆直径为

$$d_a=m(z+2)=2.75\times(26+2)=77 \text{ mm}$$

根据 8.3 所述推荐值 $\pm T_{da}/2=\pm0.05m=\pm0.05\times2.75=\pm0.14$ mm

则 $\qquad\qquad\qquad\qquad d_a=77\pm0.14$ mm

③基准面的几何公差

内孔圆柱度公差 t 根据 8.3 节的推荐值可得

$$0.04(L/b)F_\beta=0.04\times(90/28)\times0.017\approx0.002 \text{ mm}$$

$$0.1F_p=0.1\times0.038\approx0.004 \text{ mm}$$

取以上两值中之小者，即 $\qquad\qquad t_1=0.002$ mm

端面圆跳动公差 由表 8-9 查得 $t_2=0.018$ mm

顶圆径向圆跳动公差 由表 8-9 查得 $t_3=0.018$ mm

④齿坯表面粗糙度

由表 8-10 查得齿面 Ra 上限值为 1.25 μm，由表 8-11 查得齿坯内孔 Ra 上限值为 1.25 μm，端面 Ra 上限值为 2.5 μm，顶圆 Ra 上限值为 3.2 μm，其余表面的表面粗糙度 Ra 上限值为 12.5 μm。

（6）该齿轮的零件图如图 8-13 所示。

模数	m	2.75
齿数	z	26
齿形角	α	20°
变位系数	x	0
精度		8 GB/T 10095.1~10095.2—2008
齿距累积总误差	F_p	0.038
径向跳动误差	F_r	0.030
齿廓总误差	F_α	0.016
齿向误差	F_β	0.017
公法线长度及偏差($k=3$)		$W_k=21.296_{-0.121}^{-0.067}$

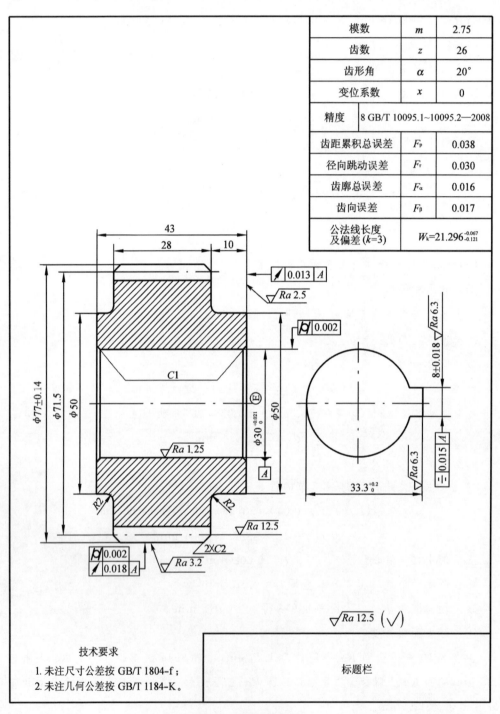

技术要求

1. 未注尺寸公差按 GB/T 1804-f；
2. 未注几何公差按 GB/T 1184-K。

标题栏

图 8-13 例 8-1 零件图

技能训练

实训 1　用公法线千分尺测量齿轮参数

1. 公法线千分尺的组成及原理

如图 8-14 所示为公法线千分尺，它是利用螺旋副原理，对弧形尺架上两盘形测量面分隔的距离进行读数的齿轮公法线测量器具。主要用于测量齿轮的公法线长度，其读数方法与普通千分尺相同。

2. 测量方法（图 8-15）

（1）根据提取（实际）齿轮的齿顶圆直径选择公法线千分尺的规格。

（2）确定公法线公称长度理论值 W 和跨齿数 Wn。

（3）检查和校对公法线千分尺的零位，方法同外径千分尺。

（4）沿整个齿圈一周逐个测量公法线长度，取测得值的平均值作为公法线公称长度的测量结果，将平均值减去公称值，即公法线平均长度偏差 ΔE_w。

（5）测得的最大值与最小值之差即公法线长度变动量 ΔF_w。

（6）处理数据结果，判断提取（实际）齿轮的合格性。

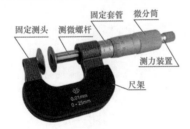

图 8-14　公法线千分尺

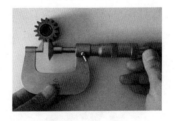

图 8-15　测量公法线

注意：齿轮标准 GB/Z 18620.1～18620.4—2008 中已没有公法线长度变动量这个项目，而标准 GB/T 10095.1～10095.2—2008 中已没有公法线平均长度偏差项目，被改为公法线长度上、下极限偏差。

实训 2　用齿厚游标卡尺测量齿轮轮齿的齿厚偏差

1. 齿厚游标卡尺的组成及原理

齿厚游标卡尺是利用游标原理，以齿高尺定位对齿厚尺两测量爪相对移动分隔的距离进行读数的齿厚测量器具，如图 8-16 所示。

2. 测量方法（图 8-17）

（1）用游标卡尺或外径千分尺测量提取（实际）齿轮的齿顶圆直径。

（2）计算公称弦齿厚和实际分度圆弦齿高。

（3）按弦齿高值调整齿厚游标卡尺的齿高尺，并锁紧，将齿厚游标卡尺置于提取（实际）齿轮上，使齿高尺顶端测量面与齿轮齿顶圆正中接触，然后移动齿厚尺紧靠齿廓，从齿厚尺

微课 24

用齿厚游标卡尺测量齿轮轮齿的齿厚偏差

游标上读出分度圆弦齿厚实际值。

(4)在齿轮圆周上几个等距离的齿上进行测量,重复步骤(3),均匀测量几个点。

(5)记下读数,计算实际齿厚,实际齿厚与理论齿厚的差值即齿厚偏差。

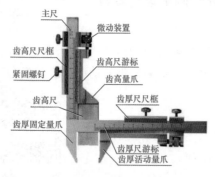

图 8-16　齿厚游标卡尺

图 8-17　测量齿厚

实训 3　用万能测齿仪测量齿轮参数

1.万能测齿仪的组成及原理

万能测齿仪是以提取(实际)齿轮轴心线为基准,上、下顶尖定位,采用指示表类器具测量齿轮、蜗轮的齿距误差及偏差、公法线长度、齿圈径向跳动等的测量仪器。如图 8-18 所示为一种纯机械式的手动齿轮测量仪器,该仪器具有测量效率高、通用性强的优点,应用广泛。

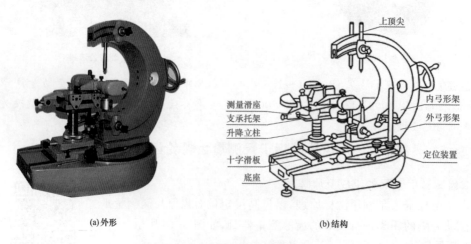

(a)外形　　(b)结构

图 8-18　万能测齿仪的外形与结构

如图 8-19 所示,万能测齿仪的测量工作台装有特制的单列向心球轴承组成纵、横向导轨,使工作台纵、横方向的运动精密而灵活,保证测头能顺利进入测量位置。

2.测量方法(图 8-20)

(1)将提取(实际)齿轮套在心轴上,并一起安装在仪器的两顶尖上。

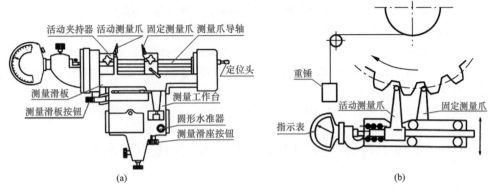

图 8-19　万能测齿仪的工作原理

（2）调整仪器测量工作台和测量装置，使活动测量爪和固定测量爪进入齿间，在分度圆附近与相邻两个同侧齿面接触。

（3）在齿轮心轴上挂上重锤，利用重力使齿面紧靠测量爪。

(a) 挂上重锤

(b) 调整指示表

(c) 测量齿距偏差

(d) 测量齿厚偏差

(e) 测量公法线长度偏差

(f) 测量齿圈径向跳动

图 8-20　万能测齿仪测量示意图

（4）以提取（实际）齿轮的任一齿距作为基准齿距，调整指示表的零位，反复三次，以检查指示表的示值稳定性。

（5）测量时，用一只手扶住齿轮，另一只手拉测量滑板，退出测量爪，脱离齿面；再将齿轮转过一个齿，慢放测量滑板，推进测量爪，接触齿面，读取指示表上的读数。（以上是测量齿轮齿距）

（6）选用不同的测量爪可分别测得齿轮的齿厚偏差、公法线长度偏差及齿圈径向跳动。

实训 4 用齿轮径向跳动测量仪检测齿轮的径向跳动

1.齿轮径向跳动测量仪的结构及原理

如图 8-21 所示为齿轮径向跳动测量仪的外形、结构及原理。本仪器属于纯机械结构，导轨面采用磨削后刮研工艺，读数直观（千分表示值），精度高，操作方便。其测量力及测量方向可调，并配有多种尺寸的测头，以适应不同类型的齿轮。它主要用于齿轮加工现场或车间检查站测量圆柱齿轮或锥齿轮的径向跳动，同时也可以用于测量回转类零件的径向跳动误差。

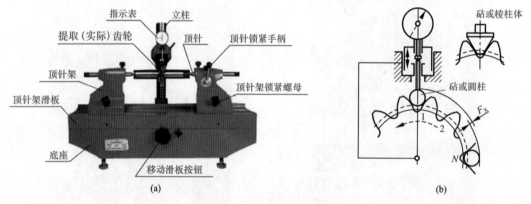

图 8-21 齿轮径向跳动测量仪

2.测量方法（图 8-22）

（1）根据提取（实际）齿轮的类型，固定好指示表支架的位置，同时按提取（实际）齿轮的直径大小转动调节螺母，使支架做上下移动，并固定在某一适当位置，以指示表测头与提取（实际）齿轮齿槽接触，并且指示表指针大致在零刻度为准。

图 8-22 测量齿轮的径向跳动

（2）根据提取（实际）齿轮模数的大小，按 $d=1.68m_n$ 选择相应直径的指示表测头。

（3）测量时，应上翻指示表扳手，提起指示表测头后才可将提取（实际）齿轮转过一齿，再将扳手轻轻放下，使测头与齿面接触，指示表测头从调零开始逐齿测取读数，直至测完全部齿槽为止。

（4）在记录的全部读数中，取其最大与最小值之差，即提取（实际）齿轮的径向跳动。

实训 5 用三坐标测量仪检测零件

1.仪器简介

三坐标测量仪是指在一个六面体的空间范围内，能够表现几何形状、长度及圆周分度等测量能力的仪器，又称为三坐标测量机或三坐标测量床。

三坐标测量仪又可定义为一种具有可做三个方向移动的探测器，可在三个相互垂直的导轨上移动，此探测器以接触或非接触等方式传递信号，三个轴的位移测量系统（如光栅尺）经数据处理器或计算机等计算出工件的各点坐标 (x,y,z) 及各项功能测量的仪器。

三坐标测量仪的测量功能应包括尺寸精度、定位精度、几何精度及轮廓精度等。

2.仪器基本组成（图 8-23）

（1）测量仪主机　主要由床身框架结构、标尺系统、导轨、机械运动装置、平衡部件、工作台与附件等组成。

（2）控制系统　是三坐标测量仪的重要组成部分之一，关系到其精度、成本和寿命。

（3）计算机（测量软件）　又称上位机，是数据处理中心。

（4）测头系统　主要用于检测提取（实际）零件采集的数据，为便于检测到零件，测头底座部分可自由旋转。

3.测量原理

三坐标测量仪是测量和获得尺寸数据最有效的方法之一，因为它可以代替多种表面测量工具及昂贵的组合量规，并把复杂的测量任务按所需时间从小时级缩短到分钟级，这是其他仪器所达不到的效果。

图 8-23　三坐标测量仪

三坐标测量仪的功能是快速、准确地评价尺寸数据，为操作者提供关于生产过程的有用信息，这与所有的手动测量设备有很大的区别。将提取（实际）零件置于三坐标测量空间，可获得提取（实际）零件上各测点的坐标位置，根据这些点的空间坐标值，经计算求出提取（实际）零件的几何尺寸、形状和位置，因而在机械、电子、仪表、塑胶等行业广泛使用。

如图 8-24 所示，三坐标测量仪的工作原理是：

（1）在三坐标空间中，可以用坐标来描述每一个点的位置。

（2）多个点可以用数学方法拟合成几何元素，例如面、线、圆、圆柱、圆锥等。

（3）利用几何元素的特征，例如圆的直径、圆心点、面的法矢、圆柱的轴线、圆锥顶点等可以计算这些几何元素之间的距离和位置关系，进行几何公差的评价。

（4）将复杂的数学公式编写成程序软件，利用软件可以进行特殊零件的检测，例如齿轮、叶片、曲线曲面、数据统计等。

（5）主要算法采用最小二乘法。

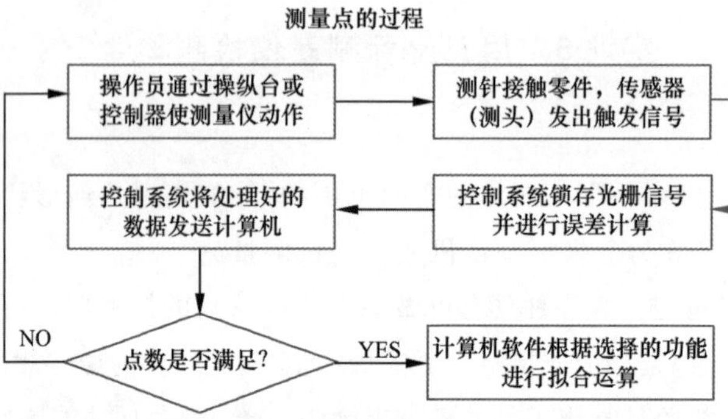

测量点的过程

图 8-24　三坐标测量仪的工作原理

4.操作方法

（1）工作前的准备

①检查温度情况，包括测量机房、三坐标测量仪和零件：连续恒温的机房恒温可靠，能达到三坐标测量仪要求的温度范围，因此主要解决零件恒温（按规定时间提前放入测量机房）的问题。

②检查气源压力，放出过滤器中的油和水，清洁测量仪导轨及工作台表面。

③开机运行一段时间，并检查软件、控制系统、测量仪主机各部分工作是否正常。

（2）检测工作中

①查看零件图纸，了解测量要求和方法，规划检测方案或调出检测程序。

②在吊装放置提取（实际）零件过程中，要注意遵守吊车安全的操作规程，保证不损坏三坐标测量仪和零件，零件安放在方便检测、阿贝误差最小的位置并固定牢固。

③按照测量方案安装探针及探针附件，要按下紧急停止按钮后再进行，并注意轻拿轻放，用力适当，更换后试运行时要注意试验一下测头保护功能是否正常。

④实施测量过程中，操作人员要精力集中，首次运行程序时要注意减速运行，确定编程无误后再使用正常速度。

⑤一旦有不正常的情况，应立即按紧急停止按钮，保护现场，查找出原因后，再继续运行或通知维修人员维修。

⑥检测完成后，将测量程序和程序运行参数及测头配置等说明存档。

⑦拆卸（更换）零件，清洁台面。

（3）关机及整理工作

①将测量仪主机退至原位（注意，每次检测完后均需退回原位），卸下零件，按顺序关闭测量机及有关电源。

②清理工作现场，并为下次工作做好准备。

习　题

一、判断题

1.对于分度机构及仪器仪表中读数机构的齿轮，传递运动准确性是主要的。　（　　）

2.齿距累积偏差是由径向误差与切向误差造成的。　（　　）

3.同一个齿轮的齿距累积误差与其切向综合误差的数值是相等的。　（　　）

4.影响齿轮传动平稳性的偏差项目是齿形偏差。　（　　）

5.齿距累积偏差 F_{pk} 是齿轮运动准确性的评定指标。　（　　）

6.齿廓总偏差是齿轮载荷分布均匀性的评定指标。　（　　）

7.齿轮的一齿切向综合偏差是评定齿轮传动平稳性的项目。　（　　）

8.齿厚的上极限偏差为正值，下极限偏差为负值。　（　　）

9.齿轮副的接触斑点是评定齿轮副载荷分布均匀性的综合指标。　（　　）

10.齿厚游标卡尺只适用于检测精度较低或模数较大齿轮的齿厚。　（　　）

二、选择题

1.在高速传动齿轮（如汽车、拖拉机等）减速器中，齿轮精度要求较高的为（　　）。

A.传递运动的准确性　　　　　　　　B.载荷在齿面上分布的均匀性

C.传递运动的平稳性　　　　　　　　D.传动侧隙的合理性

2.载荷较小的正/反转齿轮对（　　）要求较高。

A.传递运动的准确性　　　　　　　　B.传递运动的平稳性

C.载荷分布的均匀性　　　　　　　　D.传动侧隙的合理性

3.滚齿加工时产生的运动偏心会引起（　　）。

A.切向综合偏差　　　　　　　　　　B.齿轮切向误差

C.螺旋线总偏差　　　　　　　　　　D.齿廓形状偏差

4.影响齿轮传动平稳性的偏差项目有（　　）。

A.一齿切向综合偏差　　　　　　　　B.螺旋线总偏差

C.切向综合总偏差　　　　　　　　　D.齿距累积总偏差

5.影响齿轮载荷分布均匀性的偏差项目有（　　）。

A.F_i''　　　　　　B.$f_{f\alpha}$　　　　　　C.F_β　　　　　　D.f_i''

6.影响齿轮传递运动准确性的偏差项目有（　　）。

A.F_p　　　　　　B.$f_{f\alpha}$　　　　　　C.F_β　　　　　　D.F_α

7.齿轮公差中切向综合误差 $\Delta F_i'$ 可以反映（　　）。

A.切向误差   B.切向与轴向误差   C.径向误差   D.切向和径向误差

8.测量齿轮累积误差可以评定齿轮传递运动的(　　)。

A.准确性   B.平稳性   C.侧隙的合理性   D.承载的均匀性

9.下列选项中属于齿轮副的公差项目的有(　　)。

A.齿向偏差   B.切向综合总偏差   C.轮齿接触斑点   D.齿形偏差

10.一般切削机床中的齿轮所采用的精度等级范围是(　　)。

A.3～5 级   B.3～7 级   C.4～8 级   D.6～8 级

11.现行国家标准推荐的轴线平面内的平行度偏差值为(　　)

A.$f_{\Sigma\beta}=2f_{\Sigma\delta}$ B.$f_{\Sigma\delta}=2f_{\Sigma\beta}$ C.$f_{\Sigma\delta}=4f_{\Sigma\beta}$ D.$f_{\Sigma\beta}=4f_{\Sigma\delta}$

12.6(F_α)7$(F_P、F_\beta)$表示(　　)的齿轮。

A.齿廓总偏差为 6 级精度、齿距累积总偏差和螺旋线总偏差均为 7 级精度

B.齿廓总偏差为 7 级精度、齿距累积总偏差和螺旋线总偏差均为 6 级精度

C.齿距累积总偏差为 6 级精度、齿廓总偏差和螺旋线总偏差均为 7 级精度

D.螺旋线总偏差均为 7 级精度、齿廓总偏差和齿距累积总偏差均为 7 级精度

三、综合题

1.简述对齿轮传动的四项使用要求,其中哪几项要求是精度要求?

2.齿轮传动中的侧隙有什么作用?用什么评定指标来控制侧隙?

3.什么是齿轮的切向综合偏差?它是哪几项偏差的综合反映?

4.标准对齿厚偏差规定了多少种字母代号?其代号顺序是怎样的?为什么齿厚上极限偏差一般都是负值?

5.简述齿轮齿厚偏差的检测步骤及齿轮径向跳动的检测步骤。

6.用齿厚游标卡尺检测一直齿圆柱齿轮齿厚,已知提取(实际)齿轮模数为 $m=3$ mm,齿轮齿数 $z=30$,压力角 $\alpha=20°$,齿厚偏差 $E_{sn}=-0.02$ mm,测量提取(实际)齿轮齿厚是否合格。

7.某直齿圆柱齿轮标注为 7(F_α)8$(F_p、F_\beta)$ GB/T 10095.1—2008,其模数 $m=3$ mm,齿数 $z=60$,齿形角 $\alpha=20°$,齿宽 $b=30$ mm。若测量结果为:齿距累积总偏差 $F_p=0.075$ mm,齿廓总偏差 $F_\alpha=0.012$ mm,单个齿距偏差 $f_{pt}=-13$ μm,螺旋线总偏差 $F_\beta=16$ μm,则该齿轮的各项偏差是否满足齿轮精度的要求?为什么?

8.某直齿圆柱齿轮大批量生产,齿轮模数 $m=3.5$ mm,齿数 $z=30$,标准压力角 $\alpha=20°$,变位系数为 0,齿宽 $b=50$ mm,精度等级为 7GB/T 10095.1—2008,齿厚上、下极限偏差分别为 -0.07 mm 和 -0.14 mm。试确定:

(1)该齿轮的检验项目及其允许值;

(2)用公法线长度偏差作为齿厚的测量项目,计算跨齿数和公法线公称值及公法线长度上、下极限偏差;

(3)确定齿轮各部分表面粗糙度轮廓幅度参数及其允许值;

(4)确定齿轮坯的各项公差或极限偏差(齿顶圆柱面作为切齿时的找正基准);

(5)绘制该齿轮图样。

第**9**章

尺寸链

知识及技能目标 >>>

1.掌握尺寸链的基本概念,熟悉尺寸链的术语、定义及分类。
2.掌握运用尺寸链求解实际问题的方法。

素质目标 >>>

1.通过对本章的学习,培养学生有对个人和集体目标、团队利益负责的职业精神。
2.培养学生具有良好的人文素养和社会责任感,乐观向上、勇于竞争、勇于奋斗。

9.1 尺寸链的术语、定义及分类

在设计、装配、加工各类机器及其零部件时,除了进行运动、刚度、强度等的分析与计算外,还需要对其几何精度进行分析与计算,以协调零部件各有关尺寸之间的关系,从而合理地规定各零部件的尺寸公差和几何公差,确保产品的品质。因此,掌握了使用尺寸链分析计算的方法,就会解决工程上的实际问题。

现从计算零件尺寸链的角度出发,根据《尺寸链 计算方法》(GB/T 5847—2004)对尺寸链的有关内容做详细的介绍。

 一、术语和定义

1.尺寸链

尺寸链是指在机器装配或零件加工过程中,由相互连接的尺寸形成封闭的尺寸组,如图 9-1 和图 9-2 所示。

尺寸链有两个特征:一是封闭性;二是相关性,即尺寸链中,有一个尺寸是最后形成的,其大小要受到其他尺寸大小的影响。

2.环

环是指列入尺寸链中的每一个尺寸,如图 9-1 中的 A_0、A_1、A_2、A_3、A_4、A_5,图 9-2 中的 α_0、α_1、α_2。

3.封闭环

封闭环是指尺寸链中在装配过程或加工过程中最后形成的一环,如图 9-1 中的 A_0、图 9-2 中的 α_0。

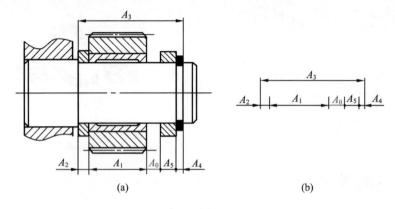

图 9-1 尺寸链(1)

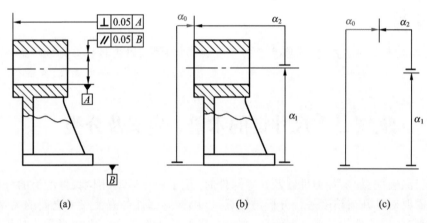

图 9-2 尺寸链(2)

从加工和装配角度讲,凡是最后形成的尺寸,即封闭环;从设计角度讲,需要靠其他尺寸间接保证的尺寸,便是封闭环。图样上标注的尺寸不同,封闭环也不同。

封闭环不是零件或部件上的尺寸,而是不同零件或部件的表面或轴线间的相对位置尺寸,它不能独立地变化,而是在装配过程中最后形成的,即装配精度。因此,在计算尺寸链时,只有正确地判断封闭环,才能得出正确的计算结果。

4.组成环

尺寸链中对封闭环有影响的全部环称为组成环。这些环中任一环的变动必然引起封闭环的变动,如图 9-1 中的 A_1、A_2、A_3、A_4 及 A_5,图 9-2 中的 α_1 及 α_2。

各组成环不是在同一个零件上的尺寸,而是与装配精度有关的各零件上的有关尺寸。

5.增环

增环是尺寸链中的组成环,该环的变动会引起封闭环同向变动,即该环增大时封闭环也增大,该环减小时封闭环也减小,如图 9-1 中的 A_3。

6.减环

减环是尺寸链中的组成环,该环的变动会引起封闭环反向变动,即该环增大时封闭环减小,该环减小时封闭环增大。如图 9-1 中的 A_1、A_2、A_4 及 A_5,图 9-2 中的 α_1 及 α_2。

用尺寸链图很容易确定封闭环及增环或减环,如图 9-3 所示。

在封闭环符号 A_0 上面按任意指向画一箭头,沿已给定箭头方向在每个组成环符号 A_1、A_2、A_3、A_4 上各画一箭头,使所画各箭头依次彼此头尾相连,组成环中箭头与封闭环箭头相同者为减环,相异者为增环。可以判定,在该尺寸链中,A_1 和 A_3 为增环,A_2 和 A_4 为减环。

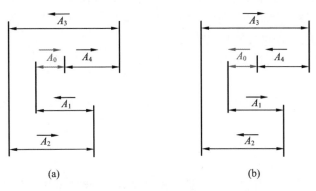

图 9-3 尺寸链(3)

7.补偿环

补偿环是指尺寸链中预先选定的某一组成环,可以通过改变其大小或位置,使封闭环达到规定的要求,如图 9-4 中的 L_2。

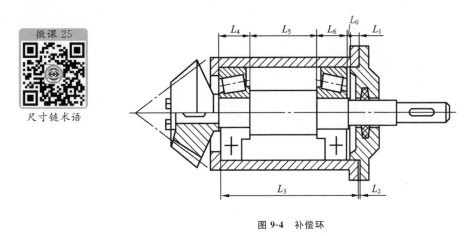

微课 25

尺寸链术语

图 9-4 补偿环

8.传递系数

传递系数是表示各组成环对封闭环影响大小的系数,用符号"ξ"表示。对于增环,ξ 为正值;对于减环,ξ 为负值。

 二、分类

1.长度尺寸链与角度尺寸链

（1）长度尺寸链　全部环为长度尺寸的尺寸链称为长度尺寸链，如图 9-1 所示。

（2）角度尺寸链　全部环为角度尺寸的尺寸链称为角度尺寸链，如图 9-2 所示。

2.装配尺寸链、零件尺寸链与工艺尺寸链

（1）装配尺寸链　全部组成环为不同零件设计尺寸所形成的尺寸链称为装配尺寸链，如图 9-5 所示。

（2）零件尺寸链　全部组成环为同一零件设计尺寸所形成的尺寸链称为零件尺寸链，如图 9-6 所示。

（3）工艺尺寸链　全部组成环为同一零件工艺尺寸所形成的尺寸链称为工艺尺寸链，如图 9-7 所示。

装配尺寸链与零件尺寸链统称为设计尺寸链，设计尺寸是指零件图上标注的尺寸；工艺尺寸是指工序尺寸、定位尺寸与测量尺寸等。

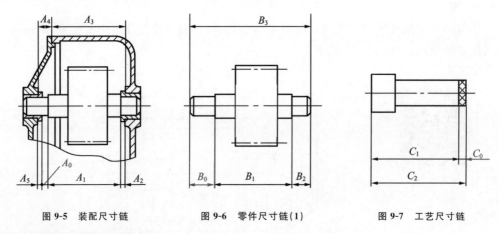

图 9-5　装配尺寸链　　　　图 9-6　零件尺寸链(1)　　　　图 9-7　工艺尺寸链

3.公称尺寸链与派生尺寸链

（1）公称尺寸链　全部组成环皆直接影响封闭环的尺寸链称为公称尺寸链，如图 9-8 中的 β。

（2）派生尺寸链　一个尺寸链的封闭环为另一个尺寸链的组成环的尺寸链称为派生尺寸链，如图 9-8 中的 α。

4.标量尺寸链与矢量尺寸链

（1）标量尺寸链　全部组成环为标量尺寸所形成的尺寸链称为标量尺寸链，如图 9-1、图 9-2、图 9-4～图 9-7 所示。

（2）矢量尺寸链　全部组成环为矢量尺寸所形成的尺寸链称为矢量尺寸链，如图 9-9 所示。

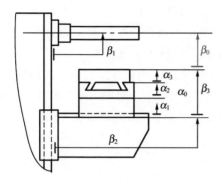

图9-8　公称尺寸链与派生尺寸链

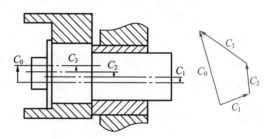

图9-9　矢量尺寸链

5.直线尺寸链、平面尺寸链与空间尺寸链

（1）直线尺寸链　全部组成环平行于封闭环的尺寸链称为直线尺寸链,如图9-1、图9-4～图9-7所示。

（2）平面尺寸链　平面尺寸链的全部组成环位于一个或几个平行平面内,但某些组成环不平行于封闭环的尺寸链,如图9-10所示。

（3）空间尺寸链　组成环位于几个不平行平面内的尺寸链称为空间尺寸链。

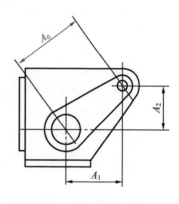

图9-10　平面尺寸链

9.2　尺寸链的计算问题

一、尺寸链的建立方法与步骤

应用尺寸链分析和解决问题时,首先应查明和建立尺寸链,即确定封闭环,并以封闭环为依据查明各组成环,然后确定保证装配精度的工艺方法并进行必要的计算。

查明和建立尺寸链的步骤如下:

1.确定封闭环

在装配过程中,要求保证的装配精度就是封闭环。

2.查明组成环,画装配尺寸链图

从封闭环任意一端开始,沿着装配精度要求的位置、方向,将与装配精度有关的各零件尺寸依次首尾相连,直到与封闭环另一端相接为止,形成一个封闭的尺寸链图,图上的各个尺寸就是组成环。

3.判别组成环的性质

画出尺寸链图后,判别组成环的性质,即判断其为增环还是减环。

在建立装配尺寸链时,除满足封闭性和相关性原则外,还应符合下列要求:

(1)组成环数最少原则　从工艺角度出发,在结构已经确定的情况下,标注零件尺寸时,应使一个零件仅有一个尺寸进入尺寸链,即组成环数目等于有关零件数目。

(2)按封闭环的不同位置和方向分别建立装配尺寸链　例如常见的蜗杆副结构,为保证正常啮合,蜗杆副两轴线的距离(啮合间隙)以及蜗杆轴线与蜗轮中间平面的对称度均有一定要求,这是两个不同方向的装配精度,因此需要在两个不同方向分别建立装配尺寸链。

二、计算尺寸链的方法

1.正计算法

将已知的组成环的公称尺寸及极限偏差代入公式,求出封闭环的公称尺寸和极限偏差的方法称为正计算法。

2.反计算法

根据已知的封闭环的公称尺寸和极限偏差及各组成环的公称尺寸,求出各组成环的公差和极限偏差的方法即反计算法。

3.中间计算法

根据已知的封闭环及组成环的公称尺寸及极限偏差,求出另一组成环的公称尺寸及极限偏差的方法即中间计算法。

9.3 利用极值法(完全互换法)计算尺寸链

从尺寸链各环的上、下极限尺寸出发进行尺寸链计算,不考虑各环提取组成要素的局部尺寸的分布情况。按此法计算出来的尺寸加工各组成环,装配时各组成环无须挑选或辅助加工,装配后即能满足封闭环的公差要求,即可实现完全互换。

一、基本计算公式

1.公称尺寸之间的关系

设尺寸链的环数为 n,除去封闭环外,各组成环为 $(n-1)$ 环,设 $(n-1)$ 组成环中,增环环数为 $\sum_{k=1}^{m}$,减环环数为 $\sum_{k=m+1}^{n-1}$。若封闭环的公称尺寸为 L_0,各组成环的公称尺寸分别为 L_1、L_2、$\cdots$、L_{n-1},则有

$$L_0 = \sum_{k=1}^{m} L_k - \sum_{k=m+1}^{n-1} L_k \qquad (9\text{-}1)$$

即封闭环的公称尺寸等于增环的公称尺寸之和减去减环的公称尺寸之和。

在尺寸链中,封闭环的公称尺寸有可能等于零,如图9-11所示的孔、轴配合中的间隙 A_0。

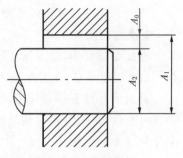

图9-11　孔、轴配合

2.中间极限偏差之间的关系

设封闭环的中间偏差为 Δ_0,各组成环的中间偏差为 Δ_1、Δ_2、$\cdots$、Δ_{n-1},则有

$$\Delta_0 = \sum_{k=1}^{m} \Delta_k - \sum_{k=m+1}^{n-1} \Delta_k \tag{9-2}$$

即封闭环的中间偏差等于增环的中间偏差之和减去减环的中间偏差之和。

中间偏差为尺寸的上、下极限偏差的平均值,设上极限偏差为 ES,下极限偏差为 EI,则有

$$\Delta = 1/2(|\mathrm{ES}| + |\mathrm{EI}|) \tag{9-3}$$

3.公差之间的关系

设封闭环公差为 T_0,各组成环的公差分别为 T_1、T_2、$\cdots$、T_{n-1},则有

$$T_0 = \sum_{k=1}^{m} T_k + \sum_{k=m+1}^{n-1} T_k = \sum_{k=1}^{n-1} T_k \tag{9-4}$$

即封闭环的公差等于所有组成环的公差之和。

由此可知,在整个尺寸链的尺寸环中,封闭环的公差最大,所以说封闭环的精度是所有尺寸环中最低的。应选择最不重要的尺寸作为封闭环,但在装配尺寸链中,由于封闭环是装配后的技术要求,所以一般无选择余地。

4.封闭环的极限偏差

设封闭环的上、下极限偏差分别为 ES_0、EI_0,则有

$$ES_0 = \Delta_0 + T_0/2 \tag{9-5}$$

$$EI_0 = \Delta_0 - T_0/2 \tag{9-6}$$

5.封闭环的极限尺寸

设封闭环的上、下极限尺寸分别为 $L_{0\max}$、$L_{0\min}$,则有

$$L_{0\max} = L_0 + ES_0 \tag{9-7}$$

$$L_{0\min} = L_0 + EI_0 \tag{9-8}$$

二、极值法设计计算

设计计算是指已知封闭环的公差及极限偏差,要求解各组成环的公差及极限偏差(各组成环公称尺寸已知),属于公差分配问题,将一个封闭环的公差分配给多个组成环,可用等公差法。

假设各组成环的公差值大小是相等的,则当各组成环公差分别为 T_1、T_2、$\cdots$、T_{n-1} 且各组成环的个数可假设为 n 时,可假设 $T_1 = T_2 = \cdots = T_{n-1} = T$。

代入式(9-4),则有

$$T_0 = \sum_{k=1}^{n-1} T_k = (n-1)T$$

或

$$T = T_0/(n-1) \tag{9-9}$$

式中,T 为各组成环的平均公差,将各组成环的平均公差 T 求出后,再在 T 的基础上根

据各组成环的尺寸大小、加工难易程度,对各组成环公差进行调整,并满足组成环公差之和等于封闭环公差的关系。

【例 9-1】 如图 9-12 所示,为保证设计尺寸 $A_0 = 40 \pm 0.08$ mm,试确定尺寸链中其余各组成环的公差及极限偏差。

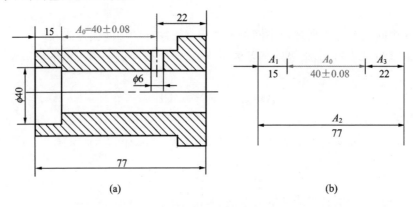

(a)   (b)

图 9-12 零件尺寸链(2)

解 此题属于公差分配问题,该题的计算为公差设计计算,A_0 为封闭环。

(1)判断增环、减环

A_1、A_3 为减环,A_2 为增环。

(2)求封闭环的有关量

封闭环公差 $T_0 = ES_0 - EI_0 = [0.08 - (-0.08)] = 0.16$ mm

$$\Delta_0 = 1/2 \times [0.08 + (-0.08)] = 0$$

(3)用等公差法计算

①确定各组成环的公差

设各组成环的平均公差为 T,且组成环的个数为 3,根据式(9-9)得

$$T = T_0/(n-1) = 0.16/(4-1) \approx 0.053 \text{ mm}$$

在此平均公差 T 的基础上对各组成环的公差依尺寸大小及加工的难易程度进行分配。各组成环与封闭环的公差须满足式(9-4),即 A_1、A_2、A_3 这三个组成环中,应有一个作为调整环,以平衡组成环与封闭环的关系,此题选 A_3 为调整环。因此,对组成环 A_1、A_2 的公差值分配为

$$T_1 = 0.03 \text{ mm}, T_2 = 0.09 \text{ mm}$$

由式(9-4)得组成环 A_3 的公差值应为

$$T_3 = T_0 - (T_1 + T_2) = 0.16 - (0.03 + 0.09) = 0.04 \text{ mm}$$

②确定各组成环的极限偏差

按"入体原则"进行,即当组成环的尺寸为孔尺寸时,其极限偏差按 H 对待;为轴尺寸时,其极限偏差按 h 对待;为长度时,按 JS(js)对待。

则 A_1、A_2 的极限偏差及尺寸标注为

$$A_1 = 15 \pm 0.015 \text{ mm}; A_2 = 77_{-0.09}^{\ \ 0} \text{ mm}$$

由式(9-3)求出组成环 A_1、A_2 的中间偏差及尺寸标注为

$$\Delta_1 = 0 \text{ mm}; \Delta_2 = -0.045 \text{ mm}$$

组成环 A_3 作为调整环，其中间偏差 Δ_3 由式(9-2)计算，即

$$\Delta_3 = \Delta_2 - (\Delta_1 + \Delta_0) = -0.045 - (0 + 0) = -0.045 \text{ mm}$$

因此组成环 A_3 的上、下极限偏差分别为

$$ES_3 = \Delta_3 + T_3/2 = -0.045 + 0.04/2 = -0.025 \text{ mm}$$
$$EI_3 = \Delta_3 - T_3/2 = -0.045 - 0.04/2 = -0.065 \text{ mm}$$

则组成环 A_3 为

$$A_3 = 22^{-0.025}_{-0.065} \text{ mm}$$

三、极值法校核计算

极值法校核计算的步骤是：根据装配要求确定封闭环；寻找组成环；画尺寸链图；判别增环和减环；由各组成环的公称尺寸和极限偏差验算封闭环的公称尺寸和极限偏差。

【例 9-2】 如图 9-13(a)所示为一零件的标注示意图，试校验该图的尺寸公差与位置公差要求能否使 B、C 两点处壁厚尺寸为 $9.65 \sim 10.05$ mm。

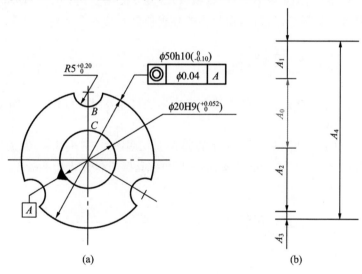

图 9-13 零件尺寸链(3)

解 (1)画该零件的尺寸链图

如图 9-13(b)所示，壁厚尺寸 A_0 为封闭环，组成环 A_1 为圆弧槽的半径，A_2 为内孔 ϕ20H9 的半径，A_3 为内孔 ϕ20H9 与外圆 ϕ50h10 的同轴度允许误差，$A_3 = 0 \pm 0.02$ mm，A_4 为外圆 ϕ50h10 的半径。

(2)判断增环、减环

由图 9-13(b)可知，A_4 为增环，A_1、A_2、A_3 为减环。

(3)校核计算

①校验封闭环的公称尺寸

由式(9-1)可得 $A_0 = A_4 - (A_1 + A_2 + A_3) = 10$ mm

②校验封闭环公差

已知各组成环的公差分别为 $T_1 = 0.2$ mm，$T_2 = 0.026$ mm，$T_3 = 0.04$ mm，$T_4 = 0.05$ mm，由式(9-4)得

$$T_0 = \sum_{k=1}^{4} T_k = 0.316 \text{ mm}$$

③校验封闭环的中间偏差

各组成环的中间偏差分别为 $\Delta_1 = +0.1$ mm，$\Delta_2 = +0.013$ mm，$\Delta_3 = 0.02$ mm，$\Delta_4 = -0.025$ mm，由式(9-2)得

$$\Delta_0 = \Delta_4 - (\Delta_1 + \Delta_2 + \Delta_3) = -0.158 \text{ mm}$$

④校验封闭环的上、下极限偏差。由式(9-5)、式(9-6)得

$$ES_0 = \Delta_0 + \frac{T_0}{2} = -0.158 + 0.5 \times 0.316 = +0 \text{ mm}$$

$$EI_0 = \Delta_0 - \frac{T_0}{2} = -0.158 - 0.5 \times 0.316 = -0.316 \text{ mm}$$

故封闭环(壁厚)的尺寸为 $A_0 = 10_{-0.316}^{0}$ mm，对应的尺寸为 9.684～10 mm，在 9.65～10.05 mm 所要求的范围内。因此，图样中的标注能满足壁厚尺寸的变动要求。

四、极值法中间计算

中间计算问题用来确定尺寸链中某个组成环的尺寸及极限偏差。中间计算属于正计算中的一种特殊情况。

【例9-3】 在轴上铣如图 9-14(a)所示的键槽，加工顺序为：车外圆 A_1 为 $\phi 70.5_{-0.1}^{0}$ mm，铣键槽深 A_2，磨外圆 $A_3 = \phi 70_{-0.06}^{0}$ mm。要求磨完外圆后，保证键槽深 $A_0 = 62_{-0.3}^{0}$ mm，求铣键槽的深度 A_2。

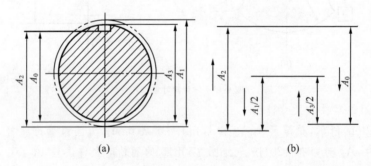

图 9-14 零件尺寸链(4)

解 (1)画尺寸链图

选外圆圆心为基准，按加工顺序依次画出 $A_1/2$、A_2、$A_3/2$，并用 A_0 把它们连接封闭回路，如图 9-14(b)所示。

(2)确定封闭环

由于磨完外圆后形成的键槽深 A_0 为最后自然形成尺寸，所以可确定 A_0 为封闭环。

根据题意 $A_0 = 62_{-0.3}^{0}$ mm。

（3）确定增环、减环

按箭头方向判断法给各环标以箭头，由图 9-14(b) 可知：增环为 $A_3/2$、A_2；减环为 $A_1/2$。

（4）计算铣键槽的深度 A_2 的公称尺寸和上、下极限偏差

由式 (9-1) 计算 A_2 的公称尺寸，因 $A_0=(A_2+A_3/2)-A_1/2$

故 $$A_2=A_0-A_3/2+A_1/2=62-35+35.25=62.25 \text{ mm}$$

由式 (9-5) 计算 A_2 的上极限偏差，因 $ES_0=(ES_{A_2}+ES_{A_3/2})-EI_{A_1/2}$

故 $$ES_{A_2}=ES_0-ES_{A_3/2}+EI_{A_1/2}=0-0+(-0.05)=-0.05 \text{ mm}$$

由式 (9-6) 计算 A_2 的下极限偏差，因 $EI_0=(EI_{A_2}+EI_{A_3/2})-ES_{A_1/2}$

故 $$EI_{A_2}=EI_0-EI_{A_3/2}+ES_{A_1/2}=(-0.3)-(-0.03)+0=-0.27 \text{ mm}$$

（5）校验计算结果

由已知条件可求出

$$T_0=ES_0-EI_0=0-(-0.3)=0.3 \text{ mm}$$

由计算结果，根据式 (9-4) 可求出

$$T_0=T_{A_2}+T_{A_3/2}+T_{A_1/2}=(ES_{A_2}-EI_{A_2})+(ES_{A_3/2}-EI_{A_3/2})+(ES_{A_1/2}-EI_{A_1/2})=$$
$$[(-0.05)-(-0.27)]+[0-(-0.03)]+[0-(-0.05)]=0.3 \text{ mm}$$

校核结果说明计算无误，所以铣键槽的深度 A_2 为

$$A_2=62.25^{-0.05}_{-0.27}=62.2^{0}_{-0.22} \text{ mm}$$

五、工艺尺寸链的应用

1.测量基准与设计基准不重合时的尺寸换算

【例 9-4】 图 9-15(a) 所示零件，设计尺寸为 $10^{0}_{-0.36}$ mm 和 $50^{0}_{-0.17}$ mm。因尺寸 $10^{0}_{-0.36}$ mm 不便测量，故改测尺寸 x。试用极值法确定尺寸 x 的数值和公差。

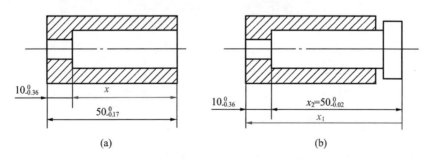

图 9-15 测量尺寸链

解 尺寸 $10^{0}_{-0.36}$ mm、$50^{0}_{-0.17}$ mm 和 x 组成一个直线尺寸链。由于尺寸 $50^{0}_{-0.17}$ mm 和 x 是直接测量得到的，因而是尺寸链的组成环；尺寸 $10^{0}_{-0.36}$ mm 是间接得到的，是封闭环。因此可求得

$$x=40^{+0.19}_{0} \text{ mm}$$

即为了保证设计尺寸 $10^{0}_{-0.36}$ mm 合乎要求，应规定测量尺寸 x 符合上述结果。

假废品问题在实际生产中可能出现这样的情况：x 测量值虽然超出了 $40^{+0.19}_{0}$ mm 的范围，但尺寸 $10^{0}_{-0.36}$ mm 不一定超差。例如，测量得到 $x=40.36$ mm，而尺寸 50 mm 刚好为最大值，此时尺寸 10 mm 处在公差带下限位置，并未超差。这就出现了所谓的"假废品"。只要测量尺寸 x 超差量小于或等于其他组成环公差之和，就有可能出现假废品。为此，需对零件进行复查，加大了检验工作量。为了降低假废品出现的可能性，有时可采用专用量具进行检验，如图 9-15(b) 所示。此时通过测量尺寸 x_1 来间接确定尺寸 $10^{0}_{-0.36}$ mm。若专用量具尺寸 $x_2=50^{0}_{-0.02}$ mm，则由尺寸链可得

$$x_1=60^{-0.02}_{-0.36} \text{ mm}$$

可见采用适当的专用量具，可使测量尺寸获得较大的公差，并使出现假废品的可能性大为降低。

2.有表面处理工序的工艺尺寸链

【例 9-5】 如图 9-16 所示偏心零件，表面 A 要求渗碳处理，渗碳层深度规定为 $0.5\sim0.8$ mm。

与此有关的加工过程如下：

(1)精车 A 面，保证直径尺寸 $D_1=\phi 38.4^{0}_{-0.1}$ mm；

(2)渗碳处理，控制渗碳层深度 H_1；

(3)精磨 A 面，保证直径尺寸 $D_2=\phi 38^{0}_{-0.016}$ mm。

试用极值法确定 H_1 的数值。

根据工艺过程建立尺寸链，如图 9-17 所示(忽略精磨 A 面与精车 A 面的同轴度误差)。在该尺寸链中，H_0 是最终的渗碳层深度，是间接保证的，因而是封闭环。根据已知条件可得

$$R_1=19.2^{0}_{-0.05} \text{ mm}, R_2=19^{0}_{-0.008} \text{ mm}, H_0=0.5^{+0.3}_{0} \text{ mm}$$

可解出

$$H_1=0.7^{+0.250}_{+0.008} \text{ mm}$$

即在渗碳工序中，应保证渗碳层深度为 $0.708\sim0.950$ mm。

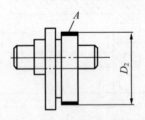

图 9-16　渗碳层深度尺寸换算

图 9-17　渗碳工艺尺寸链

六、达到装配尺寸链封闭环公差要求的方法

按产品设计要求、结构特征、公差大小与生产条件，可以采用不同的达到封闭环公差要求的方法。通常有互换法、分组法、修配法与调整法。

1.互换法

按互换程度的不同,互换法分为完全互换法与大数互换法。

(1)完全互换法　完全互换法即在全部产品中,装配时各组成环不需要挑选或改变其大小或位置,装入后即能达到封闭环的公差要求。该方法采用极值公差公式计算。

(2)大数互换法　大数互换法即在绝大多数产品中,装配时各组成环不需要挑选或改变其大小或位置,装入后即能达到封闭环的公差要求。该方法采用统计公差公式计算。

2.分组法

分组法即将各组成环按其提取组成要素的局部尺寸大小分为若干组,各对应组进行装配,同组零件具有互换性。该方法通常采用极值公差公式计算。

3.修配法

修配法即在装配时去除补偿环的部分材料以改变其提取组成要素的局部尺寸,使封闭环达到其公差与极限偏差要求。该方法通常采用极值公差公式计算。

4.调整法

调整法在装配时用调整的方法改变补偿环的提取组成要素的局部尺寸或位置,使封闭环达到其公差与极限偏差要求。一般以螺栓、斜面、挡环、垫片或孔轴连接中的间隙等作为补偿环。该方法通常采用极值公差公式计算。

习　题

一、判断题

1.尺寸链有两个特征:一是封闭性;二是相关性。　　　　　　　　　　　　　　(　　)

2.封闭环是指尺寸链中在装配过程中或加工过程中最后形成的一环。　　　　(　　)

3.尺寸链中,增环增大,其他组成环尺寸不变,封闭环增大。　　　　　　　　(　　)

4.零件工艺尺寸链一般选择最重要的环作为封闭环。　　　　　　　　　　　(　　)

5.在装配尺寸链中,封闭环是在装配过程中最后形成的一环。　　　　　　　(　　)

6.尺寸链计算的目的主要是进行公差设计计算和公差校核计算。　　　　　　(　　)

7.尺寸链封闭环的公差值一定大于任何一个组成环的公差值。　　　　　　　(　　)

8.最短尺寸链原则是指在设计时减小所有组成环的公差值。　　　　　　　　(　　)

二、选择题

1.尺寸链中最后形成的环称为(　　)。

A.封闭环　　　　　　B.增环　　　　　　C.减环　　　　　　D.组成环

2.引起封闭环尺寸反向变动的组成环称为(　　)。

A.减环　　　　　　B.增环　　　　　　C.调整环　　　　　　D.修配环

3.对于尺寸链封闭环的确定,下列论述正确的有(　　)。

A.图样中未注尺寸的环　　　　　　B.在装配过程中最后形成的环

C.精度最高的环　　　　　　D.尺寸链中需要求解的环

4.零件加工过程中的工艺尺寸链是(　　)。

A.不做要求的　　B.任意的　　　　C.封闭的　　　　D.不封闭的

5.对封闭环有直接影响的是(　　)。

A.所有增环和减环　　　　　　B.所有增环

C.所有减环　　　　　　　　　　D.组成环

6.尺寸链中封闭环的公差(　　)。

A.最小　　　　　B.最大　　　　C.为零　　　　　D.为负值

7.按"入体原则"确定各组成环极限偏差应(　　)。

A.向材料内分布　B.向材料外分布　C.对称分布　　D.非对称分布

8.中间计算主要用于(　　)。

A.工艺设计　　　　　　　　　　B.产品设计

C.计算工序间的加工余量　　　　D.验证设计的正确性

三、综合题

1.什么是尺寸链？什么是尺寸链中的封闭环？如何判别一组成环是增环还是减环？

2.如图9-18所示某齿轮机构，已知 $A_1=30_{-0.06}^{\ 0}$ mm， $A_2=5_{-0.04}^{\ 0}$ mm， $A_3=38_{+0.10}^{+0.16}$ mm， $A_4=3_{-0.05}^{\ 0}$ mm，试计算齿轮右端面与挡圈左端面的间隙 A_0 的变动范围。

3.如图9-19所示齿轮内孔的加工工艺过程为：首先粗镗孔至 $\phi84.80_{\ 0}^{+0.07}$ mm 插键槽后，再精镗孔尺寸至 $\phi85.00_{\ 0}^{+0.036}$ mm，并同时保证键槽深度尺寸 $87.90_{\ 0}^{+0.23}$ mm，试求插键槽工序中的工序尺寸 A_0 及误差。

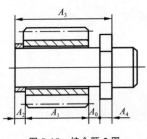
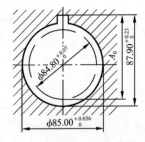

图9-18　综合题2图　　　　　　　图9-19　综合题3图

4.有一孔、轴配合，装配前轴和孔均需镀铬，铬层厚度均为 $(10\pm2)\mu$m，镀铬后应满足 $\phi30$H7/f7 的配合，试问轴和孔在镀前的尺寸应是多少？

5.如图9-20所示为套类零件，有两种不同的尺寸标注方法，其中 $A_0=8_{\ 0}^{+0.2}$ mm，为封闭环。从尺寸链的角度考虑，哪一种标注方法更合理？

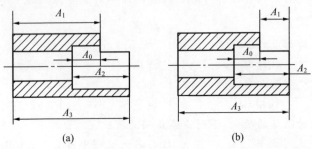

(a)　　　　　　　　　　　　　　(b)

图9-20　综合题5图

6.如图9-21所示为对开齿轮箱的一部分。根据使用要求，间隙 A_0 应为 1～1.75 mm。已知各零件的公称尺寸 $A_1=101$ mm， $A_2=50$ mm， $A_3=5$ mm， $A_4=$

140 mm, $A_5 = 5 \text{ mm}$, 求各尺寸的极限偏差。

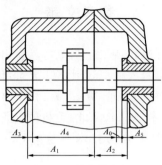

图 9-21　综合题 6 图

参考文献

[1] 王颖.公差选用与零件测量[M].2 版.北京:高等教育出版社,2018.

[2] 张彩霞,赵正文.图解机械测量入门 100 例[M].北京:化学工业出版社,2011.

[3] 邵晓荣.公差配合与测量技术一点通[M].北京:科学出版社,2011.

[4] 黄云清.公差配合与测量技术[M].4 版.北京:机械工业出版社,2019.

[5] 熊永康,顾吉任,漆军.公差配合与技术测量[M].2 版.武汉:华中科技大学出版社,2018.

[6] 产品几何技术规范(GPS) 线性尺寸公差 ISO 代号体系 第 1 部分:公差、偏差和配合的基础(GB/T 1800.1—2020).

[7] 产品几何技术规范(GPS) 线性尺寸公差 ISO 代号体系 第 2 部分:标准公差带代号和孔、轴的极限偏差表(GB/T 1800.2—2020).

[8] 一般公差 未注公差的线性和角度尺寸的公差(GB/T 1804—2000).

[9] 产品几何技术规范(GPS) 几何公差 形状、方向、位置和跳动公差标注(GB/T 1182—2018).

[10] 产品几何技术规范(GPS) 基础概念、原则和规则(GB/T 4249—2018).

[11] 产品几何技术规范(GPS) 几何公差 最大实体要求(MMR)、最小实体要求(LMR)和可逆要求(RPR)(GB/T 16671—2009).

[12] 滚动轴承 配合(GB/T 275—2015).

[13] 平键 键槽的剖面尺寸(GB/T 1095—2003).

[14] 普通型 平键(GB/T 1096—2003).

[15] 表面结构 轮廓法 术语、定义及表面结构参数(GB/T 3505—2009).

[16] 产品几何技术规范(GPS) 表面结构 轮廓法 表面粗糙度参数及其数值(GB/T 1031—2009).

[17] 产品几何技术规范(GPS) 技术产品文件中表面结构的表示法(GB/T 131—2006).

[18] 普通螺纹 公差(GB/T 197—2018).

[19] 圆柱齿轮 精度制 第 1 部分:轮齿同侧齿面偏差的定义和允许值(GB/T 10095.1—2008).

[20] 圆柱齿轮 精度制 第 2 部分:径向综合偏差与径向跳动的定义和允许值(GB/T 10095.2—2008).